Geologisches Landesamt Nordrhein-Westfalen

K. Skupin · E. Speetzen · J. G. Zandstra

Die Eiszeit in Nordwestdeutschland

Zur Vereisungsgeschichte der Westfälischen Bucht und angrenzender Gebiete

Mit 49 Abbildungen, 24 Tabellen, 2 Tafeln und 2 Karten in der Anlage

Geologisches Landesamt Nordrhein-Westfalen · Krefeld 1993

Postfach 10 80 · D-47710 Krefeld

Bearbeiter:

Dipl.-Geol. Dr. Klaus Skupin
Geologisches Landesamt Nordrhein-Westfalen
De-Greiff-Straße 195 · D-47803 Krefeld

Dipl.-Geol. Dr. Eckhard Speetzen
Geologisch-Paläontologisches Institut der Universität Münster
Corrensstraße 24 · D-48149 Münster

Ing. Jacob Gosse Zandstra
Mozartstraat 142 · NL-1962 AG Heemskerk

Redaktion: Dipl.-Geol. Hanns Dieter Hilden

Druck: Weiler GmbH & Co KG · Krefeld
Printed in Germany/Imprimé en Allemagne

ISBN 3-86029-924-7

Inhaltsverzeichnis

Anhang

Stoß deinen Scheit drei Spannen in den Sand,
Gesteine siehst du aus dem Schnitte ragen,
Blau, gelb, zinnoberroth, als ob zur Gant
Natur die Trödelbude aufgeschlagen.
Kein Pardelfell war je so bunt gefleckt,
Kein Rebhuhn, keine Wachtel so gescheckt,
Als das Gerölle gleißend wie vom Schliff
Sich aus der Scholle bröckelt bei dem Griff
Der Hand, dem Scharren mit des Fußes Spitze.
Wie zürnend sturt dich an der schwarze Gneus,
Spatkugeln kollern nieder, milchig weiß,
Und um den Glimmer fahren Silberblitze;
Gesprenkelte Porphire, groß und klein,
Die Okerdruse und der Feuerstein –

Aus "Die Mergelgrube"
Annette von Droste-Hülshoff, 1842

Vorwort

Die Eiszeit war ein relativ kurzer, jedoch für die Landschaft, Vegetation und Tierwelt des behandelten Raumes entscheidender Abschnitt der jüngeren Erdgeschichte. Während der Saale-Klatzeit drangen die Gletscher des skandinavischen Inlandeises in die Westfälische Bucht vor und führten dort zu Verhältnissen, wie sie heute nur noch in den Polarregionen der nördlichen und südlichen Halbkugel anzutreffen sind.

Anders als bei der Erforschung von Arktis und Antarktis ist man bei der Rekonstruktion der Vereisungsgeschichte der Westfälischen Bucht ausschließlich auf die Spuren und Relikte der Vereisung angewiesen, die sich vor allem in Form von Moränen, insbesondere Grundmoränen und der darin enthaltenen Geschiebe, Gletscherschrammen, subglazialen Rinnen oder eistektonischen Strukturen erhalten haben. Von diesen Erscheinungen fanden in der Bevölkerung bislang lediglich die Geschiebe und Findlinge eine besondere Beachtung, da sie infolge ihres außergewöhnlichen und fremdartigen Aussehens oder ihrer Größe die Aufmerksamkeit der Menschen erregten. Zudem wurde die Grundmoräne, der "Geschiebemergel", bis vor wenigen Jahren noch in größerem Umfang zur Ziegelherstellung abgegraben. Eine dieser Mergelgruben nahe bei Münster (vgl. Hüser 1941) inspirierte die westfälische Dichterin und begeisterte Naturforscherin Annette von Droste-Hülshoff zu einem Gedicht, nicht zuletzt wegen der Schönheit der in den mergeligen Schichten enthaltenen Gneis-, Granit- und Porphyrgeschiebe. Die Dichterin war allerdings eine Anhängerin der Sintfluttheorie und glaubte, daß die fremdartigen Gesteine durch große Wasserfluten bis in unseren Raum verfrachtet wurden – deshalb bezeichnete sie die Gesteine als Gerölle und nicht als Geschiebe.

In den vergangenen Jahren und Jahrzehnten dieses Jahrhunderts befaßten sich zunehmend einzelne Forscher – so zum Beispiel WILHELM MEYER, FRITZ HIRZEBRUCH, VILHELM MILTHERS und vor allem JULIUS HESEMANN, der langjährige Leiter des Geologischen Landesamtes Nordrhein-Westfalen –, aber auch verschiedene Geschiebesammlergruppen mit Untersuchungen über Zusammensetzung, Herkunft und Verbreitung der Geschiebe in der Westfälischen Bucht. Die vorliegende Veröffentlichung enthält sowohl die Auswertung der umfangreichen Literatur von 1875 bis heute – vor allem über den niederländischen und nordwestdeutschen Ablagerungsraum – als auch die Ergebnisse neuer, eigener Untersuchungen der eiszeitlichen Hinterlassenschaften. Die verschiedenartigen, in der Landschaft verstreuten Spuren der ehemaligen Vereisung werden zusammenfassend dargestellt und interpretiert und schließlich Schlüsse über den Vereisungsvorgang gezogen. Den Hauptteil bilden die Untersuchung und Analyse neuer Aufsammlungen kristalliner Leitgeschiebe in bisher wenig beprobten Landesteilen, wobei erstmalig auch der vertikale Aufbau der Grundmoränenvorkommen stärker beachtet wurde.

Der Band "Die Eiszeit in Nordwestdeutschland – Zur Vereisungsgeschichte der Westfälischen Bucht und angrenzender Gebiete" ist in Zusammenarbeit zwischen dem Geologischen Landesamt Nordrhein-Westfalen in Krefeld, dem Rijks Geologischen Dienst der Niederlande in Haarlem und dem Geologischen Institut der Universität Münster entstanden. Er schließt räumlich an die "klassischen" Vereisungsgebiete der Niederlande und Norddeutschlands an. Die Kapitel sind thematisch eigenständige Beiträge verschiedener Verfasser, besitzen jedoch zahlreiche objektbezogene Berührungspunkte und sind entsprechend aufeinander abgestimmt. Die Synthese der Beiträge ergibt ein schlüssiges Bild der ehemaligen Vereisung.

Der Band wendet sich sowohl an wissenschaftlich als auch an natur- und heimatkundlich interessierte Leser. Aus diesem Grund werden Fachausdrücke in einem Glossar (S. 132 – 136) erklärt. Ein ausführliches Verzeichnis von Schriften erschließt die verwendete Literatur. Hier wurden auch Arbeiten von besonderer regionaler Bedeutung aufgenommen, die selbst weiterführende Literaturhinweise enthalten. Einen guten Überblick über die geologischen Verhältnisse des betrachteten Raumes verschafft das geologische Kartenwerk im Maßstab 1 : 100 000, das mit 13 Blättern den Bereich der Westfälischen Bucht abdeckt.

1 Einleitung

(E. Speetzen)

1.1 Frühe Eiszeitforschung in Nordwestdeutschland

Schon zu Beginn des vorigen Jahrhunderts stellten verschiedene Geognosten Überlegungen hinsichtlich der Herkunft und Ablagerung fremdartiger Gesteinsblöcke (Findlinge) im norddeutschen Flachland an und deuteten sie als Hinterlassenschaften großer Wasser- und Schlammströme. Diese Rollsteinflut brachte man mit der biblischen Sintflut in Beziehung. Um 1830 wurde diese Vorstellung durch die Drifttheorie abgelöst, nach der auf einem Meer treibende Eisberge die Findlinge aus nördlichen Breiten bis in unseren Raum verfrachteten und nach dem Abschmelzen auf den Meeresboden fallen ließen. Im gleichen Zeitraum wurde eine weitere Theorie aufgestellt, nach der die nordischen Blöcke auf den Transport durch Gletscher einer von Skandinavien bis in das norddeutsche Flachland reichenden Vereisung zurückgeführt werden. Aber erst 1875, als der schwedische Geologe Otto Torell (Bericht Z. dt. geol. Ges., **23** [1875]: 961 – 962) auf den Kalksteinhöhen von Rüdersdorf bei Berlin typische Gletscherschrammen erkannte, setzte sich die Inlandeistheorie durch (s. auch Kahlke 1981).

Wenige Jahre später wurden auch in Westfalen bestimmte Sedimente als von Landeismassen hinterlassene Ablagerungen gedeutet und zu den eiszeitlichen Relikten des norddeutschen Raumes in Beziehung gesetzt. Danach ergab sich das Bild einer von den Hochgebieten Skandinaviens ausgehenden großräumigen Vereisung, deren Eismassen nach Südosten, Süden und Südwesten vordrangen und nach Westen bis an den Niederrhein reichten. Weitere Forschungen führten zu einer zeitlichen Differenzierung des Vereisungsgeschehens und einer Untergliederung des Eiszeitalters (Pleistozäns) in mehrere Kaltzeiten (Glaziale) mit unterschiedlich weit vorstoßenden Inlandeisbildungen und zwischengeschalteten Warmzeiten (Interglazialen).

1.2 Zeugen der Vereisung

Anzeichen für eine ehemalige Vereisung der Westfälischen Bucht sind typische Inlandeisablagerungen (z. B. Moränen) und die durch die Bewegung der Eismassen erzeugten Marken (z. B. Gletscherschrammen). Die heute noch in Westfalen flächenhaft verbreitete Grundmoräne beweist eindeutig eine ehemalige Eisbedeckung dieses Raumes. Sie besteht aus einer sandig-tonigen Grundmasse, in die zahlreiche mehr oder weniger gerundete Gesteinsstücke (Geschiebe) unterschiedlicher Größe eingelagert sind.

Die Geschiebe stammen einerseits von Gesteinen des fennoskandischen Raumes (nordische Geschiebe), andererseits aber auch von Gesteinen der südlich an die Norddeutsche Tiefebene anschließenden Mittelgebirge (einheimische Geschiebe). Nach der Gesteinsart unterteilt man in Kristallingeschiebe, die sich von Magmatiten und Metamorphiten ableiten, und in Sedimentgeschiebe. Besonders die großen Geschiebe (Findlinge) als spektakuläre Naturdenkmale geben ein beredtes Zeugnis von der ehemaligen Bedeckung Norddeutschlands durch Inlandeis von beträchtlicher Dicke. Die kleinen Geschiebe eignen sich wegen ihrer großen Anzahl besonders für Auszählungen und statistische Untersuchungen bestimmter Merkmale wie beispielsweise Gesteinsart oder Herkunft.

Geschiebe, die ein genau lokalisierbares, engbegrenztes Ursprungsgebiet aufweisen, werden als Leitgeschiebe bezeichnet. Vor allem die nordischen kristallinen Leitgeschiebe sind nicht nur Zeugen einer Vereisung, sie liefern zugleich Hinweise über den Bildungsort der Eismassen und über ihre Wege und Stromrichtungen im norddeutschen Flachland.

Weitere Beweise für die ehemalige Vereisung des westfälischen Raumes sind Glättungen und Schrammungen des festen Gesteinsuntergrundes durch Gletscher oder Inlandeis, wie sie schon sehr früh bei Ratingen (Sedgwick & Murchison 1844) und am Piesberg bei Osnabrück (Hamm 1882) beobachtet wurden. Leider sind diese geschrammten Felspartien längst dem Gesteinsabbau zum Opfer gefallen. In jüngerer Zeit wurde ein angebliches Vorkommen von Gletscherschrammen bei Detmold beschrieben, das sich allerdings durch neue Untersuchungen nicht bestätigen ließ (Seraphim 1973 a, Skupin & Speetzen 1988). Es gibt aber dennoch Spuren der Eisbewegung, die in Sand- und Lehmgruben in Form von Stauchungen, Aufpressungen und Verfaltungen plastischer Lockergesteinsschichten zu beobachten sind. Außerdem zeigen ellipsoidisch geformte Geschiebe in der Grundmoräne häufig eine zur ehemaligen Eisbewegung parallele Einregelung ihrer längsten Achse. Aus diesen Erscheinungen lassen sich die lokalen Bewegungsrichtungen der vorstoßenden Eisströme rekonstruieren.

1.3 Anzahl und Alter der Vereisungen

Norddeutschland wurde nachweislich der Moränenabfolgen mehrmals vom Inlandeis überfahren. Die entsprechenden Glaziale werden als Elster-, Saale- und Weichsel-Kaltzeit bezeichnet (s. Tab. 1). Das Eis des letzten Glazials (Weichsel-Kaltzeit) drang nur noch bis zur Elbe vor, während die Eismassen der Elster-Kaltzeit bis in das westliche Niedersachsen und nach Westfriesland, die der Saale-Kaltzeit noch weiter nach Westen und Süden bis an den Niederrhein vorstießen. Im ostniederländischen Raum und im Grenzgebiet zwischen den Niederlanden und Niedersachsen gibt es außerdem noch Hinweise auf eine präelsterzeitliche Vereisung (vgl. Kap. 5.3.5 u. K.-D. Meyer 1988 b).

Die Westfälische Bucht ist sehr wahrscheinlich nur während des Saale-Glazials vom Inlandeis bedeckt gewesen (s. Abb. 1). Es ist jedenfalls nur eine Grundmoräne ausgebildet, die sich mit der saalezeitlichen Grundmoräne des westlichen Niedersachsen verbinden läßt. Bei Münster (Wehrli 1941) und im Raum Wiedenbrück – Rietberg (Schmierer 1932, Skupin & Speetzen 1988) liegt diese Grundmoräne über Schichten des Holstein-Interglazials oder über frühsaalezeitlichen Ablagerungen, so daß die Einstufung in die Saale-Kaltzeit gesichert ist.

Bereits Wegner (1926) vermutete aufgrund des Fehlens mehrerer voneinander getrennter Moränen, “daß unser Gebiet nur einmal von einer Vereisung betroffen wurde”. Dennoch hat es immer wieder Befürworter einer zweimaligen Vereisung der Westfälischen Bucht gegeben. So schloß Hesemann (1957) aufgrund von Untersuchungen kristalliner Leitgeschiebe auch auf eine elsterzeitliche Vereisung, da er an verschiedenen Stellen der Westfälischen Bucht ein Vorherrschen von ostfennoskandischen Geschieben feststellte – was für elsterzeitliche Moränen kennzeichnend sein sollte. Seine Schlußfolgerungen sind aber nicht zwingend, da derartig geprägte Moränen auch im Saale-Glazial gebildet wurden.

In jüngerer Zeit hat vor allem Thome (1980 a, 1980 b) eine bis an den Südrand der Westfälischen Bucht und nach Westen bis an den Niederrhein reichende Bedeckung durch das Elster-Eis angenommen. Er bezieht sich dabei besonders auf ein Profil am Steinberg

Tabelle 1

Gliederung des Quartärs in Norddeutschland

geologische Gliederung			Jahre vor heute (ca.)	Ablagerungen und Bildungen	Fluß-terrassen	archäologische Gliederung
Quartär	Holozän	Subatlantikum Subboreal Atlantikum Boreal Präboreal	10 000	Auenlehm und -sand, Hoch- und Niedermoor, jüngerer Flugdecksand, jüngere Dünen, Quellkalk	Talauen Inselterrassen	Eisenzeit Bronzezeit Neolithikum Mesolithikum
	Pleistozän	Weichsel-Kaltzeit: Spätglazial Hochglazial Frühglazial	>70 000	älterer Flugdecksand, ältere Dünen, Löß, Sandlöß, Fließerde, Hangschutt und -lehm, Uferwälle, Hochflutlehm, Flußschotter, -kies und -sand	Niederterrassen	Paläolithikum: Jungpaläolithikum
		Eem-Warmzeit	125 000	Schluff, Ton, Torf		Mittelpaläolithikum
		Saale-Kaltzeit: Warthe-Stadium Groß-Interstadial Drenthe-Stadium	200 000	Vor- und Nachschüttsand, Sander, Münsterländer Kiessandzug, Grund-, End- und Stauchmoränen, Flußschotter, -kies und -sand, Löß und Flugsand	Jüngere Mittelterrassen	
		Holstein-Warmzeit		Sand, Ton, Torf		
		Elster-Kaltzeit		Grundmoräne, Fließerde, Löß	Ältere Mittelterrassen	Altpaläolithikum
		Cromer-Komplex* Bavel-Komplex* Menap-Kaltzeit	500 000	Flußschotter, Sand und Ton	Hauptterrassen	
		Waal-Warmzeit Eburon-Kaltzeit Tegelen-Warmzeit Prätegelen-Zeit	1 000 000 2 400 000			

* enthalten mehrere Kalt- und Warmzeiten

südlich der Ruhr bei Kettwig, im dem zwei durch Schmelzwassersande und -kiese getrennte, geschiebeführende Schichten (Moränen bzw. umgelagerte Moränen) auftreten. Die Geschiebe in der unteren Lage sind sehr stark verwittert und werden deshalb als elsterzeitlich angesprochen. Die starke Zersetzung der Geschiebe kann allerdings auch durch besondere Verwitterungsbedingungen (Staunässe über unterlagernden Tonsteinen) erklärt werden. Die geschiebeführenden Lagen könnten somit auch zwei saalezeitlichen Eisvorstößen entsprechen.

Hinweise für einen elsterzeitlichen Eisvorstoß bis in die Niederrheinische Bucht meint auch Klostermann (1985) gefunden zu haben. Er beruft sich dabei auf besonders steilwandig und tief eingeschnittene elsterzeitliche Rinnen, die "im unmittelbaren Zusammenhang" mit abschmelzenden Eismassen entstanden sein sollen. Einschränkend heißt es allerdings: "Um die Hypothese zu untermauern, fehlt es jedoch an entsprechenden Aufschlüssen. Bisher konnten keine nordischen Geschiebe in den entsprechenden Ablagerungen nachgewiesen werden."

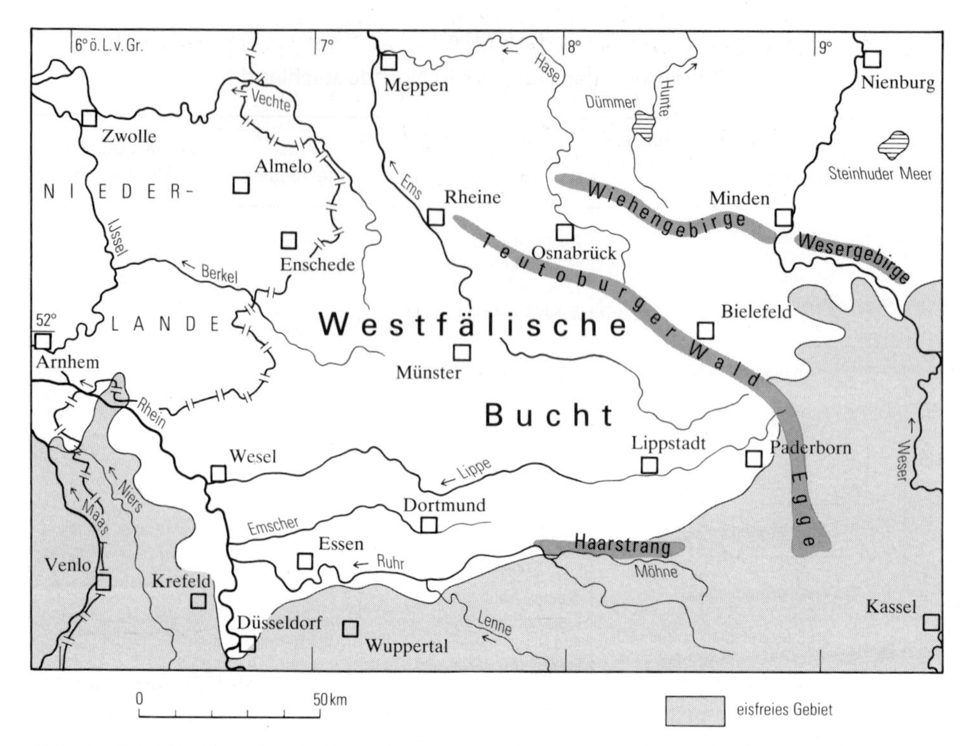

Abb. 1 Die Westfälische Bucht und angrenzende Gebiete mit maximaler Ausdehnung des Inlandeises der Saale-Kaltzeit

In jüngster Zeit hat Thome (1991) die Grundmoränenreste am Steinberg umgedeutet. Aufgrund des Vorherrschens ostfennoskandischer Geschiebe in der oberen Einheit stuft er diese nun als elsterzeitliche Moräne ein. Der untere Grundmoränenrest wird einer präelsterzeitlichen Kaltzeit zugeordnet. Zugleich bezieht er sich auch auf alte Rinnensysteme in der Niederrheinischen Bucht, die als weitere Hinweise für diese Vereisungen gewertet werden. Diese Deutung der Befunde beruht auf unbewiesenen Annahmen und reinen Analogieschlüssen; sie hat damit nur einen hypothetischen Charakter (s. auch Kap. 5.3.6).

Betrachtet man die sicheren Vorkommen elsterzeitlicher Grundmoränen im niedersächsischen Raum, so liegen die bisher westlichsten Fundpunkte bei Bohmte nordöstlich von Osnabrück (Hinze 1982). In jüngerer Zeit wurden auch westlich der Ems zwischen Schüttorf und Salzbergen Grundmoränen mit sehr wahrscheinlich elsterzeitlichem Alter erbohrt (K.-D. Meyer 1988 b). In den Niederlanden liegen bisher westlichste Fundpunkte von elsterzeitlicher Grundmoräne im Wattenmeer südlich der Insel Terschelling (Zandstra 1977) und in Wieringen am Westende des Ijsselmeer-Absperrdeichs (Zandstra 1984, 1986 b). Die Südwestgrenze der nachgewiesenen Elster-Grundmoräne wird danach im nordwestdeutschen Raum durch die Linie Osnabrück – Rheine – Nordhorn markiert (vgl. Ehlers 1990 b: Abb. 31). Für ein weiteres Vordringen des Elster-Eises nach Südwesten in die Westfälische Bucht und bis an den Niederrhein liegen bisher keine Beweise vor. Auch die vorliegenden Bearbeitungen erbrachten keine Anzeichen für vorelsterzeitliche Vereisungen der Westfälischen Bucht. Für die Saale-Kaltzeit hingegen ergibt sich das komplexe Bild einer mehrphasigen Vereisung mit unterschiedlichen Eisströmen, das sich bei allen hier dargestellten Untersuchungsmethoden abzeichnet.

2 Aufbau und Mächtigkeit der Grundmoränen in der Westfälischen Bucht und ihre Beziehung zu Eisvorstößen

(E. Speetzen)

2.1 Aufbau der Grundmoränen

Eine typische Hinterlassenschaft der Inlandvereisung ist die Grundmoräne, die heute noch große Flächen der Westfälischen Bucht einnimmt (Abb. 2). Sie stellt eine meistens schichtungslose und unsortierte Ablagerung mit einer Grundmasse aus wechselnden Anteilen von Ton, Schluff und Sand dar, in die Geschiebe unterschiedlicher Größe und Gesteinsart eingelagert sind. Das Material der Grundmoräne wurde vom Eis aus dem überfahrenen Untergrund aufgenommen, wobei im allgemeinen nur ca. ein Drittel aus dem fennoskandischen Raum abzuleiten ist, während etwa zwei Drittel aus dem Lokalbereich stammen (vgl. Ehlers 1990 b). Örtlich kann sich dieses Verhältnis sowohl nach der einen als auch nach der anderen Seite verschieben.

Eine fazielle Untergliederung der Grundmoräne in eine unter dem Eis abgelagerte Basismoräne und eine aus dem stagnierenden Eis ausschmelzende Ablationsmoräne wurde von Skupin (1982) im Südostteil der Westfälischen Bucht aufgrund unterschiedlicher Sand/Ton-Verhältnisse und wechselnder Geschiebegehalte vorgenommen. Ob diese Deutung zutrifft, ist fraglich. Vermutlich handelt es sich hier um zwei eigenständige Moränen (vgl. Kap. 5.3.7.1). Die genetische Unterteilung einer Grundmoräne in Basis- und Ablationsmoräne sollte auf unterschiedlichen texturellen Eigenschaften begründet sein. Als Anzeichen dafür können Merkmale wie das Aussetzen einer Scherklüftung, eine stärkere Streuung in der Geschiebeeinregelung und eine Abnahme der Dichte gewertet werden, wie sie im höheren Teil der Geschiebemergelfolge in der Ziegeleigrube Kuhfuß bei Coesfeld zu beobachten sind (Gundlach & Speetzen 1990).

Die Grundmoräne ist im allgemeinen kalkhaltig und wird deshalb nach ihrer Zusammensetzung auch als Geschiebemergel bezeichnet. Im oberen Bereich ist sie meistens zu einem Geschiebelehm entkalkt. Nach vollständiger Verwitterung und Abtragung bleiben nur noch größere Geschiebe zurück, die auf den Flächen der kreidezeitlichen Gesteine häufig zu finden sind. Diese Relikte zeigen an, daß die Grundmoräne ehemals die gesamte Westfälische Bucht in nahezu geschlossener Decke überkleidete.

Die Grundmoräne im westlichen und zentralen Teil der Westfälischen Bucht ist in ihrer Grundmasse im allgemeinen als toniger, stark schluffiger Sand ausgebildet (Abb. 3: 3, 4) und weist einen Kalkgehalt von 10 – 20% auf. Sie zeigt eine graue bis dunkelgraue Farbe; im verwitterten, das heißt entkalkten Zustand treten im wesentlichen durch Eisenhydroxide hervorgerufene graubraune bis braune Färbungen auf.

Die Geschiebeführung besteht zum überwiegenden Teil aus einheimischen Gesteinen, unter denen die Kalk-, Kalkmergel- und Kalksandsteine der Oberkreide vorherrschen. Die nordischen Geschiebe treten im allgemeinen stark zurück. Als Maß für die Geschiebehäufigkeit kann die Anzahl der Geschiebe pro Flächeneinheit bestimmt werden. Sie liegt bei Coesfeld im Westmünsterland zwischen 1,5 und 2,0 Geschieben (∅ 1 – 6 cm) pro dm^2. Das Verhältnis von (überwiegend einheimischen) Sedimentgeschieben zu Kristallin-

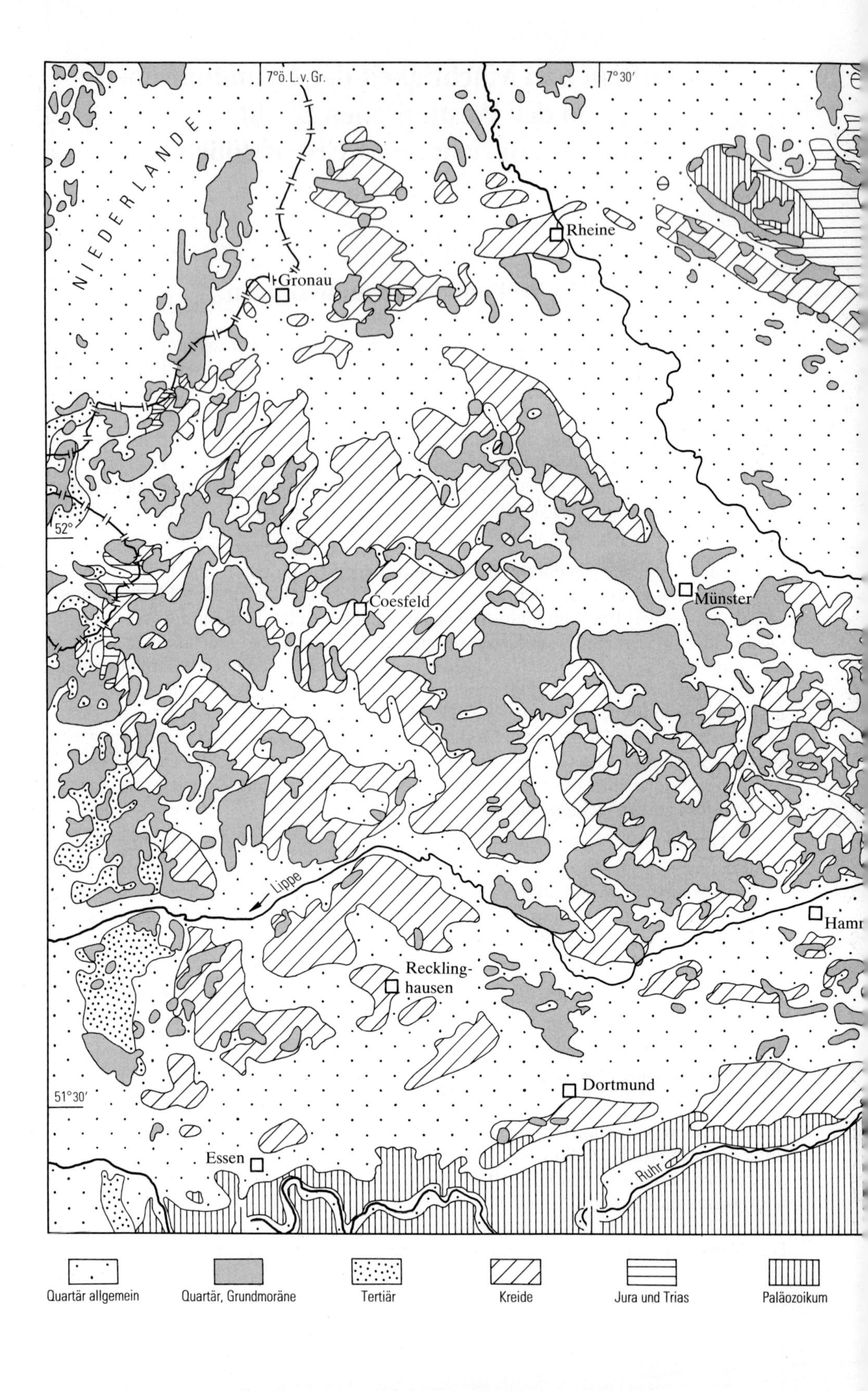

7°ö. L. v. Gr.
7°30′
NIEDERLANDE
Gronau
Rheine
52°
Coesfeld
Münster
Lippe
Reckling-
hausen
Hamm
51°30′
Dortmund
Essen
Ruhr
Quartär allgemein
Quartär, Grundmoräne
Tertiär
Kreide
Jura und Trias
Paläozoikum

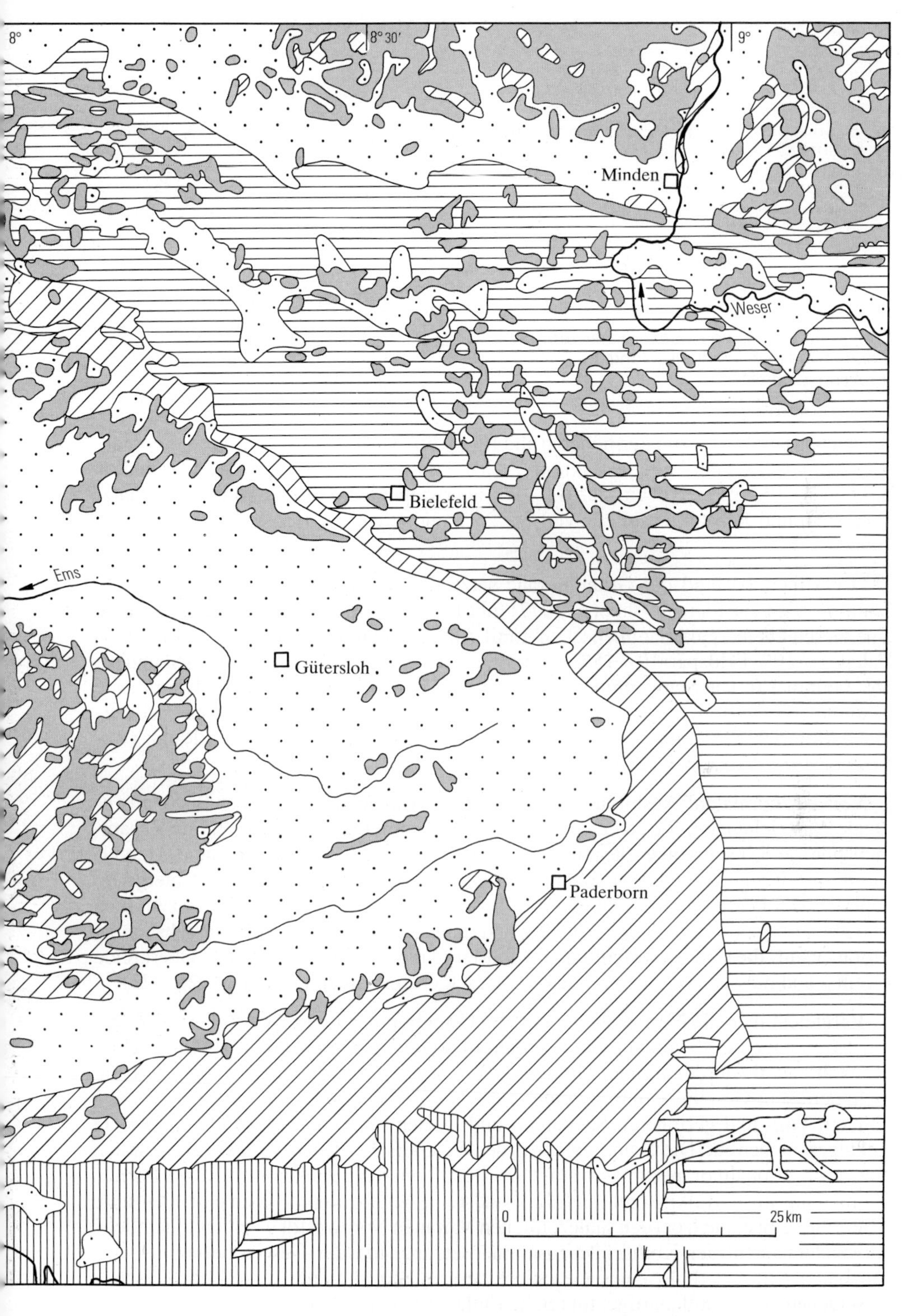

Abb. 2 Verbreitung der saalezeitlichen Grundmoränen in der Westfälischen Bucht und angrenzenden Gebieten

1 Norddeutschland (GRUBE et al. 1986)

2 Nordrand der Westfälischen Bucht – Raum Bentheim–Schüttorf–Salzbergen (K.-D. MEYER 1977, 1988b; HINZE 1988)

2a Sandgrube Staelberg südlich Emsbüren – „rote Moräne" (K.-D. MEYER 1988b)

2b Bohrung G32 ca. 10km nordwestlich Bentheim – Probe in 50m Teufe (HINZE 1988)

3 westlicher Teil der Westfälischen Bucht – Raum Coesfeld–Hausdülmen (GUNDLACH & SPEETZEN 1990)

4 zentraler Teil der Westfälischen Bucht – Raum Münster (OTTO 1990 und eigene Untersuchungen)

5 südöstlicher Teil der Westfälischen Bucht – Raum Gütersloh (ARNOLD 1977)

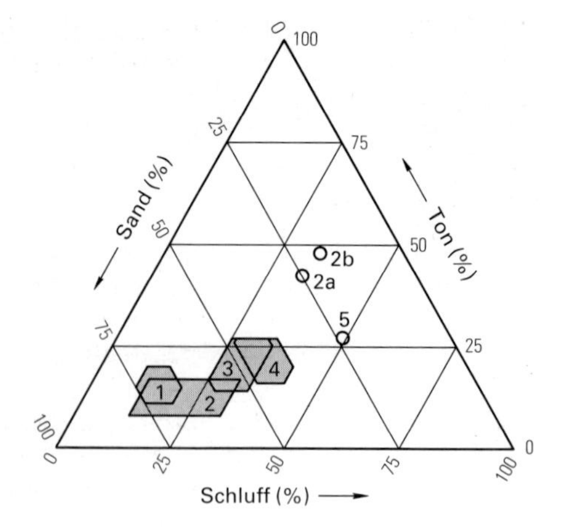

Abb. 3
Korngrößenverteilung saalezeitlicher Grundmoränen in Nordwestdeutschland (Fraktion <2 mm)

geschieben beträgt 6 : 1 für den höheren und 1,5 : 1 für den tieferen Teil der Grundmoräne. Aus den Analysen der Feinkiesfraktion (3,15 – 5,0 mm) und der Mittel- und Grobkiesfraktion (> 10 mm) ergeben sich für das überwiegend nordische Material (Quarz, Feuerstein und Kristallin) Anteile von 2 – 23% und 10 – 50% (GUNDLACH & SPEETZEN 1990).

Der Mineralbestand der Grundmoräne setzt sich aus Quarz, Calcit, Feldspat und Tonmineralen zusammen. ARNOLD (1977) gibt für den Ostteil der Westfälischen Bucht eine Geschiebemergelzusammensetzung mit Anteilen von 35 – 40% Quarz, 14 – 19% Calcit, 5 – 10% Feldspat, 10 – 15% Kaolinit, ca. 5% Mixed-layer-Tonmineralen und ca. 15% Glimmer an. Das Schwermineralspektrum wird durch Granat, Epidot und Hornblende bestimmt (GUNDLACH & SPEETZEN 1990) und entspricht damit der üblichen Schwermineralführung der Grundmoränen im nordwestdeutsch-niederländischen Raum (vgl. BOENIGK 1983, ZANDSTRA 1976).

Von der "normalen" Ausbildung der Grundmoräne in der Westfälischen Bucht gibt es lokale Abweichungen. Sie stehen meist mit dem unmittelbaren Untergrund im Zusammenhang, der je nach seiner Zusammensetzung (Sand bzw. Sandstein, Tonstein, Mergelstein) Auswirkungen auf die Ausbildung der Grundmoräne hat. Derartige vom Untergrund geprägte Moränen werden deshalb auch als Lokalmoränen bezeichnet. So treten zwischen Lünen und Capelle südlich von Münster und am Nordostrand von Münster sehr tonige Moränen auf, die sich im wesentlichen von Mergeln und Mergelsteinen der Oberkreide ableiten und nur sehr vereinzelt nordische Geschiebe enthalten (WEGNER 1926: 323).

Vergleicht man die Normalausbildung der Grundmoräne in der Westfälischen Bucht mit den Moränen des Norddeutschen Tieflandes, so zeigen sich auch regional Unterschiede. Während die norddeutschen Moränen (Abb. 3: 1, 2) tonarm und sandreich sind und mehr nordische Geschiebe führen, zeigen die westfälischen Moränen (Abb. 3: 3 – 5) einen höheren Ton- und geringeren Sandanteil und weisen einen überwiegenden Anteil an Lokalgeschieben auf. Die Grundmoräne in der Westfälischen Bucht ist deshalb eigentlich eine große Lokalmoräne, in der aufgearbeitete Ton- und Kalksteine der nördlichen Umrandung sowie Kalkmergel- und Kalksandsteine der zentralen Höhen enthalten sind. Allerdings gibt es auch bei den saalezeitlichen Moränen Nordwestdeutschlands deutliche Abweichungen in der Korngrößenzusammensetzung und der Geschiebeführung. Bei Emsbüren tritt innerhalb eines Geschiebemergels mit süd- und mittelschwedischen Geschieben eine schollenartige, tonreiche Einlagerung auf (Abb. 3: 2 a), die durch eine ostfennoskandische Geschiebevormacht gekennzeichnet ist und mit dem niederländischen "schollenkeileem" des Nordostpolders im Ijsselmeergebiet übereinstimmt. Ähnlichen Ursprungs könnte auch das aus einer Bohrung nordnordwestlich von Bentheim stammende Moränenmaterial sein (Abb. 3: 2 b). Derartige tonreiche Grundmoränenschollen sind vermutlich vom Eis aufgenommene und transportierte Reste eines älteren Geschiebemergels.

Die Grundmoräne im Südosten der Westfälischen Bucht (Abb. 3: 5), die sich durch einen nur leicht erhöhten Tongehalt und einen sehr hohen Schluffanteil auszeichnet, ist dagegen als Endglied der besonderen Faziesentwicklung der westfälischen Moränen aufzufassen. Je weiter das Inlandeis über die vorwiegend schluffig-tonigen und mergeligen Schichten im Innern der Westfälischen Bucht vordrang und sie in aufgearbeiteter Form in sich aufnahm, desto höher müssen der Schluff- und Tongehalt der aus diesem Eis resultierenden Grundmoräne sein. Diese Entwicklung vom Nordrand über den zentralen Teil bis in den südöstlichen Bereich der Westfälischen Bucht wird durch die nahezu lineare Aufreihung der Kornverteilungsfelder 2, 4 und 5 deutlich (Abb. 3).

2.2 Verbreitung und Mächtigkeit der Grundmoränen

Grundmoränen sind in der Westfälischen Bucht vom Teutoburger Wald im Nordosten über den zentralen Teil bis an den Haarstrang im Süden und die Niederrheinische Bucht im Westen verbreitet (Abb. 2). Das geologische Kartenbild zeigt allerdings nur das oberflächliche und oberflächennahe Vorkommen von Grundmoräne. Die tatsächliche Verbreitung geht darüber hinaus, da auch unter jüngeren Schichten (z. B. unter Löß der Weichsel-Kaltzeit) häufig noch Grundmoräne vorkommt. Stellenweise ist die Grundmoräne

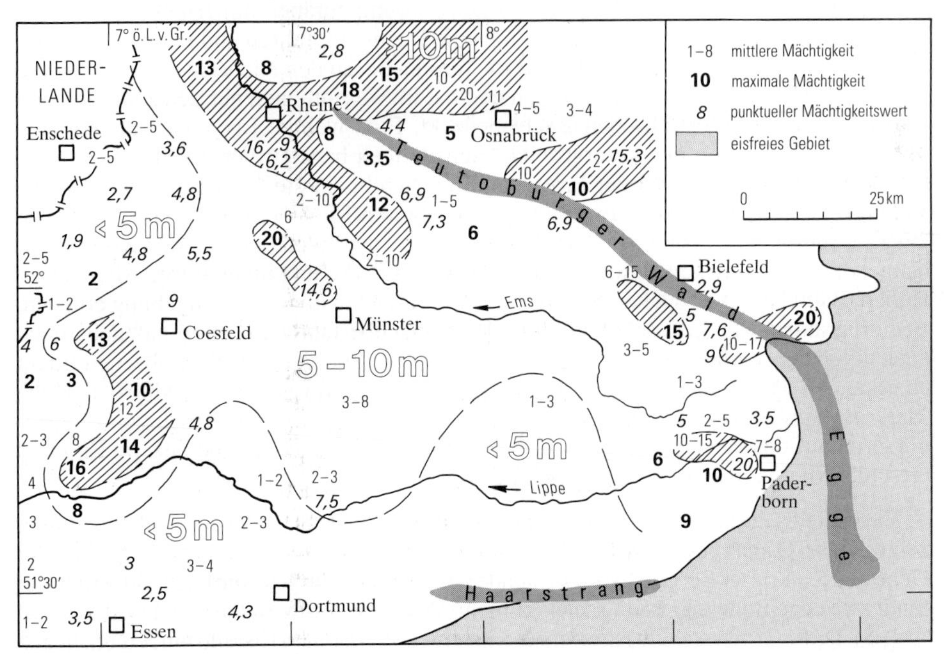

Abb. 4 Gesamtmächtigkeit der saalezeitlichen Grundmoränen in der Westfälischen Bucht und angrenzenden Gebieten

bereits abgetragen – wie auf Hochlagen der Kreide-Oberfläche oder auch in den Tälern von Ems und Lippe, wo sie besonders während der weichselzeitlichen Terrassenbildung aufgearbeitet wurde (vgl. SPEETZEN 1986: 30).

Die Mächtigkeit der Grundmoräne in der Westfälischen Bucht beträgt im allgemeinen nur wenige Meter, kann stellenweise aber 10 m und mehr erreichen. Eine flächenhafte Darstellung der Mächtigkeit auch über Erosionsbereiche hinweg gibt ein angenähertes Bild der ursprünglichen Geschiebemergelbedeckung (Abb. 4). Allerdings sind gewisse Unsicherheiten durch Beobachtungslücken, lokale Mächtigkeitsanomalien aufgrund morphologischer Besonderheiten und nicht genau quantifizierbare Abtragungsbeträge bei der Interpretation in Rechnung zu stellen. Unter Berücksichtigung dieser Einschränkungen lassen sich immerhin drei Mächtigkeitsbereiche ausscheiden. Im westlichen und südlichen Randbereich der Westfälischen Bucht liegen die Geschiebemergelmächtigkeiten unter 5 m; zum zentralen Teil steigen sie auf Werte zwischen 5 und 10 m an. Darüber hinaus gibt es mehr oder weniger ausgedehnte Bereiche mit Mächtigkeiten von über 10 m bis maximal 20 m.

2.3 Geschiebemergelmächtigkeit und Eisbewegung

Untersuchungen des Geschiebemergels bei Coesfeld und Hausdülmen ergaben den Hinweis auf zwei eigenständige Grundmoränen unterschiedlicher Verbreitung, deren Mächtigkeiten bei jeweils ca. 5 m liegen. Überträgt man diese Beobachtung auf die gesamte Westfälische Bucht, so könnten die verschiedenen Mächtigkeitsbereiche des Geschiebemergels durch verschiedene Eisströme unterschiedlicher Vorstoßrichtung und Verbreitung erklärt werden, die jeweils eigene Grundmoränen hinterließen. Eine Eismasse hat vermutlich die gesamte Westfälische Bucht überfahren und reichte im Süden bis an den Haarstrang und die Ruhr und im Westen bis an den Niederrhein. Eine andere Eismasse ist nicht so weit vorgedrungen und hat im wesentlichen nur den zentralen und östlichen Teil der Westfälischen Bucht bedeckt. Eine weitere Eismasse hat sich vermutlich nur auf bestimmten, vorgezeichneten Bahnen bewegt; von Norden kommend scheint sie einerseits im Tal der Ems nach Südosten bis in die Gegend von Paderborn, andererseits nach Südwesten in Richtung zur unteren Lippe vorgestoßen zu sein. Die Ursache für die Aufteilung der Eismasse in zwei Teilströme könnte in den zusammenhängenden Höhenrücken nordwestlich von Münster (Schöppinger Berg, Altenberger Höhen, Baumberge) zu suchen sein, die sich bis zu 100 m über ihre Umgebung erheben. Beeinflussungen von Eismassen durch das Relief der überfahrenen Landschaft geben sich auch durch den Verlauf der 5-m-Mächtigkeitslinie am Südrand der Westfälischen Bucht zu erkennen. Dort haben sich die Höhen an der Lippe südwestlich von Münster (Hohe Mark, Borkenberge, Haard) und vor allem die Beckumer Berge südöstlich von Münster hindernd auf das nach Süden fließende Eis und zugleich reduzierend auf die Eis- und Geschiebemergelmächtigkeit ausgewirkt.

Ein weiterer Zusammenhang zwischen Eisbewegung und Geschiebemergelmächtigkeit zeigt sich bei Osnabrück. Nördlich von Osnabrück, vom Nordrand des Schafbergs bis zum Gehn und Kalkrieser Berg am Nordwestende des Wiehengebirges, und auch südöstlich der Stadt zwischen Belm und Bad Essen kommen zahlreiche Großgeschiebe vor (vgl. Kap. 4: Abb. 8). Diese Großgeschiebestreifen, die auf einen ehemaligen Eisrand hindeuten, liegen in Bereichen erhöhter Geschiebemergelmächtigkeiten. Vermutlich hat sich ein von Norden kommender Eisvorstoß im Osnabrücker Bergland festgefahren und infolge der

Oszillation des Eisrandes neben den zahlreichen Großgeschieben auch eine mächtige Grundmoräne hinterlassen.

Hinweise über eine zeitliche Abfolge der unterschiedlichen Eisvorstöße ergeben sich aus den Verhältnissen bei Coesfeld. Dort wurde die Untere Moräne von einem aus Norden oder Nordnordwesten kommenden Eisvorstoß abgelagert, während die Obere Moräne von einer aus Nordosten heranrückenden Eismasse stammt (GUNDLACH & SPEETZEN 1990). Diese Ergebnisse stimmen sehr gut mit den Verhältnissen in den Niederlanden überein. Dort kam nach ZANDSTRA (1987 b) der erste große saalezeitliche Eisvorstoß aus nördlicher, ein zweiter Vorstoß aus nordöstlicher Richtung.

Die Beobachtungen von Coesfeld passen auch recht gut zu den Vorstellungen von EHLERS (1990 b), der ein generelles Bild der saalezeitlichen Eisbewegung im norddeutschen Raum entwirft. Er unterscheidet während der "Älteren Saale-Vereisung" drei Eisvorstöße. Ein erster vom Nordsee-Eis gespeister Vorstoß erreichte von Nordnordwesten die Westfälische Bucht. Der Haupteisvorstoß erfolgte aus nordöstlicher Richtung; er füllte vermutlich die gesamte Westfälische Bucht und drang bis zum Niederrhein vor. Der letzte Vorstoß soll aus östlicher Richtung gekommen sein und die Westfälische Bucht vermutlich nur an ihrem Nordrand berührt haben. ZANDSTRA (1987 b) und VAN DEN BERG & BEETS (1987) nehmen allerdings an, daß der letzte größere Eisvorstoß wiederum aus Norden kam und in einem schmalen Strom über die östlichen Niederlande hinwegging und bis in die Westfälische Bucht vordrang (vgl. Kap. 5.3.7.5 u. 6). Das aus der Mächtigkeitsverteilung des Geschiebemergels und der Moränenabfolge bei Coesfeld abgeleitete Bild mehrerer Eisvorstöße unterschiedlicher Richtungen und Reichweiten deckt sich somit gut mit den überregionalen Befunden und ist ein deutlicher Hinweis auf die mehrphasige Vereisung der Westfälischen Bucht während der Saale-Kaltzeit.

3 Spuren der Eisbewegung ("Glazialtektonik") in der Westfälischen Bucht

(K. SKUPIN)

Das ehemalige Vereisungsgeschehen im westfälischen Raum ist nicht nur durch die glazigenen, glaziofluviatilen und glaziolimnischen Ablagerungen des Gletschereises wie Grundmoräne, Vor- und Nachschüttsand oder Beckenton, sondern auch durch zahlreiche strukturtektonische Erscheinungsformen dokumentiert. Sie resultieren aus dem Kontakt des Gletschers mit seiner Unterlage, der je nach den örtlichen Gegebenheiten mehr oder weniger lang und intensiv gewesen ist. Hierbei sind insbesondere die Spuren des aktiven Eises, das heißt die sogenannten primären Vereisungsspuren, zu nennen, die durch die vertikale Auflast und den horizontalen Schub des vorrückenden Gletscherkörpers hervorgerufen wurden. Innerhalb der glazigenen Lockersedimente, teils auch auf dem vom Eis überfahrenen Festgesteinsuntergrund, entwickelte sich als Folge der Gletschereinwirkung ein Gefügebild, das eine Reihe tektonischer Strukturelemente wie Scherflächen, Klüfte, Falten, faltenartige Deformationen und Verwerfungen umfaßt. Eine charakteristische Erscheinungsform des vorrückenden Eises ist die Glättung oder Schrammung der Gesteinsoberfläche in den höheren Lagen der Mittelgebirge – vor allem im Weserbergland, aber auch auf den Kreide-Erhebungen der Westfälischen Bucht. Ähnlicher Entstehung sind die mehr oder weniger langgestreckten Drumlins oder Schildrücken im Verbreitungsgebiet der Lockergesteine. Sie sind – innerhalb der Moränenlandschaft meist vergesellschaftet – in der Richtung der Eisbewegung angeordnet und parallel dazu von entsprechenden Hohlformen wie übertieften Fluß- und Schmelzwasserrinnen oder Zungenbecken begleitet. Im Stirnbereich des Inlandeises kam es beim mehrfachen Vor- und Zurückweichen (Oszillieren) der Gletscherfront zu Aufstauchungen und Verschuppungen von Moränenmaterial mit dem darunter anstehenden Fest- und Lockergestein.

Generell werden Ausbildungsgrad und Stärke dieser Strukturelemente von unterschiedlichen Faktoren beeinflußt, die in der Orographie des Geländes, dem Relief des Untergrundes, der Entfernung zum Eisrand, der Mächtigkeit des Eises und den hydrographischen Verhältnissen im Vorfeld des Gletschers sowie der Viskosität des Eises und des überfahrenen Gesteinsmaterials begründet sind. Daneben richten sich Art und Stärke der Verformung aber auch nach der Geschwindigkeit des Bewegungsvorgangs. Sie beruht auf der Tatsache, daß das Eis bei langsamer Formänderung plastisch, bei schneller Formänderung jedoch spröde reagiert.

Diesen primären Strukturelementen stehen als sekundäre Erscheinungen die Formen der subglazialen und subaerischen Erosion und Akkumulation des aktiven und zerfallenden Eises gegenüber. Zu nennen sind hier insbesondere die Füllungen der subglazialen Rinnenzüge oder großer Eisspalten, deren Ausschmelzprodukte heute in der Landschaft teilweise als markante, langgestreckte oder in einzelne Hügel aufgelöste Erhebungen in Erscheinung treten (Oser und Kames). Ausgehend vom aktiven Eis spiegeln diese Bildungen das ehemalige Spaltennetz des Gletschereises wider, das in seiner Anlage primär auf die mechanische Krafteinwirkung beim Vorrücken des Gletschers zurückzuführen ist. Entsprechend dem Bewegungsablauf und dem damit einhergehenden Kräftefeld sind diese teils parallel, teils quer zum Hauptdruck der Eisbewegung angeordnet (WOLDSTEDT 1950).

Am Ende des Vereisungszyklus stehen die Formen des abschmelzenden und wieder zurückweichenden Eises, welche die zuvor genannten Sedimente und Strukturelemente überlagern und schließlich in die Phase der Nacheiszeit überleiten. Schon bald nach dem Abschmelzen des Eises unterlag das ehemalige Vereisungsgebiet dem Einfluß des Periglazialklimas. Dabei kam es beim Abschmelzen von Toteisblöcken häufig zu einer allmählichen oder ruckartigen Absenkung und Verstellung der darüberliegenden Schichten mit bruchtektonischen Erscheinungsformen. Bei wiederholtem Auftauen und Gefrieren bildeten sich Eiskeile oder Frostkeilnetze, welche die glazialtektonischen Erscheinungsformen überlagern und eine Auswertung der glazigenen Formbilder erschweren.

Schließlich ist auch die Veränderung der Landschaft in jüngerer Zeit zu berücksichtigen. Durch die Vorgänge der Verwitterung und Abtragung im jüngeren Pleistozän und Holozän wurden die Moränengebiete weiter erniedrigt, verflacht und eingeebnet. Im Bereich der großen Flüsse sind diese Gebiete heute flächenmäßig stark reduziert, und das Vereisungsgeschehen ist dort nicht mehr eindeutig nachzuvollziehen.

3.1 Merkmale und Methodik zur Rekonstruktion der Eisbewegungsrichtung

Für die Rekonstruktion der Eisbewegungsrichtung haben sich in der Vergangenheit die Methoden der Gebirgs- und Festgesteinsmechanik bestens bewährt. Bei dieser dynamisch-kinematischen Analyse wird der Ablauf des Geschehens unabhängig von der Art des Stoffes lediglich durch die Herkunft und Richtung der erzeugenden Spannung bestimmt. Derartige Untersuchungen werden seit langem an pleistozänen und älteren Lockergesteinskörpern in Norddeutschland durchgeführt, wobei vor allem die Arbeiten von Richter (1929, 1933) und Scharff (1932) aus der ersten Hälfte dieses Jahrhunderts und aus neuerer Zeit diejenigen von Prange (1975, 1978), Möbus (1984), Peterss (1986, 1989 a, 1989 b), Ehlers & Stephan (1979, 1983) und Ehlers (1990 b) zu nennen sind. Die dabei verwendeten Arbeitsmethoden (und Arbeitsgeräte) sind abhängig von den vorhandenen Gefügebildern. Sie umfassen bei den linearen Elementen das Einmessen mit dem Geologenkompaß, bei Material- und Korngrößenunterschieden das Auszählen der einzelnen Bestandteile. Nach der Dokumentation erfolgt deren Analyse mit Hilfe von Richtungsrosen, Gefüge- und Stoffdiagrammen. Daraus ergibt sich wiederum die Interpretation der Gelände- und Laborbefunde.

3.1.1 Gletscherschrammen und gekritzte Geschiebe

Bei der Überfahrung durch das in seinen tiefsten Partien besonders schuttreiche Gletschereis wurde der Untergrund an manchen Stellen geglättet, geschrammt oder von größeren Furchen durchzogen. Diese Formen gehören seit langem zu den wichtigsten Anzeichen der ehemaligen Vergletscherung und lieferten in den Anfängen der Eiszeitforschung den entscheidenden Beweis für die Existenz einer Inlandvereisung Norddeutschlands. Damit war die Vorstellung einer Drifttheorie hinfällig geworden (s. Kap. 1.1).

Derartige "Gletscherschliffe" wurden bereits vor ca. 150 Jahren auf dem Kohlenkalk bei Ratingen nordöstlich von Düsseldorf nachgewiesen (Sedgwick & Murchison 1844) beziehungsweise nachträglich als solche gedeutet (WEGNER 1926). Genauere Angaben für diesen Raum lieferte BÄRTLING (1921). Er wies in der Saarner Mark zwischen Wedau und Großenbaum auf dem anstehenden Flözleeren unter einer Blockpackung deutliche Gletscherschrammen nach, deren Richtungen zwischen 345° und 15° schwanken. Auch von der nördlichen Umrandung der Westfälischen Bucht sind seit langem Gletscherschrammen auf den Karbon-Sandsteinen des Piesbergs bekannt, die überwiegend Nordnordost – Südsüdwest verlaufen (HAMM 1882, HARMS & BRÜNING 1980). Für Ostwestfalen teilte SERAPHIM (1973 a) derartige Beobachtungen aus der Gegend von Detmold mit. Die dort auf einer nagelfluhartig verfestigten Terrassenoberfläche etwa in Nord-Süd-Richtung verlaufenden Gletscherschrammen werden allerdings angezweifelt (SKUPIN & SPEETZEN 1988; s. Tab. 2).*

Tabelle 2

Gletscherschrammen und gekritzte Geschiebe

Fundort	Topographische Karte 1 : 25000, Blatt	Lage R	Lage H	Höhe (+m NN)
Gletscherschrammen				
Piesberg	3612 Mettingen	3433400	5798900	170
Kiesgrube Kater, Detmold-Hiddesen	4019 Detmold	3490150	5754350	165
Saarner Mark zwischen Wedau und Großenbaum	4606 Düsseldorf-Kaiserswerth	2556900	5793850	40
Blauer See bei Ratingen	4607 Heiligenhaus	2560000	5786300	60
gekritzte Geschiebe				
Werther bei Halle	3916 Halle (Westf.)	3460000	5772000	115
Hiltrup und Amelsbüren	4111 Ottmarsbocholt	3405000	5751700	60
Ziegelei Kentrup/Averhoff/Menke, Hiltrup bei Münster	4011 Münster	3405150	5754000	60
Ziegelei Töpker, Oberntudorf	4317 Geseke	3476130	5724400	170
Frohnhauser Weg nahe dem Mühlenbach, Mülh.	4507 Mülheim/Ruhr	2566400	5701950	60

In den Moränenablagerungen, deren Gesteinsmaterial im Verlaufe des vorrückenden Eises vielfach und intensiv durchbewegt worden ist, treten häufig gekritzte Geschiebe auf. Ihre Registrierung ist allerdings nur von untergeordneter Bedeutung, da sie normalerweise nur einen Hinweis auf den Bewegungsvorgang, nicht aber auf die Bewegungsrichtung geben. In diesem Zusammenhang sei auf die Beobachtungen von ARNOLD (1977: 74) hingewiesen, nach denen die Gletscherschrammen auf Geschieben in der Ziegeleigrube Töpker in Oberntudorf bei Salzkotten mit etwa 100° fast genau in dieselbe Richtung zeigten wie die räumliche Orientierung der Geschiebelängsachsen (s. Kap. 3.1.2).

Vermutlich am bekanntesten sind die gekritzten Geschiebe von Hiltrup bei Münster. Die im Bereich der Ziegelei Kentrup und beim Bau des Dortmund-Ems-Kanals angetroffenen Grobgeschiebe des Campans waren deutlich geschrammt und deshalb eindeutig als eiszeitliche Ablagerungen zu identifizieren (HOSIUS & MÜGGE 1893). Einzelne Stücke wurden als Beleg in das Geologisch-Paläontologische Museum der Universität Münster

* Außer den im Text zitierten sind im Literaturverzeichnis die Zitate der Arbeiten aufgeführt, die für die Zusammenstellung in den Tabellen 2 – 8 und bei dem Entwurf der Karte 1 (in der Anl.) ausgewertet wurden.

Abb. 5
Gekritztes Sedimentärgeschiebe von Werther

gebracht (vgl. WEGNER 1926: Abb. 217), wo sie zusammen mit einem gekritzten Diluvialgeschiebe von Werther am Teutoburger Wald (s. Abb. 5) noch heute zu sehen sind. Ein Rapakivi mit gut erhaltenen Gletscherschrammen wurde zum Beispiel auch am Südrand der Westfälischen Bucht im Bereich Essen – Mülheim an der Ruhr angetroffen (LÖSCHER 1925; s. Tab. 2).

3.1.2 Geschiebeeinregelungen

Wegen der sehr seltenen Funde von Gletscherschrammen wird als gebräuchlichste Methode zur Rekonstruktion der Eisbewegungsrichtung heute allgemein die Einmessung der Lage der Geschiebe innerhalb der Grundmoräne benutzt (RICHTER 1932, 1933; EHLERS 1975). Hierbei wird davon ausgegangen, daß die Geschiebe mit der Längsachse in Richtung der Eisbewegung angeordnet sind. Das Ergebnis derartiger Messungen sind

Tabelle 3
Geschiebeeinregelungen

Fundort	Topographische Karte 1 : 25000, Blatt	Lage		Höhe (+m NN)
		R	H	
verschiedene Sandgruben am Südhang des Piesbergs	3613 Westerkappeln 3614 Wallenhorst	3431 750 – 3432 700	5798 150 – 5798 650	70
Abgrabung Weiner Mark südwestlich Ochtrup	3808 Heek	2579 150	5784 650	50
Aufgrabung zwischen Gescher und Stadtlohn	4007 Stadtlohn	2567 050	5760 050	59
Ziegelei Kuhfuß, Coesfeld	4008 Gescher	2579 500	5761 350	92
Abgrabung Tecklenborg, Coesfeld-Flamschen	4008 Gescher	2577 500	5752 300	75
Abgrabung Coesfeld Nord	4009 Coesfeld	2580 750	5760 400	92
Ziegelei Schnermann südwestlich Buldern	4110 Senden	2592 850	5747 250	64
ehemalige Abgrabung Beckedahl, Erle	4207 Raesfeld	2559 500	5735 250	65
Abgrabung Schencking südwestlich Hausdülmen	4209 Haltern	2584 500	5740 850	55
Gelände der Spedition Rosenthal, Langenberg	4215 Wadersloh	3454 050	5738 550	91
Abgrabung Gut Ringelsbruch, Paderborn-Elsen	4218 Paderborn	3477 250	5730 000	128
Ziegelei Nelskamp, Schermbeck	4307 Dorsten	2558 430	5728 900	40
Ton- und Sandgrube Stremmer, Kirchhellen	4307 Dorsten	2561 875	5719 010	65
Baugrube Gaststätte Busch, Eikeloh	4316 Lippstadt	3458 630	5721 040	100
ehemalige Ziegelei Töpker, Oberntudorf	4317 Geseke	3476 130	5724 400	150
ehemalige Baugrube am Bahnhof Hösel	4607 Heiligenhaus	2562 500	5790 860	100

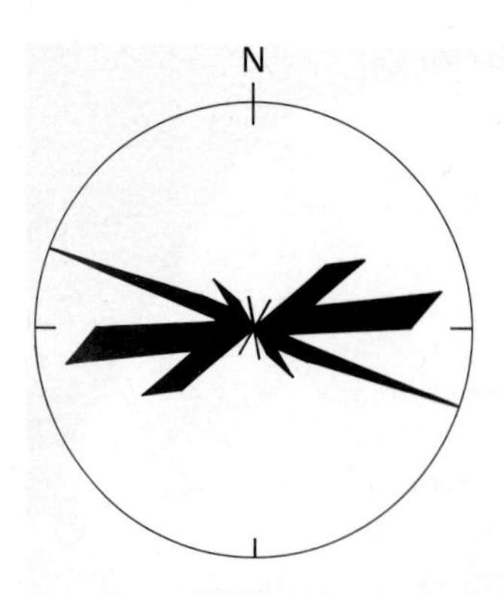

Abb. 6 (links)
Geschiebelängsachsendiagramm von Geschiebemergelaufschluß der Spedition Rosenthal in Langenberg

Abb. 7 (rechts)
Kluftdiagramm von Geschiebemergelaufschluß der Spedition Rosenthal in Langenberg

Geschiebelängsachsendiagramme, die im Idealfall eine enge Bündelung der gemessenen Richtungen aufweisen (Peterss 1989 a). Häufiger tritt jedoch ein quer zur Hauptrichtung angeordnetes Nebenmaximum auf, das in der Regel deutlich schwächer ausgebildet ist. Es deutet auf einen rollenden Transport einiger Geschiebe hin, kann aber auch auf Störungen in der Grundmoräne beruhen. Ursachen hierfür können zum Beispiel Wechsel in der Eisbewegungsrichtung, das Umpolen des Gefüges durch einen nachfolgenden jüngeren Eisvorstoß oder auch schließlich ein Durchbewegen der Moräne durch periglaziale Einflüsse sein. Abweichungen bis zu 90°, das heißt eine Anordnung der Geschiebelängsachse quer zur Eisfließrichtung, sind vor allem in Stauchzonen oder Gebieten mit "Compressive Flow" zu beobachten, wo durch die Auflast des Eises und die Geländemorphologie (Muldenposition) der Vektor der Längsspannung verkürzt und infolgedessen die Vorwärtsbewegung des Gletschers verlangsamt wird (Sugden & John 1976, Ehlers 1990 b). Im Gegensatz zu den östlichen Niederlanden, für deren Bereich in den letzten Jahren eine Reihe von Geschiebeeinregelungsmessungen veröffentlicht wurde (Kluiving & Rappol & van der Wateren 1991), sind derartige Messungen in der Vergangenheit bedauerlicherweise in Westfalen nur ganz vereinzelt durchgeführt worden (vgl. Ehlers & Stephan 1983: 268). Zu nennen sind etwa die Moränenvorkommen vom Bahnhof Hösel südwestlich von Kettwig (TK 25: 4607 Heiligenhaus; Kaiser 1957), der Ziegelei Töpker in Oberntudorf (TK 25: 4317 Geseke; Arnold 1977), der Ziegelei Kuhfuß bei Coesfeld (TK 25: 4008 Gescher; Gundlach & Speetzen 1990) und verschiedene Sandgruben am Südhang des Piesbergs (TK 25: 3613 Westerkappeln und 3614 Wallenhorst; Brüning 1980). Diese Ergebnisse werden nun durch eine Reihe weiterer Messungen an temporär oder längerfristig offenstehenden Grundmoränenaufschlüssen ergänzt (Tab. 3 u. Abb. 6). Nach Möglichkeit wurden jeweils 50 – 100 Messungen vorgenommen, wobei insbesondere die größeren Geschiebe bevorzugt wurden. Diese besitzen erfahrungsgemäß eine bessere Einregelung als die kleineren Geschiebe (etwa Feinkies- und Sandfraktion); die Steine mit deutlich ausgeprägter Längsachse sind wiederum besser eingeregelt als die rundlichen Geschiebe (Ehlers & Stephan 1983, Ehlers 1990 b).

3.1.3 Scherflächen und Klüfte in Lockergesteinen

Neben einer Glättung der Gesteinsoberfläche wird das darunter anstehende Fest- und Lockergestein durch das Eis zerbrochen und entlang von Scherflächen, Klüften und Verwerfungen in einzelne Gesteinskörper zerlegt.

Hier hat sich bei der Ermittlung der Eisbewegungsrichtung in den letzten Jahren zunehmend die Analyse der im Geschiebemergel auftretenden Kluftsysteme bewährt. Sie bildet nach PETERSS (1989 a, 1989 b) eine wertvolle Ergänzung zur Methode der Geschiebelängsachsenmessungen, deren Anordnung häufig örtlichen Gegebenheiten unterworfen ist.

Generell werden die Klüfte bei dieser Methode als das Resultat aller auf das Sediment einwirkenden Spannungen angesehen, von denen diejenigen der Eisbewegung die größte Auswirkung haben. Nach den Gesetzen der Gebirgsmechanik treten sie als einscharige Zugspalten senkrecht zur kleinsten Druckbeanspruchung beziehungsweise parallel zur Hauptbeanspruchung oder als zweischarige Scherklüfte diagonal zwischen der größten und kleinsten Hauptspannung auf. Die Richtung der Eisbewegung entspricht dabei vorzugsweise der Richtung der Koordinate a beziehungsweise der Fläche ac im tektonischen Koordinationssystem, während die bc-Kluftschar senkrecht zur Eisbewegungsrichtung angeordnet ist.

Innerhalb der drei Hauptvarianten:
- Hauptkluftrichtung
- diagonales Kluftsystem
- orthogonales Kluftsystem

ist die Eisbewegungsrichtung beziehungsweise Hauptnormalspannungsachse nach PETERSS (1989 a, 1989 b) am eindeutigsten aus der monoklinalen Kluftrichtung abzuleiten. Hierbei ist der Verlauf der Kluftflächen parallel zum Verlauf der größten Hauptnormalspannung ausgerichtet. Innerhalb des diagonalen Kluftsystems hat sich für die Raumlagenbestimmung der Hauptnormalspannung die Mittellinie des kleinen Schnittwinkels bewährt (Abb. 7). Beim orthogonalen Kluftsystem werden zur Ermittlung der Hauptnormalspannung zusätzliche glazialtektonische Parameter – beispielsweise Messung der Geschiebelängsachsen – benötigt. Der Grund hierfür ist, daß dieses Kluftsystem vermutlich ausschließlich durch Einwirkung vertikaler Kräfte entstanden ist (MEIER & KRONBERG 1989).

Tabelle 4

Scherflächen und Klüfte

Fundort	Topographische Karte 1 : 25000, Blatt	Lage R	Lage H	Höhe (+m NN)
Scherflächen				
Abgrabung Tecklenborg, Coesfeld-Flamschen	4008 Gescher	[25]77 500	[57]52 300	75
Scherklüfte				
Ziegelei Kuhfuß, Coesfeld	4008 Gescher	[25]79 500	[57]61 350	92
ehemalige Ziegelei Dircksmöller, Ummeln	4016 Gütersloh	[34]62 860	[57]59 120	93
ehemalige Ziegelei Dircksmöller, Friedrichsdorf	4016 Gütersloh	[34]63 750	[57]55 720	98
ehemalige Sandgrube südwestlich Ebbesloh	4016 Gütersloh	[34]54 500	[57]59 000	80
ehemalige Ziegelei Miele, Senne I	4017 Brackwede	[34]66 200	[57]55 700	110
ehemalige Ziegelei Dresselhaus, Schloß Holte	4117 Verl	[34]71 630	[57]50 030	105
Sandgrube bei Schulze-Overesch	4215 Wadersloh	[34]43 500	[57]36 700	110
Gelände der Spedition Rosenthal, Langenberg	4215 Wadersloh	[34]54 050	[57]38 550	91
ehemalige Sandgrube Diestmann, Langenberg	4216 Mastholte	[34]54 220	[57]38 530	87
ehemalige Ziegelei Diekmann („Auf der Kanneword"), Ostenland-Haupt	4217 Delbrück	[34]72 790	[57]41 270	102
ehemalige Ziegelei Kückmann, Delbrück-Nordhagen	4217 Delbrück	[34]67 800	[57]37 580	85
ehemalige Ziegelei Hartmann, Delbrück-Riege	4217 Delbrück	[34]68 200	[57]36 650	102,5

Bei der Auswertung des Kluftinventars mußte hauptsächlich auf ältere Messungen zurückgegriffen werden, die zu Anfang der 50er Jahre bei Kartierarbeiten im südöstlichen Münsterland gemacht worden sind (s. Tab. 4). Von Nachteil ist, daß es sich hierbei nicht um systematische variationsstatistische Gefügemessungen, sondern nur um grobe Angaben zur jeweiligen Hauptkluftrichtung handelt. Der daraus resultierende Nutzen ist daher gering.

Scherflächen sind häufig dort anzutreffen, wo es durch die Einengungsvorgänge zu größeren Auf- und Überschiebungen sowie kleineren Zerscherungen und Auswälzungen (Boudinage) der ursprünglich schichtparallelen Sedimentlagen gekommen ist. Insofern stimmt die Einfallsrichtung von Falten und Scherflächen mit der Eisschubrichtung überein. Als Beispiel hierfür ist etwa der Aufschluß Tecklenborg südlich von Coesfeld-Flamschen zu nennen (s. Tab. 4; vgl. auch Kap. 3.1.4).

3.1.4 Stauchungen und Verschuppungen

In der Westfälischen Bucht fehlen – im Gegensatz zum Niederrhein oder der Norddeutschen Tiefebene (s. Kt. 1 in der Anl. u. Tab. 5) – deutliche Stauchendmoränen-

Tabelle 5
Moränen

Fundort	Topographische Karte 1:25 000/1:200 000, Bl.	Lage R	Lage H	Höhe (+m NN)
Stauchendmoräne der östlichen Veluwe	CC 3902 Lingen (Ems)	^{25}00 000– ^{25}06 600	^{57}62 800– ^{58}16 000	40 – 85
Stauchendmoränen von Twente-Salland	CC 3902 Lingen (Ems)	^{25}25 000– ^{25}69 600	^{57}77 000– ^{58}18 000	20 – 85
Stauchendmoränen des Niederrheins	CC 4702 Düsseldorf	^{25}00 000– ^{25}40 200	^{56}90 400– ^{57}55 000	40 – 90
Itterbeck-Uelsener Stauchendmoräne	CC 3902 Lingen (Ems)	^{25}47 000– ^{25}62 500	^{58}08 800– ^{58}25 800	40 – 65
Emsbürener Rücken zwischen Ems und Vechte	3609 Schüttorf	^{25}83 000– ^{25}90 000	^{58}00 000– ^{58}23 000	60
Ravensberger Kiessandzug zwischen „Vor dem Berge" und Elverdissen	3716 Melle 3717 Kirchlengern 3817 Bünde 3917 Bielefeld	^{34}60 000– ^{34}75 000	^{57}72 000– ^{57}93 000	100
zwischen Detmold–Voßheide–Harkemissen–Extertal (= Dörenschlucht–Hemeringer Halt)	3820 Rinteln 3920 Extertal 3819 Vlotho 3919 Lemgo 4019 Detmold 4018 Lage	^{34}84 000– ^{35}15 000	^{57}55 000– ^{57}81 000	65 – 280
zwischen Bielefeld–Wistinghausen–Lemgo (= Osning-Halt)	3919 Lemgo 4019 Detmold 4018 Lage 4017 Brackwede	^{34}67 000– ^{34}95 000	^{57}60 000– ^{57}70 000	100 – 280
zwischen Forst Mackeloh–Oberntudorf–Forsthaus Wildsöden bis Elsen-Rottberg	4217 Delbrück 4317 Geseke	^{34}71 500– ^{34}77 000	^{57}22 000– ^{57}31 000	120
Bereich Billmerich–Bausenhagen–Ruhne (= „Unnaer Endmoränenbogen")	4411 Kamen 4412 Unna 4413 Werl	^{34}07 000– ^{34}26 000	^{57}08 400– ^{57}09 500	200

Tabelle 6

Stauchungen und Verschuppungen

Fundort	Topographische Karte 1 : 25000, Blatt	Lage R	Lage H	Höhe (+m NN)
Hörsteler Brook bei Hof Feldmann	3611 Hopsten	^{34}08500	^{57}02500	46
Stadtgebiet von Gronau und Ochtrup	3707 Glanerbrücke 3708 Gronau 3709 Ochtrup	^{25}70000– ^{25}80000	^{57}87000 ^{57}87000	50 – 60
ehemalige Sandgrube Stegemann (Nötleberg)	3812 Ladbergen	^{34}09750	^{57}80450	50
Evenbrink	3814 Bad Iburg	^{34}34730	^{57}79100	100
Baugruben für Brückenfundamente an der B54 (Nienberge)	4011 Münster	^{34}01200	^{57}62700	76
ehemalige Ziegeleiaufschlüsse westlich Versmold	3914 Versmold	^{34}40000	^{57}69000	70
Ziegelei Kuhfuß, Coesfeld	4008 Gescher	^{25}79500	^{57}61350	92
Abgrabung Tecklenborg, Coesfeld-Flamschen	4008 Gescher	^{25}77500	^{57}52300	75
ehemalige Ziegelei Ahlers, östlich Billerbeck	4009 Coesfeld	^{25}90100	^{57}61200	167
ehemalige Ziegelei Dircksmöller, Friedrichsdorf	4016 Gütersloh	^{34}64050	^{57}55700	98
ehemalige Ziegelei Dircksmöller, Friedrichsdorf	4016 Gütersloh	^{34}63750	^{57}55720	98
ehemalige Ziegelei Dircksmöller, Ummeln	4016 Gütersloh	^{34}63150	^{57}59150	95
ehemalige Ziegelei Brockmann, Avenwedde	4016 Gütersloh	^{34}62050	^{57}54020	90
ehemalige Sandgrube, Obersteinhagen	4016 Gütersloh	^{34}61140	^{57}61740	100
ehemalige Ziegelei Großekämper, Stukenbrock	4018 Lage	^{34}77200	^{57}52800	142
Kiessandgrube westlich Lette	4109 Dülmen	^{25}80850	^{57}51300	72
ehemalige Ziegelei Schwenken, Lüdinghausen	4110 Senden	^{26}02000	^{57}41900	58
in den Einschnitten der Bahn Dortmund–Münster bei Lünen, Werne und von dort bis Bahnhof Capelle	4211 Ascheberg 4311 Lünen	^{34}00000– ^{34}04000	^{57}23000– ^{57}34000	75 – 90
ehemalige Sandgrube Schledde, Ostenland-Haupt	4217 Delbrück	^{34}72620	^{57}38490	106
ehemalige Ziegelei Gröpper, Delbrück-Nordhagen	4217 Delbrück	^{34}67960	^{57}37400	87
Ton- und Sandgrube Stremmer, Kirchhellen	4307 Dorsten	^{25}61875	^{57}19010	65
ehemalige Tongrube, Mülheim-Speldorf	4507 Mülheim/Ruhr	^{25}58142	^{57}98571	70
Aufschluß Hingbergstraße, Mülheim	4507 Mülheim/Ruhr	^{25}62650	^{57}00500	73
Bahneinschnitt, Mülheim-Heißen	4507 Mülheim/Ruhr	^{25}65200	^{57}00500	85
ehemalige Ziegelei am Friedhof, Essen-Bredeney	4507 Mülheim/Ruhr	^{25}68150	^{56}97600	158
ehemalige Tongrube Becker, Mülheim-Broich	4507 Mülheim/Ruhr	^{25}59900	^{56}98680	75
Sandgrube nördlich der kath. Kirche, Essen-Kupferdreh	4608 Velbert	^{25}75100	^{57}95550	80

wälle fast vollständig. Als Merkmale glazialer Halte sind statt dessen lediglich streifenartige Ansammlungen von Grobgeschieben, das heißt Blockpackungen nordischer und einheimischer Geschiebe, nachzuweisen. Im Bereich des Haarstrangs zwischen Dortmund und Werl, bei Hörde, Billmerich und Bausenhagen (Bärtling 1911, 1914, 1921, 1925; Breddin 1938; Hesemann 1975 a) oder zwischen Upsprunge und Oberntudorf (Hempel 1957, 1962; Arnold 1977) sind sie in Form einzelner Geländestreifen, im Weserbergland in Staffeln hintereinander angeordnet (Seraphim 1966, 1972). Eine kleinflächige Ansammlung von Grobgeschieben ohne erkennbare Beziehung zur Geländemorphologie wurde vor kurzem bei Ottmarsbocholt (TK 25: 4111 Ottmarsbocholt) südlich von Münster angetroffen (vgl. Kap. 4). Bei Derne (TK 25: 4410 Dortmund) wurde auf dem präglazialen Untergrund eine mehrere Dekameter große Scholle aus Emscher-Mergel nachgewiesen

(Rabitz & Hewig 1987). Ein Teil dieser Satzendmoränen wird heute allerdings als Kames gedeutet (s. Kap. 3.1.5).

Auswirkungen des Eisschubes sind meist nur in abgeschwächter Form ausgebildet. Hierbei handelt es sich hauptsächlich um Stauchungen und Wellungen des Untergrundes oder um Verschuppungen der Grundmoräne mit dem Untergrund in einem nur wenige Meter messenden Übergangsbereich. Erwähnt seien etwa das Vorkommen der Abgrabung "Stremmer" (TK 25: 4307 Dorsten; s. Tab. 6), wo die Schichten der Jüngeren Hauptterrasse in Richtung Nordnordwest – Südsüdost gestaucht sind, die Abgrabung "Tecklenborg" südwestlich von Coesfeld-Flamschen (TK 25: 4008 Gescher) mit einer Verfaltung und Zerscherung der subglazialen Schichten von Nordnordwest nach Südsüdost beziehungsweise Nordwest nach Südost sowie die schon seit längerem bekannten Vorkommen am Nötleberg (TK 25: 3812 Ladbergen; Braun 1953, 1968; Staude 1982), im Bereich des Delbrücker Rückens (TK 25: 4217 Delbrück; Seraphim 1979 b) oder bei Essen-Kupferdreh (TK 25: 4608 Velbert; Keller 1938; Picard 1951; Klusemann & Teichmüller in von der Brelie et al. 1957), Mülheim-Heißen und Essen-Bredeney (Fiege 1925, Löscher 1925, Kahrs 1928, Bärtling & Breddin 1931). Weitere Angaben über Stauchungen finden sich für das südliche Münsterland bei Wegner (1926: 322), für das nordöstliche Münsterland und das Weserbergland bei Arnold (1952, 1953), Keller (1952 a), Ebert (1954), Seraphim (1973 c), Thiermann (1968, 1975, 1980, 1983), Schöning (1991) und Staude (1992).

Als Ursache für die allgemein wenig ausgeprägten eistektonischen Erscheinungsformen galt früher vor allem die spezielle Kinematik im Bereich der Westfälischen Bucht. So wurde das Fehlen kräftiger Stauchungsformen früher mit der Lage der Westfälischen Bucht im "Eisschatten", das heißt jenseits des Teutoburger Waldes, erklärt, durch dessen Höhen die Energie des Vorstoßes vermindert wurde (Bärtling 1921: 16). Nach heutiger Kenntnis ist die geringe Beanspruchung der vom Eis überfahrenen Lockergesteine jedoch wohl vor allem darauf zurückzuführen, daß das Gleiten des Eises auf einem Wasserfilm an seiner Unterseite vor sich ging. Das Schmelzen des Eises wurde durch den dort herrschenden Druck in der Nähe des Druckschmelzpunktes hervorgerufen (vgl. Ehlers 1978). Eine weitere Ursache dürfte in den besonderen hydrographischen Verhältnissen dieses Gebiets zu sehen sein. Zwischen der Eisfront des Gletschers und den Gebirgszügen des Teutoburger Waldes, Eggegebirges und Haarstrangs hatten sich ausgedehnte Eisstauseen gebildet, auf denen das Eis aufschwamm und mehr oder weniger ohne Grundberührung vorwärts glitt. Der Auftrieb des Gletschereises setzte dabei die Reibung an dessen Sohle herab. In diesem Milieu kam es weniger zu Verschuppungen und Stauchungen als vielmehr zu Wellungen und Verfältelungen der zuvor sedimentierten Beckensedimente. Der Grund für das Fehlen deutlicher Endmoränenbildungen in den Randbereichen des Münsterlandes dürfte vermutlich aber auch darin zu suchen sein, daß in den dort anstehenden Gesteinsschichten der Oberkreide leicht verformbare, plastisch reagierende Einschaltungen fehlen.

3.1.5 Oser und Kames

Markante, in der Landschaft hervortretende Hinterlassenschaften des ehemaligen Inlandeises in der Westfälischen Bucht sind die zahlreichen größeren und kleineren Rinnen- und Spaltenfüllungen aus glaziofluviatilem Sand und Kies. Zu unterscheiden ist hierbei zwischen den schmalen (5 – 150 m), steilwandigen, eisenbahndammähnlichen, zum Teil flußartig gewundenen Rücken der Oser, die am Grunde des Gletschers in subglaziären Tunneltälern abgesetzt wurden, und den breiten (ca. 1 km), weniger steilwandigen Rücken der Kames, die in den Spalten des abschmelzenden und zerfallenden Toteises zurückgelassen wurden. Sie entsprechen in ihrem Verlauf dem ehemaligen Kluft- und Spaltensystem, das entsprechend dem im Eis entwickelten Kräftefeld entweder parallel oder senkrecht zur Eisschubrichtung gerichtet war.

Diese häufig grobkörnigen Bildungen sind vorzugsweise in der Umrandung der Westfälischen Bucht – sowohl nördlich entlang dem Teutoburger Wald als auch an dessen Südrand – in größerer Zahl anzutreffen (Tab. 7 u. Kt. 1 in der Anl.). Ihre Genese ist in vielen Fällen jedoch umstritten. Markantestes Beispiel ist der bislang als Os und auch als Kame gedeutete Münsterländer Kiessandzug (Hauptkieszug), der das Münsterland von Haddorf westlich von Rheine bis zum Nordrand der Beckumer Berge auf einer Länge von ca. 80 km durchquert (vgl. Kap. 5). Mit seinem Nordwest – Südost gerichteten Verlauf gibt er nach THOME (1980 b, 1983) die Fließspur eines von Norden her bei Rheine in die Westfälische Bucht eingedrungenen Gletschers wieder (Münsterland-Gletscher), dessen weiterer Vorstoß wesentlich durch die unterschiedliche Dynamik in seinen westlichen und östlichen Randbereichen (Coesfelder und Warendorfer Teilgletscher) bestimmt wurde. Nach neuen Erkenntnissen über die Geschiebeverbreitung wird der Kiessandzug allerdings nicht als Fließspur einer aktiven Eismasse, sondern als Grenze zwischen einem aktiven westlichen Eisstrom und einer bereits zu Toteis gewordenen östlichen Eismasse angesehen (vgl. Kap. 5 u. 6).

Gleichsam als Gegenstück zum Münsterländer Kiessandzug ist im niederländisch-westfälischen Grenzbereich ein System subglazialer Rinnen ausgebildet, das sich mit einem Nord – Süd beziehungsweise Nordost – Südwest gerichteten Verlauf von Almelo im Norden über Winterswijk nach Rees im Süden verfolgen läßt (Twente-Achterhoek-Rinne).

Im einzelnen besitzen diese Rinnen eine Länge von über 35 km, eine Breite von 500 – 1 600 m und eine durchschnittliche Tiefe von 20 – 50 m; stellenweise, so im Verbreitungsgebiet des Tertiärs, sind sie bis maximal 70 m in den präglazialen Untergrund eingetieft. Über die nördliche und östliche Fortsetzung dieses Rinnensystems ist nur wenig bekannt, doch scheinen sich die dort nachgewiesenen Vorkommen aus grobem Kies und Sand zu verflachen und sich teilweise bis über die Geländeoberfläche herauszuheben (VAN DEN BERG & BEETS 1987, DÖLLING 1991, VAN DE MEENE 1991). Unter Berücksichtigung der hier vorliegenden Untersuchungsergebnisse stellen zumindest die westlichsten Rinnen, wie im Falle des Münsterländer Kiessandzugs, vermutlich Schmelzwasserabflüsse dar, die vor der Front einer im Westen liegenden Toteismasse gebildet wurden. Die Füllung dieser Rinnen erfolgte spätsaalezeitlich bis weichselzeitlich.

Der früher als Endmoräne (BURRE 1924), Weserterrasse oder Kame (GRUPE 1930) gedeutete, etwa 22 km lange und ca. 1 km breite Ravensberger Kiessandzug zwischen Bünde-Habighorst und Herford-Elverdissen ist nach neueren Erkenntnissen dagegen als Mittelmoräne anzusehen (SERAPHIM 1973 c). Sie markiert die Grenze zwischen dem sogenannten Porta- und dem Aue-Hunte-Gletscher, kleineren Teilmassen des ersten drenthestadialen Inlandeisvorstoßes (s. Kap. 5.3.7.5). Der Verlauf dieser Moräne ist überwiegend Westnordwest – Südsüdost gerichtet.

Die übrigen aus dem Münsterland und seiner Umgebung bekannten Kame-Vorkommen sind im Vergleich zum Münsterländer Kiessandzug wesentlich kleiner; sie liegen größenmäßig meist im Bereich von hundert bis tausend Metern (ARNOLD 1966; HESEMANN 1971, 1975 a). Häufig wurden sie in Form und Größe durch Abtragung und Zerschneidung verändert oder in mehrere Einzelformen aufgelöst, so daß ihr ursprünglicher Verlauf heute

Tabelle 7
Oser und Kames

Fundort	Topographische Karte 1:25000/1:200000, Bl.	Lage R	Lage H	Höhe (+m NN)
Oser				
deutsch-holländisches Grenzgebiet zwischen Almelo und Rees (= Twente-Achterhoek-Rinne)	CC 3902 Lingen (Ems) CC 4702 Düsseldorf	^{25}30000– ^{25}56000	^{57}35000– ^{57}95000	10 – 15
nördliches bis zentrales Münsterland zwischen Haddorf bei Rheine und Ennigerloh (= Münsterländer Kiessandzug)	CC 3910 Bielefeld CC 4710 Münster	^{25}90000– ^{34}23000	^{57}45000– ^{57}91000	40 – 65
Hügelgruppe am Südrand des Teutoburger Waldes bei Lienen mit Warbrink (1.), Möllenplatz (2.), Siensbrink (3.), Wulbrink (4.)	3813 Lengerich	1. ^{34}28500 2. ^{34}28480 3. ^{34}30000 4. ^{34}29300	1. ^{57}80000 2. ^{57}79760 3. ^{57}78880 4. ^{57}80000	93 91 80 93
Nord–Süd verlaufende Hügelreihe südlich des Teutoburger Waldes bei Iburg mit Voßegge (1.), Hellberg (2.), Hakentempel (3.), Evenbrink (4.)	3814 Bad Iburg	1. ^{34}34000 2. ^{34}33740 3. ^{34}33450 4. ^{34}33850	1. ^{57}80480 2. ^{57}80350 3. ^{57}79800 4. ^{57}79050	135 130 130 105
Kames				
Bauerschaft Bockraden und Steinbeck	3612 Mettingen	^{34}11500– ^{34}13200	^{57}97000– ^{57}99000	95
nördlich Riesenbeck	3711 Hörstel	^{34}06750– ^{34}07100	^{57}93100– ^{57}93325	60
südwestlich Riesenbeck	3711 Hörstel	^{34}04350– ^{34}04940	^{57}91825– ^{57}92325	43
südwestlich Riesenbeck	3711 Hörstel	^{34}05150– ^{34}06400	^{57}91425– ^{57}92450	49
Birgter Feld	3711 Hörstel	^{34}06500– ^{34}07400	^{57}89325– ^{57}90450	47
Sinninger Feld	3711 Hörstel	^{34}06380– ^{34}06960	^{57}86580– ^{57}87020	50
verschiedene Erhebungen am Südfuß des Schafbergs zwischen Ibbenbüren, Ibbenbüren-Land und Laggenbeck sowie im Längstal zwischen Brochterbeck und Tecklenburg	3712 Ibbenbüren 3713 Hasbergen	^{34}13500– ^{34}20500	^{57}86000– ^{57}92300	60 – 115
Becken von Hagen am Südrand des Hüggels südwestlich Osnabrück im Bereich Gellenbeck–Beckenrode sowie der Bauerschaft Mentrup und Altenhagen	3713 Hasbergen 3813 Lengerich 3814 Bad Iburg	^{34}27000– ^{34}32000	^{57}83500– ^{57}87500	100 – 140
nordöstlich Eisbergen südlich des Kleinenbremer Passes	3720 Bückeburg	^{35}01000– ^{35}03000	^{57}85500– ^{57}88500	160
nördlich der Weser bei Rinteln zwischen Buchholz und Engern	3720 Bückeburg	^{35}03000– ^{35}10000	^{57}85000– ^{57}87000	115
Bauerschaft Antrup am Südrand des Teutoburger Waldes südöstlich Lengerich	3812 Ladbergen	^{34}18250	^{57}84500	60
Bauerschaft Intrup am Südrand des Teutoburger Waldes südöstlich Lengerich (Lohesch)	3813 Lengerich	^{34}22250	^{57}83000	73
bei Bad Iburg in der Nähe von Laer (Laer-Heide und Laer-Höhe)	3814 Bad Iburg 3914 Versmold	^{34}34500	^{57}74150	90

Tabelle 7

(Fortsetzung)

Fundort	Topographische Karte 1 : 25000, Blatt	Lage R	Lage H	Höhe (+m NN)
zwischen Hilter und Borgholzhausen im Bereich Reckendorf (Hof Meyer und Höhe 163), Dissen (Heidbrink), Borgholzhausen (Wesebrink und Nollbrink), Bauerschaft Oldendorf	3815 Dissen aTW 3915 Bockhorst	^{34}39 000– ^{34}51 500	^{57}73 000– ^{57}81 000	105 – 140
Sandgrube Pecher in Exter	3818 Herford	^{34}85 330	^{57}78 200	110
östlich Gut Steinbeck in der Salze-Mühlenbach-Talung	3818 Herford	^{34}83 500– ^{34}85 000	^{57}74 000– ^{57}77 250	90
Sandgrube Stucke	3818 Herford	^{34}85 000	^{57}76 280	110
im Bereich Krankenhagen–Möllenbeck südlich der Weser	3820 Rinteln	^{35}00 000– ^{35}06 000	^{57}79 000– ^{57}82 000	140
Bauerschaft Dorbaum	3912 Westbevern	^{34}11 100	^{57}64 800	56
Längstal zwischen Halle und Ascheloh	3916 Halle (Westf.)	^{34}58 000– ^{34}61 000	^{57}66 000– ^{57}70 000	200
Beerlage bei Billerbeck	4009 Coesfeld	^{25}86 500– ^{25}89 800	^{57}60 500– ^{57}63 100	110
Südrand der Haard nordwestlich Oer (Kaninchenberg; 1.), Recklinghausen-Berghausen (Quellberg; 2.), Recklinghausen-Hochlar (Segensberg; 3.)	4308 Marl 4309 Recklinghausen	1. ^{25}84 850 2. ^{34}85 600 3. ^{25}80 750	1. ^{57}24 740 2. ^{57}20 200 3. ^{57}19 900	90 95 85
östlicher Rand der Ruhr zwischen Essen-Kupferdreh und -Überruhr	4508 Essen 4608 Velbert	^{25}75 700	^{56}96 000	80
im ehemaligen Ruhrmäander südlich Bochum-Langendreer	4509 Bochum 4510 Witten	^{25}92 000– ^{25}94 000	^{57}01 500– ^{57}06 500	130

nicht mehr ohne weiteres zu rekonstruieren ist. Als Beispiel hierfür seien etwa die im östlichen Teil des ehemaligen Ruhrmäanders zwischen Witten und Bochum-Langendreer vorhandenen Ost – West verlaufenden Kame-Hügel genannt (HESEMANN 1975 a). Unter Berücksichtigung der für diesen Raum bei der geologischen Kartierung der Blätter 4510 Witten (JANSEN 1980) und 4509 Bochum (STEHN 1988) erstellten Quartär-Mächtigkeitskarten muß man eher auf einen mehr Nord – Süd gerichteten Verlauf schließen. Auch für den Bereich Recklinghausen wird ein Zusammengehören einzelner dort in Südsüdwest-Richtung orientierter Kame-Hügel angenommen (BRANDT 1961). Weitere derartige Beispiele sind aus dem Bereich des Weserberglandes, etwa zwischen Ibbenbüren und Tecklenburg, bekannt (KELLER 1951 a, THIERMANN 1970).

Durch die häufig mangelhaften Aufschlußverhältnisse ist die Natur dieser Kame-Vorkommen nicht immer mit hinreichender Sicherheit belegt. Ausnahmen bilden etwa die Vorkommen im Kreis Recklinghausen oder am Südrand des Teutoburger Waldes bei Lengerich, wo im Innern der Ablagerungen Aufpressungen, also typische Kernkames, beobachtet wurden (BRANDT 1961; KELLER 1951 a, 1951 b, 1952 c, 1954 b, 1954 c). Bei einem Teil kann es sich allerdings aufgrund der Verbreitung am Rande der Westfälischen Bucht (z. B. Haarstrang und Weserbergland) auch um Füllungen von vorgegebenen fluviatilen und glaziofluviatilen Hohlformen – etwa Flußtäler (z. B. Salzetal; SERAPHIM 1973 d, DEUTLOFF, in Vorbereit.), Längstäler zwischen Brochterbeck und Tecklenburg (THIERMANN 1970) sowie Halle-Ascheloh (HESEMANN 1970) oder Überlaufrinnen (z. B.

westlicher Haarstrang; Thome 1983) – beziehungsweise um teilweise jüngere Aufschüttungsformen vor den Durchlässen der Gebirgsketten handeln (vgl. Keller 1954 a, 1954 b, 1954 c). Auch die Kames im Becken von Hagen südwestlich von Osnabrück wurden bereits zur Zeit der Ablagerung von größeren Erhebungen umgeben (Keller 1952 c).

3.1.6 Drumlins

Morphologisch ins Auge springende Relikte der ehemaligen Vereisung sind auch die sogenannten Drumlins etwa am Nordrand des Wiehengebirges bei Mettingen (Thiermann 1980) und vor allem am Südrand des Teutoburger Waldes (z. B. Friedrichsdorfer Drumlinfeld; Seraphim 1973 b; vgl. Tab. 8). Die Art der Verbreitung, die morphologische Ausgestaltung und Größe der im Bereich Harsewinkel – Gütersloh – Senne in den glaziofluviatilen Sanden auftretenden Lehmplatten (= Grundmoräne) veranlaßten Seraphim, diese Formen genetisch als Bildungen des glazialen Geschehens anzusprechen. Die mehr oder weniger langgestreckten, in Richtung der ehemaligen Eisbewegung ausgerichteten stromlinienförmigen, elliptischen Rücken sind als charakteristische Moränenbildungen an der Basis des Eises zurückgeblieben, wo sie sich in den Wellengang der Eissohle einfügten und einen Ausgleich zwischen dem Untergrund und dem darauf fließenden Eis darstellen (Ebers 1937, Pillenwizer 1969). Hierbei wurde das während der Fortbewegung ständig wechselnde Moränenmaterial teils an der Sohle ausgeschieden, teils wieder aufgenommen. Diese Drumlinisierung erfolgte vor allem auf einem leicht geneigten, das heißt ansteigenden Gelände, wie es insbesondere vor den Pässen von Bielefeld und Borgholzhausen gegeben war. In Abhängigkeit von der jeweiligen Geschwindigkeit sind die Formen der Rücken dabei mehr gedrungen oder mehr länglich ausgebildet. Weitere Gesetzmäßigkeiten der Drumlins sind die Lage des Kulminationspunktes, der normalerweise in der Mitte oder in ihrem proximalen Teil entwickelt ist, sowie die wechselständige Anordnung im Gelände.

Tabelle 8

Drumlins

Fundort	Topographische Karte 1 : 25000, Blatt	Lage R	Lage H	Höhe (+m NN)
zwischen dem Mühlenbach und dem Hof Feldmann und in der Bauerschaft Katermuth am Anstieg zum Schafberg	3612 Mettingen	^{34}15000 – ^{34}19000	^{57}99000 – ^{58}01000	65
Versmolder Drumlinfeld	3914 Versmold 3915 Bockhorst	^{34}40000 – ^{34}54000	^{57}67000 – ^{57}73000	70 – 100
Friedrichsdorfer Drumlinfeld	3916 Halle (Westf.) 4016 Gütersloh 4017 Brackwede 4117 Verl	^{34}55000 – ^{34}78000	^{57}48000 – ^{57}65000	90 – 120

Nach dem Verlauf der Längsachsen der Drumlins in Richtung Nordost – Südwest ist der Vorstoß des Eises zwangsläufig entweder aus nordöstlicher oder südwestlicher Richtung erfolgt. Da sich Drumlins in der Regel auf ansteigenden Flächen finden (Ebers 1926, vgl. Seraphim 1973 b), ist anzunehmen, daß die Drumlins am Nordrand des Wiehengebirges durch einen Eisschub aus Nordnordost (Osnabrücker Gletscher), die Drumlins am Südrand des Teutoburger Waldes jedoch durch einen Eisschub aus Südwest (ältester Emsland-Gletscher) gebildet wurden (vgl. Kap. 5.3.7.5). Unabhängig davon wird seit Jahren aber auch die Möglichkeit einer Entstehung durch postdrenthezeitliche Erosion (Warthe-Stadium bis Holozän) der von den Gebirgskämmen in das Münsterland abfließenden Bäche diskutiert. Für eine derartige Entstehung spricht etwa die in den Drumlins stellenweise zu beobachtende Orientierung der Stauchfalten und Kluftkreuze (z. B. ehemalige Ziegelei Dircksmöller, Friedrichsdorf, Seraphim 1973 b), was auf eine Eisschubrichtung aus Westnordwest beziehungsweise West schließen läßt (s. Kt. 1 in der Anl.).

3.2 Ergebnisse

Aus der Analyse der verschiedenen strukturtektonischen Merkmale ergibt sich für das Münsterland ein wechselndes Bild der Eisbewegungsrichtung. Es ist geprägt durch die randliche Position des Eises mit einer damit einhergehenden Abnahme der Eismächtigkeit und der Auswirkung der Geländemorphologie. Bei geringerer Eismächtigkeit folgten die Gletscher örtlichen Tiefenlinien – zum Beispiel Talzügen, die von der Hauptrichtung der radialen Ausdehnung abweichen. Als Ergebnis sind mehrere Hauptfließspuren auszumachen:

- In den nördlichen Landesteilen hat die Eisbewegungsrichtung durchweg einen Nord-Süd- bis Nordost-Südwest-Verlauf. Diese Richtungen sind mehr oder weniger schief- bis rechtwinklig zum Verlauf des Münsterländer Kiessandzugs angeordnet und werden durch ihn nach Süden und Südwesten begrenzt.
- Im Nordwesten und Westen der Westfälischen Bucht ist die Eisbewegung überwiegend von Norden nach Süden oder von Nordwesten nach Südosten gerichtet.
- Im mittleren Teil der Westfälischen Bucht sind die Eisfließrichtungen weniger konstant, und ihr Verlauf hängt weitgehend von den örtlichen Gegebenheiten des Geländereliefs ab. So machen sich zum Beispiel die Baumberge offensichtlich steuernd auf die Richtungsänderung der Eisbewegung bemerkbar; das aus Nordwesten heranrückende Eis scheint durch die Höhen nach Süden bis Südsüdwesten abgelenkt worden zu sein. Das gleiche gilt auch für das Gebiet der Haard, wo die Fließspuren des Eises mit ihrem Verlauf Nordost – Südwest und Ostnordost – Westsüdwest zum Teil mehr als rechtwinklig zur ursprünglichen Fließrichtung aus Nordwesten angeordnet sind.
- Noch gravierender sind die Auswirkungen des Reliefs auf die Eisschubrichtung im Süden der Westfälischen Bucht. Dort pendeln die Richtungsänderungen kleinräumig hin und her und schwenken, der Barriere des Haarstrangs folgend, schließlich mehr und mehr in eine West-Ost-Richtung ein.
- Bei gegliederten Moränen mit einer unterschiedlichen Geschiebeführung (z. B. Ziegeleigruben Kuhfuß bei Coesfeld und Gut Ringelsbruch bei Paderborn; vgl. Kap. 5.3.7.1) sind die ermittelten Eisbewegungsrichtungen unterschiedlich, lassen jedoch eine gemeinsame Generalrichtung erkennen.

Aus den ermittelten Hauptfließrichtungen und deren regionaler Verbreitung ergibt sich das Bild unterschiedlicher Eismassen, die teils aus Norden bis Nordosten, teils mehr aus Nordwesten in die Westfälische Bucht eingedrungen sind. Hierbei wurde besonders die westliche Eismasse stärker durch das Relief beeinflußt und von den zentralen Höhen der Westfälischen Bucht sowohl nach Westen zum Rhein als auch nach Osten gegen Paderborner Hochfläche, Eggegebirge und Teutoburger Wald gelenkt.

4 Großgeschiebe (Findlinge) in der Westfälischen Bucht und angrenzenden Gebieten und ihre Bedeutung für die Eisbewegung

(E. SPEETZEN)

4.1 Einleitende Bemerkungen zu Großgeschieben

Als Geschiebe werden die durch Inlandeis oder Gletscher vom überfahrenen Untergrund abgeschürften, verfrachteten und schließlich in den Moränen abgelagerten Gesteinsstücke bezeichnet. Die Größen reichen von wenigen Millimetern bis über 10 m, das heißt vom Feinkies bis zu riesigen Blöcken. Gesteinsstücke mit einer Kantenlänge oder einem Durchmesser von mehr als 40 cm bezeichnet SERAPHIM (1966) als Grobgeschiebe. Hier wird für Blöcke mit einer größten Länge von über 2 m – was einem Gewicht von 5 t und mehr entspricht – die Bezeichnung Großgeschiebe gewählt.

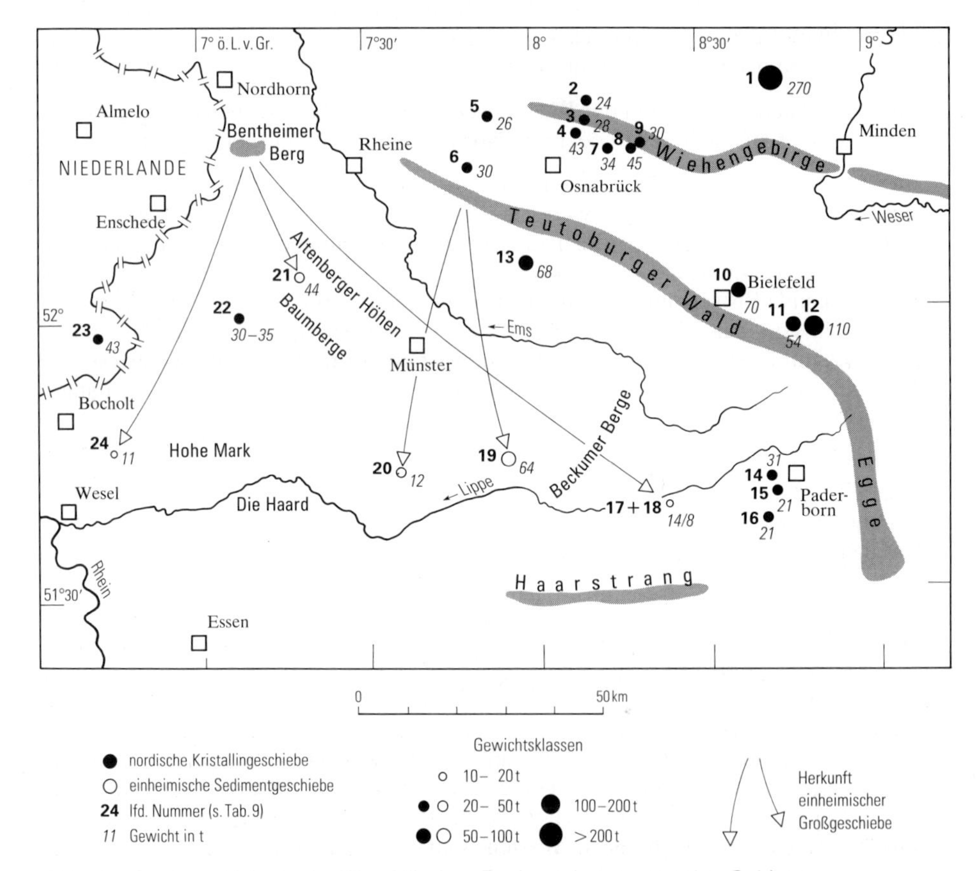

Abb. 8 Großgeschiebe in der Westfälischen Bucht und angrenzenden Gebieten

Tabelle 9

Lage, Volumen und Gewicht der Großgeschiebe in der Westfälischen Bucht und angrenzenden Gebieten (vgl. Abb. 8)

Nr.	Topographische Karte 1 : 25000, Blatt	Lage R	Lage H	Gesteinsart	Volumen (m^3)	Gewicht (t)	Name
1	3518 Diepenau	^{34}79860	^{58}10050	Biotitgranit	100	270	Großer Stein*
2	3615 Ostercappeln	^{34}43560	^{58}05780	Granit, porph.	9	24	Gedenkstein
3	3614 Wallenhorst	^{34}42110	^{58}02990	Biotitgranit	10	28	Teufelsfelsen
4	3614 Wallenhorst	^{34}40900	^{57}99410	Granit	16	43	Butterstein
5	3613 Westerkappeln	^{34}22010	^{58}03940	Granit	9,5	26	
6	3712 Ibbenbüren	^{34}17120	^{57}94870	Granit	11	30	
7	3615 Ostercappeln	^{34}47490	^{57}96740	Granit	12,5	34	
8	3715 Schledehausen	^{34}52310	^{57}95790	Granit	ca. 15,5	40 – 45	Opferstein
9	3615 Ostercappeln	^{34}53440	^{57}97540	Granit	11	30	Ehrenmal
10	3917 Bielefeld	^{34}71660	^{57}68280	Granit, vergneist	26	70	
11	4018 Lage	^{34}87000	^{57}60720	Granit	20	54	Kl. Johannisstein
12	4018 Lage	^{34}87000	^{57}60720	Granit	ca. 40	100 – 110	Gr. Johannisstein
13	3913 Ostbevern	^{34}29400	^{57}73640	Granit	25	68	David & Goliath
14	4218 Paderborn	^{34}78060	^{57}30010	Granit, vergneist	11,5	31	
15	4318 Borchen	^{34}78920	^{57}28510	Granit	8	21	
16	4318 Borchen	^{34}77550	^{57}21580	Leptit (?)	8	21	
17	4316 Lippstadt	^{34}57375	^{57}26120	Sandstein	7	14	
18	4316 Lippstadt	^{34}58800	^{57}26200	Sandstein	3,5	8	
19	4213 Ahlen	^{34}24050	^{57}35400	Sandstein	31	64	Dicker Stein
20	4211 Ascheberg	^{34}02975	^{57}33950	Sandstein	6	12	
21	3909 Horstmar	^{25}89950	^{57}72325	Sandstein	21	44	
22	3908 Ahaus	^{25}77500	^{57}64750	Biotitgranit	11 – 13	30 – 35	Holtwicker Ei
23	4006 Oeding	^{25}49420	^{57}60100	Granit	16	43	(Winterswijk, NL)
24	4206 Brünen	^{25}53675	^{57}37800	Sandstein	5,5	11	

* Nach WEGNER (1926) wurden bei dem ersten Bergungsversuch Teile abgesprengt und ca. 20 Fuder (~7 m^3 bzw. 20 t) abtransportiert – ursprüngliches Volumen und Gewicht ca. 107 m^3 und 290 t.

Die Großgeschiebe wurden wegen ihrer im Vergleich zu den einheimischen Gesteinen häufig andersartigen Zusammensetzung, ihres isolierten Auftretens in Bereichen mit sandig-tonigen Lockerablagerungen und ihres zunächst unbekannten Ursprungs als etwas Fremdartiges empfunden. Daher rühren die Bezeichnungen "erratische Blöcke" oder "Findlinge". Besonders die großen, einzeln in der Landschaft liegenden Blöcke haben die menschliche Phantasie angeregt und in früheren Zeiten zu mancherlei Spekulationen über ihre Herkunft Anlaß gegeben. So sind um diese Findlinge auch zahlreiche Sagen entstanden, in denen oft der Teufel als Inkarnation des Bösen für die Verfrachtung oder Anhäufung dieser Steine verantwortlich gemacht wird (vgl. WEGNER 1921). Viele Findlinge, aber auch jungsteinzeitliche Großsteingräber, die aus herantransportierten

Geschiebeblöcken errichtet wurden, tragen deshalb heute noch die Bezeichnung Teufelssteine – wie zum Beispiel das Großsteingrab bei Heiden östlich von Borken oder der auch als Süntelstein bekannte Findling und zwei Großsteingräber bei Vehrte nordöstlich von Osnabrück.

Seit ungefähr 200 Jahren gibt es Versuche, die Herkunft oder die Entstehung der Findlinge wissenschaftlich zu erklären (vgl. Kap. 1.1) – aber erst im Jahr 1875, als der schwedische Geologe Otto Torell in der Nähe von Berlin Gletscherschrammen entdeckte und damit der Inlandeistheorie zum Durchbruch verhalf, wurde das Rätsel um die erratischen Blöcke endgültig gelöst und ihr überwiegend skandinavischer Ursprung allgemein anerkannt.

Bei den Geschieben nordischer (fennoskandischer) Herkunft handelt es sich überwiegend um kristalline Gesteine aus den Gruppen der Magmatite und Metamorphite; nordische Sedimentgesteine sind relativ selten. Unter den Großgeschieben treten besonders häufig granitische Gesteine auf; es kommen auch Pegmatite, Porphyre und Gneise vor. Nur wenige Blöcke wurden bisher als Leitgeschiebe bezeichnet. Arnold (1966) sprach das "Holtwicker Ei" (Abb. 8 u. Tab. 9: 22) als Filipstad-Granit an. Nach einer Bestimmung von Hesemann wurde der in zwei Teile zerfallene Block von Averfehrden ("David und Goliath": 13) ebenfalls als Filipstad-Granit eingestuft (Harms 1980). Diesen Auffassungen schließt sich Zandstra (schriftl. Mitt.) nicht an. Den Findling von Holtwick hält er für eine Abart des roten Växjö-Granits aus Småland (Südschweden), den Findling von Averfehrden für einen unspezifischen, möglicherweise auch südschwedischen Granit. Diese scheinbare Diskrepanz erklärt sich aus der Tatsache, daß es zwischen Småland- und Värmland-Graniten (Filipstad-Granit) zahlreiche Übergangsformen gibt (vgl. Smed 1988). Ein wirkliches Leitgeschiebe scheint der "Große Stein" von Tonnenheide bei

Abb. 9 Der "Große Stein" von Tonnenheide (Biotitgranit), größter und schwerster Findling Westfalens (Nr. 1 in Tab. 9)

Rahden (Abb. 9) darzustellen. Nach SCHALLREUTER (1987) handelt es sich um mittelschwedischen Uppsala-Granit. Damit ergibt sich eine gewisse Bestätigung für die aus der Zählung der kristallinen Leitgeschiebe bekannte Tatsache, daß Eismassen aus dem süd- und mittelschwedischen Raum bis in die Westfälische Bucht vordrangen und Moränen mit einem entsprechenden Geschiebebestand ablagerten (vgl. Kap. 5).

Die einheimischen Geschiebe entstammen den Gesteinsabfolgen der nordwestdeutschen Mittelgebirge (Wiehengebirge und Teutoburger Wald) und den nördlichen und zentralen Höhen der Westfälischen Bucht (vgl. SERAPHIM 1979 b). Es handelt sich im wesentlichen um Quarzite und Sandsteine, Tonsteine und Kalksteine. Unter den Großgeschieben lokalen Ursprungs wurden bisher allerdings nur Sandsteine beobachtet. Die Ursache liegt neben einer ausreichenden Festigkeit vor allem in der oft grobbankigen bis massigen Ablagerung der Sandsteine – einer wesentlichen Voraussetzung zur Bildung großer Blöcke. Die zum Teil festeren Kalksteine zeigen im allgemeinen sehr viel geringere Schicht- oder Bankmächtigkeiten und können deshalb keine Großgeschiebe bilden. Einige Sandsteinfindlinge haben den Charakter lokaler Leitgeschiebe, da sich ihre Herkunftsgebiete genauer bestimmen lassen (vgl. Kap. 4.3).

Die bekanntesten Findlinge der Westfälischen Bucht und ihrer Umgebung sind der "Große Stein" von Tonnenheide bei Rahden (1; s. Abb. 9), der zugleich der größte Findling Westfalens ist, der "Dicke Stein" von Ahlen (19; s. Abb. 10) und das "Holtwicker Ei" nördlich von Coesfeld (22). Viele andere Blöcke wurden mangels fester Bausteine zerstört und zu Fundament- und Pflastersteinen verarbeitet oder zum Bau von Mauern oder Denkmälern verwendet. Die heute in Westfalen vorhandenen, meistens als Naturdenkmale geschützten Findlinge sind nur noch Reste der ehemals recht zahlreichen Großgeschiebe. Allerdings werden auch jetzt noch große Findlinge entdeckt – wie beispielsweise 1979 der

Abb. 10 Der "Dicke Stein" von Ahlen (Quarzsandstein), größter Findling in der Westfälischen Bucht (Nr. 19 in Tab. 9)

Block von Averfehrden im östlichen Münsterland (13; vgl. HARMS 1980) oder 1980 ein 70 t schwerer Gesteinsblock in Bielefeld (10), die sich gut in das bisher bekannte Spektrum einpassen. Aus Größe, Verbreitung und Ursprung der Großgeschiebe lassen sich einige allgemeine Gesetzmäßigkeiten ableiten, die Rückschlüsse auf die ehemaligen Eismassen und ihre Bewegungsrichtung erlauben.

4.2 Größe und Verteilung der Großgeschiebe als Abbild der Eisbewegung

Zur Ermittlung des Volumens und des Gewichts der Geschiebe wurden die Längen in drei senkrecht aufeinanderstehenden Richtungen (a-, b- und c-Achse) vermessen. Dabei stellt die a-Achse den größten und die c-Achse den kleinsten Durchmesser des Gesteinsblocks dar. Die Gestalt der Großgeschiebe wechselt zwischen ellipsoidisch und mehr oder weniger quaderförmig. Das Volumen kann deshalb entweder nach der Ellipsoid-Formel ($V = 0{,}52 \cdot a \cdot b \cdot c$) oder nach der Quader-Formel ($V = a \cdot b \cdot c$) berechnet werden. SCHULZ (1964) führte an kleineren Geschieben verschiedene Berechnungsverfahren durch und verglich die Ergebnisse mit dem durch Wasserverdrängung gemessenen Volumen. Dabei ergab die Ellipsoid-Formel die beste Näherung mit positiven und negativen Abweichungen bis zu 15 und 11% vom wahren Volumen. Bei der Volumenbestimmung der Großgeschiebe in der Westfälischen Bucht wurde eine mit einem Formfaktor "F" versehene modifizierte Formel ($V = F \cdot a \cdot b \cdot c$) verwendet. Die für jeden Findling einzeln bestimmten Faktoren lagen je nach der mehr ellipsoidischen oder mehr quaderförmigen Gestalt zwischen 0,5 und 0,8. Über die Dichte der Gesteine – für die Magmatite mit 2,7 – 2,8 g/cm^3 und für die Sandsteine mit 2,1 g/cm^3 angesetzt – wurde das Gewicht errechnet. Der größte Findling, der "Große Stein " von Tonnenheide, erreicht ein Gewicht von ca. 270 t und ein Volumen von ca. 100 m^3. Etwa 50 km weiter im Nordosten liegt im Forst Krähe (6 km östlich von Nienburg/Weser) der "Giebichenstein", noch ein Findling dieser Größenordnung. Da verschiedene Großgeschiebe bei oder nach der Bergung gewogen wurden, konnten in einigen Fällen die empirisch ermittelten Formfaktoren durch Rückrechnung kontrolliert werden.

Die Großgeschiebe wurden in fünf Gewichtsklassen eingeteilt und entsprechend ihrer topographischen Lage kartenmäßig aufgetragen (Abb. 8). Aus Gründen der Übersichtlichkeit sind bei den Kristallingeschieben allerdings nur die Blöcke mit einem Gewicht ab 20 t berücksichtigt worden. Die Abbildung zeigt, daß die Großgeschiebe in unterschiedlicher Häufung vorkommen. Im Innern der Westfälischen Bucht treten sie im allgemeinen in lockerer Verteilung auf, die einer normalen Grundmoränenlandschaft entspricht. Nur vor Anhöhen sind gelegentlich lokale Anreicherungen zu beobachten. Eine Ausnahme bildet das Gebiet südlich und südwestlich von Münster – eine flache Landschaft ohne morphologische Besonderheiten, in der eine Grundmoräne mit ostfennoskandischem Geschiebeinhalt auftritt. Zwischen Ottmarsbocholt und Davensberg – 15 km südlich von Münster – ist eine deutliche Häufung größerer Geschiebe zu erkennen. Vor allem im Ort Davensberg werden in Baugruben immer wieder zahlreiche Findlinge freigelegt. Ähnliche Verhältnisse dürften in Albachten, ca. 6 km südwestlich von Münster, vorliegen. Dort scheinen an der Basis der 4 – 5 m mächtigen Grundmoräne etliche größere Geschiebe vorhanden zu sein, die bei Kartierarbeiten ein Durchteufen der Moräne mit Handbohrgeräten häufig unmöglich machten. Ob es sich in diesen Fällen um streifenartige Anordnungen großer

Geschiebe oder um eine mehr flächenhafte Verbreitung an der Basis einer allgemein geschiebereichen Moräne handelt, läßt sich wegen der Überdeckung und der mangelnden Aufschlüsse nicht entscheiden. Es gibt aber auch andere Bereiche, in denen die Geschiebeblöcke sehr zahlreich sind – wie etwa östlich von Osnabrück und am Südrand der Westfälischen Bucht bei Paderborn. Hier handelt es sich um relativ schmale, aber langgestreckte Zonen, die ehemalige Eisrandlagen kennzeichnen (SERAPHIM 1966); diese Blockanreicherungen sind im Grunde genommen Endmoränen.

Die Transportkraft des Eises wird durch die physikalischen Parameter wie Dicke, Temperatur, Dichte und Fließgeschwindigkeit bestimmt. Da die Temperatur im Außenbereich der Inlandeismassen als nahezu gleich angesehen werden kann, sind hier wohl die Eisdicke, die Fließgeschwindigkeit und der je nach den Reliefverhältnissen wechselnde Spannungszustand (Zerrung bzw. Pressung) als wesentliche Steuerungsfaktoren der Transportkapazität anzusehen. Die Größenabnahme der Findlinge als eine Funktion der Entfernung vom Zentrum der Vereisung beruht nur zu einem unwesentlichen Teil auf der allmählichen Zerkleinerung oder "Abnutzung" der Geschiebe auf dem Transportweg. Sie geht vor allem auf die zum Außenrand der Inlandvereisung abnehmende Eismächtigkeit und die damit verbundene Druck- und Dichteverminderung zurück. Im Bereich der Mittelgebirge kommt die bremsende Wirkung der Höhenzüge hinzu, die zu einer Änderung der Fließgeschwindigkeit und oft auch der Fließrichtung der Eismassen führt und zugleich wechselnde Spannungsverhältnisse im Eis hervorruft. Je nach Art und Umfang der Veränderungen der Eisparameter verringert sich das Transportvermögen des Inlandeises mehr oder weniger stark; dementsprechend setzen sich die Großgeschiebe nach der Größe gestaffelt nacheinander oder in manchen Bereichen auch gleichzeitig ab.

Betrachtet man die Verteilung der Großgeschiebe nach ihrem Gewicht, so geben sich drei Bereiche zu erkennen: das norddeutsche Tiefland nördlich der Mittelgebirge mit Blöcken bis zu 270 t (Abb. 8: 1), der Raum zwischen Wiehengebirge und Teutoburger Wald mit einem Maximalwert von 110 t (12) und die Westfälische Bucht mit Blöcken bis nahezu 70 t (13, 19). Daraus läßt sich auf eine Eismasse schließen, die von Nordosten durch die Pässe der Mittelgebirge und auch über die Höhenzüge bis in die Westfälische Bucht vordrang und dabei allmählich, an den hindernden Barrieren auch sprunghaft, an Transportkraft einbüßte oder sogar angehalten wurde. Eine ähnliche Abnahme der Geschiebegrößen vom Zentrum der nordeuropäischen Vereisung bis zu ihren Rändern ist bei SCHULZ (1968, 1969) dargestellt. Für den Südrand der saalezeitlichen Vereisung ergibt sich daraus ein Gradient für die Verringerung der mittleren Geschiebegröße von ca. 20 t/100 km.

Neben einer von Nordosten nach Südwesten fließenden Eismasse muß noch ein anderer Eisstrom an der Großgeschiebeanlieferung beteiligt gewesen sein. Es ist auffällig, daß in der Anreicherungszone bei Osnabrück (vgl. Kap. 2.3) wie auch im nordwestlichen Teil der Westfälischen Bucht die maximalen Werte bei 45 t liegen, ohne daß eine Abhängigkeit von der Nordost-Südwest-Richtung zu erkennen ist. Diese Findlinge wurden vermutlich von einer von Norden heranrückenden Eismasse abgelagert, die somit einen längeren Transportweg und auch andere physikalische Parameter gehabt haben dürfte. Vermutlich stieß diese Eismasse bis in den Südostwinkel der Westfälischen Bucht vor und hinterließ dort die Großgeschiebeanreicherung westlich von Paderborn. Für diesen mutmaßlichen Eisvorstoß vom Nordrand der Westfälischen Bucht bis in den äußersten Südosten spricht die Größenabnahme der Findlinge, die ebenfalls einen Gradienten von ca. 20 t/100 km aufweist.

4.3 Lokale Großgeschiebe und Eisbewegung

Bei bekanntem Ursprungsort der Geschiebe lassen sich häufig Rückschlüsse über die Bewegungsrichtung der Eismassen ziehen. Bei den Großgeschieben der Westfälischen Bucht handelt es sich allerdings in den meisten Fällen um untypische nordische Gesteine. Neben den Kristallinfindlingen treten vereinzelt auch Großgeschiebe aus einheimischen Sandsteinen auf, die zum Teil bereits von WEGNER (1921) erwähnt wurden. Sie kommen von Horstmar (Abb. 8: 21) im Norden über Ahlen (19) und Capelle (20) im zentralen Teil bis nach Lippstadt (17, 18) im Osten und Raesfeld (24) im Westen der Westfälischen Bucht vor. Dabei handelt es sich ausschließlich um bräunlichgelbe Quarzsandsteine. Ähnliche Gesteine sind in den Unterkreide-Schichten der randlichen Höhen der Westfälischen Bucht weit verbreitet. Korngrößenunterschiede zwischen den Findlingen lassen auf verschiedene Ursprungsorte schließen.

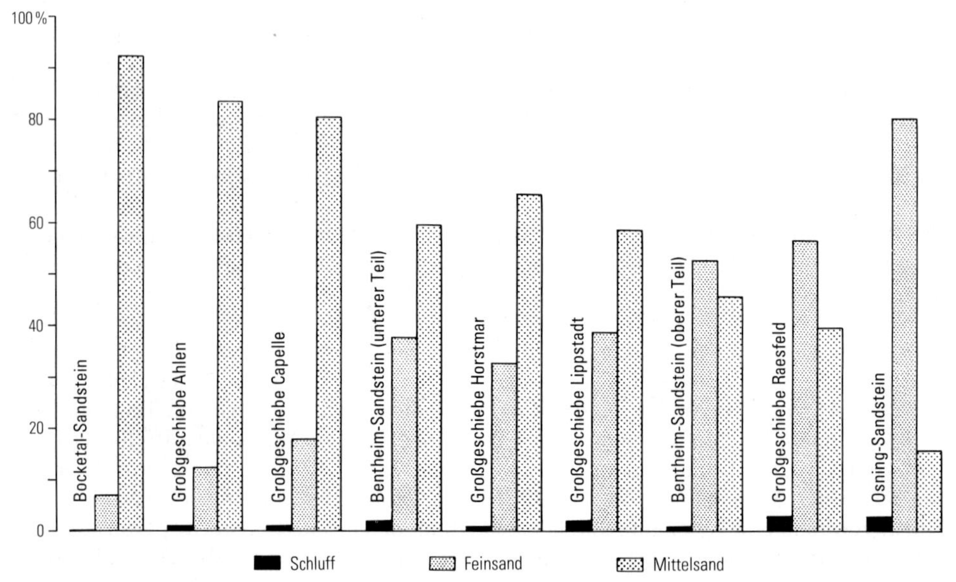

Abb. 11 Kornverteilung von Unterkreide-Sandsteinen und Sandstein-Großgeschieben der Westfälischen Bucht

Da sich die Sandsteine aufgrund ihrer geringen Kornbindung relativ gut aufbereiten lassen (vgl. SPEETZEN 1970), wurden genaue Korngrößenanalysen zur Kennzeichnung der einzelnen Großgeschiebe und zum Vergleich mit möglichen Ursprungsorten durchgeführt. Parallel dazu wurden Sandsteinvorkommen im Teutoburger Wald und im Bentheimer Höhenzug untersucht und beprobt. Für die Auswahl der Probennahmestellen waren bestimmte Kriterien maßgebend – wie eine grobbankige bis massige Ausbildung, eine ausreichende Festigkeit und das exponierte Vorkommen der Sandsteine in natürlichen Klippen oder Schichtrippen. Derartige Stellen ergaben sich am nordwestlichen Teutoburger Wald bei Brochterbeck (Bocketal-Sandstein) und Dörenthe (Dörenthe-Sandstein) sowie am Bentheimer Berg östlich von Bentheim und besonders westlich der Stadt am Romberg (Bentheim-Sandstein). Weiterhin wurden auch Korngrößenanalysen des Osning-Sandsteins aus dem mittleren und südöstlichen Teil des Teutoburger Waldes (HENDRICKS 1979, SPEETZEN 1970) zum Vergleich herangezogen.

Die Ergebnisse der Korngrößenanalysen sowohl der Findlinge als auch der anstehenden Sandsteine sind in Abbildung 11 zusammengefaßt. Bereits im Überblick zeigt sich, daß die Sandsteine des mittleren und südlichen Teutoburger Waldes nicht als Liefergesteine für die Sandsteingeschiebe in Frage kommen. In anderen Fällen ergeben sich aus dem Vergleich der Korngrößenanalysen der Sandstein-Großgeschiebe mit denen der anstehenden Sandsteine zum Teil recht deutliche Übereinstimmungen. Aufgrund dieser Tatsache ist es möglich, die einheimischen Großgeschiebe mit hoher Wahrscheinlichkeit bestimmten Herkunftsgebieten zuzuordnen. Die im Südosten bei Lippstadt liegenden, vom Kornaufbau völlig identischen Findlinge (17, 18) stammen somit nicht aus dem nur 35 km entfernten Teutoburger Wald, sie wurden vielmehr von Nordwesten über ca. 105 km aus dem Raum Bentheim herantransportiert. Bereits WEGNER (1921) beschreibt Sandsteinfindlinge aus Ziegeleigruben unmittelbar östlich von Lippstadt und aus der Gegend von Bösensell, ca. 11 km westsüdwestlich von Münster. Mit großer Wahrscheinlichkeit sind auch die Findlinge von Horstmar (21) und Raesfeld (24) aus dem Bentheimer Raum abzuleiten. Aufgrund dieser Geschiebeverteilung deutet sich eine aus Norden kommende Eismasse an, die sich vor den zentralen Höhen der Westfälischen Bucht (Altenberger Höhen, Schöppinger Berg, Baumberge) in zwei nach Südosten und Südwesten gerichtete Hauptströme aufspaltet (vgl. Abb. 48, S. 110).

Die Sandstein-Großgeschiebe von Ahlen und Capelle (19, 20) stammen hingegen mit ziemlicher Sicherheit aus dem nordwestlichen Teutoburger Wald. Ihr Ursprungsgebiet dürften die Klippen des Bocketal-Sandsteins bei Brochterbeck sein. Damit gibt sich ein weiterer Eisvorstoß aus nordöstlicher Richtung zu erkennen, der den Osnabrücker Raum überfuhr und in die Westfälische Bucht eindrang. Diese Eismasse scheint an den Altenberger Höhen und den Baumbergen nach Süden abgelenkt worden zu sein. Sie hat aber auch den östlichen Teil der Westfälischen Bucht erreicht (vgl. Abb. 47, S. 109). Besonders östlich von Gütersloh treten zahlreiche (Klein-)Geschiebe aus dem Osnabrücker und Tecklenburger Raum auf, während Geschiebe aus dem Bereich östlich des Teutoburger Waldes (Ravensberger und Lipper Land) nicht beobachtet wurden (SERAPHIM 1979 b). Dieser Eisvorstoß hat somit nur den nordwestlichen Teutoburger Wald überschritten, worauf auch das Fehlen von Großgeschieben aus den Sandsteinen des mittleren und südöstlichen Teutoburger Waldes hinweist.

Eine gewisse Unsicherheit besteht bei dem Dörenthe-Sandstein, der bei Tecklenburg und besonders bei Dörenthe morphologisch deutlich hervortretende Klippen bildet. Die Korngrößenverteilung variiert sehr stark. Bei Tecklenburg nähert sie sich dem Kornspektrum des feinsandigen Osning-Sandsteins, während bei Dörenthe der Mittelsandanteil deutlich zunimmt und teilweise sogar, wie beim Bentheim-Sandstein, die Hauptkomponente bildet. Aus diesen Gründen könnten die Sandstein-Großgeschiebe von Horstmar und Raesfeld theoretisch auch vom Dörenthe-Sandstein des nordwestlichen Teutoburger Waldes abgeleitet werden. Die sich daraus ergebenden hypothetischen Transportwege verlaufen allerdings quer über die zentralen Höhen der Westfälischen Bucht; deswegen ist diese Möglichkeit als relativ unwahrscheinlich anzusehen.

4.4 Ergebnisse

Die Großgeschiebe der Westfälischen Bucht stellen zunächst klassische und zum Teil recht spektakuläre Zeugen für die ehemalige Vereisung dieses Raumes dar; darüber hinaus geben sie aber auch Hinweise auf den Ablauf dieses Vorgangs. Aufgrund der unterschiedlichen Häufigkeit der Großgeschiebe, aus der Verteilung der Geschiebegrößen und vor allem aus der Zuordnung der einheimischen Sandsteingeschiebe zu bestimmten Ursprungsorten lassen sich zwei Hauptvorstoßrichtungen des Inlandeises nachweisen. Eine Eismasse kam aus nördlicher Richtung. Sie staute sich am Nordwestende des Mittelgebirgssporns, stieß aber weit in die Westfälische Bucht vor. Die zentralen Höhen wirkten steuernd auf die Bewegungsrichtung der Eismasse und teilten sie in einen auf Paderborn zielenden Südoststrom sowie in einen Südweststrom, der über Raesfeld hinaus bis an den Niederrhein gereicht haben dürfte. Eine andere Eismasse drang aus Nordosten über die Mittelgebirge und über den nordwestlichen Teutoburger Wald bis in die Westfälische Bucht vor. Dort wurde sie an den zentralen Höhen im wesentlichen nach Süden und Südosten abgelenkt. Über die zeitliche Aufeinanderfolge und über mögliche gegenseitige Beeinflussungen der Eismassen lassen diese Untersuchungen keine Aussagen zu (s. dazu Kap. 2 u. 5).

5 Nördliche kristalline Leitgeschiebe und Kiese in der Westfälischen Bucht und angrenzenden Gebieten

(J. G. ZANDSTRA)

5.1 Einleitung

Die Geschichte der Erforschung nördlicher kristalliner Geschiebe in den pleistozänen Ablagerungen Westfalens und seiner Umgebung umfaßt einen Zeitraum von gut einem Jahrhundert. Obwohl das Gebiet geschiebekundlich verhältnismäßig stiefmütterlich behandelt wurde, hat die Kenntnis im Laufe der Zeit zugenommen. Dabei spielten Zählungen kristalliner Leitgeschiebe, besonders zwischen 1930 und 1939, eine Hauptrolle; die Ergebnisse trugen viel zur Entwicklung der Auffassungen über Gliederung und Einstufung der Moränen bei. Die Lösung dieser Probleme kann aber nicht von der Geschiebekunde allein erwartet werden, sondern muß auf vielen Wegen angestrebt werden. Der Geschiebeforscher ist im allgemeinen auf Tagesaufschlüsse, das heißt auf

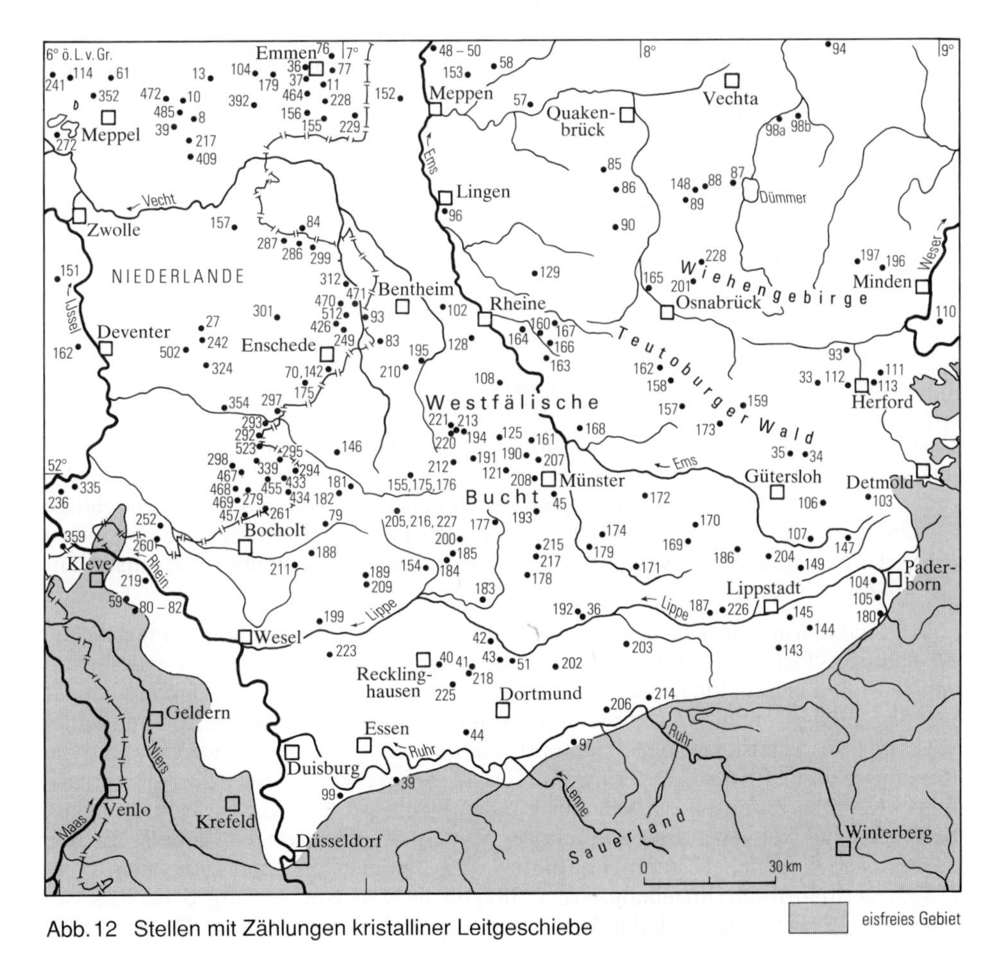

Abb. 12 Stellen mit Zählungen kristalliner Leitgeschiebe

Gruben und Äcker angewiesen; der Pollenanalytiker zum Beispiel hat den Vorteil, auch Bohrungen benutzen zu können, um mit Pollenspektren interglaziale Schichten von Moränenablagerungen und sonstigen glazigenen Bildungen zu trennen und gegebenenfalls auch eine zeitliche Einstufung der Schichten vorzunehmen. Allerdings kann auch der Geschiebekundler mit Hilfe von quantitativen Analysen des Geschiebebestands und des Kiesinhalts viel zur Gliederung quartärer Abfolgen beitragen – um so mehr, als eine systematische Kartierung dieser Parameter bisher nicht vorgenommen wurde. Aufgrund dieser Tatsache wurden zwischen 1979 und 1992 in Westfalen und angrenzenden Gebieten in Zusammenarbeit mit Kollegen aus Krefeld, Münster, Lochem und Haarlem sowie verschiedenen Amateurgeologen 88 neue Geschiebezählungen durchgeführt.

Bei der Darstellung des Geschiebeinventars wurde ein Verfahren ausgewählt, das eine übersichtliche Kartendarstellung ermöglicht und zugleich erlaubt, 40 ältere Zählungen aus Westfalen und ältere und neue Zählungen aus den östlichen Niederlanden zur Ergänzung zu übernehmen. Der größte Teil der Geschiebe- und Kiesanalysen stammt aus den "angrenzenden Gebieten" und weniger aus der Westfälischen Bucht; die Ursache liegt in der isolierten Entwicklung der Westfälischen Bucht, in der nördliche Flußablagerungen und Sedimente vorsaalezeitlicher Vereisungen weitgehend fehlen. Bei der Auswertung der Ergebnisse wurde auch die seit 1875 erschienene geschiebekundliche Literatur herangezogen. In dem nachfolgenden historischen Überblick wird allerdings nur die auf Westfalen und das südliche Niedersachsen bezogene Literatur genannt. Die niederländischen Schriften werden fast alle in Kapitel 5.3 über die neuen Zählungen zitiert. Die Abbildungen 1 (S. 12) und 12 zeigen die Lage des Arbeitsgebiets und die Probenentnahmestellen der Geschiebezählungen.

5.2 Geschiebeforschung im Rückblick

5.2.1 Die ersten hundert Jahre nach der Begründung der Inlandeistheorie (1875 – 1975)

Im Jahr 1875 begann ein neuer Abschnitt für die Quartär-Geologie, denn am 3. November dieses Jahres begründete der schwedische Geologe Otto Torell in einem Vortrag in Berlin die Lehre von der Vergletscherung Nordeuropas durch Inlandeis aus dem skandinavischen Raum. Gletscherschrammen auf Kalksteinen in den Rüdersdorfer Bergen lieferten dazu den Beweis. Dieses Ereignis wird allgemein als Zeitpunkt für die endgültige Durchsetzung der Inlandeistheorie gegenüber den Flut- und Drifttheorien angesehen (Gripp 1975, Kaiser 1975, Geologisch-Paläontologisches Museum der Universität Münster 1986).

Als Reaktion auf die neue Vergletscherungstheorie wurde das Studium der nördlichen Kristallingeschiebe in Nordwesteuropa in den letzten fünfundzwanzig Jahren des neunzehnten Jahrhunderts intensiviert. Die Nachforschungen richteten sich anfänglich namentlich auf die Deutung von Leitgeschieben und auf die summarische Bestimmung einer west- oder ostfennoskandischen Herkunft. Für quantitative Untersuchungen waren die Kenntnisse vorläufig noch zu gering. Die Geschiebeforscher arbeiteten aber sehr gründlich – Kenntnisaustausch mit skandinavischen Geologen und Reisen nach Finnland, Schweden und Norwegen zum Studium der Muttergesteine gaben die Garantie für eine zuverlässige Geschiebebestimmung. In diesem Zusammenhang sind zu nennen: Lang (1879) für Bremen und Umgebung, Neef (1882) für die Mark Brandenburg, Schroeder van der Kolk (1891) für die Niederlande und Nordwestdeutschland, Cohen & Deecke (1892,

1897) für Vorpommern und Rügen, PETERSEN (1899, 1900) für Norddeutschland und MATZ (1903) für Mecklenburg.

Westfalen war in diesem Zeitraum noch ein weißer Fleck. W. MEYER (1907) macht seine Zeitgenossen auf diese Lücke aufmerksam und versucht sie durch die Untersuchung der porphyrischen Leitgeschiebe in der Westfälischen Bucht zu füllen. Wegen des nahezu vollständigen Mangels an Vergleichsmaterial in den westfälischen Instituten konnten die verschiedenen Porphyrarten nicht erschöpfend behandelt werden. Die Gesteine stammten zum größten Teil aus dem Münsterländer Kiessandzug. Zählungen bei Münster und Neuenkirchen zeigen, daß der ostfennoskandische Anteil 57% der Porphyrsumme beträgt, wenn der nach neuerer Kenntnis nicht aussagekräftige Hälleflint eliminiert wird. (Die Herkunftsbezeichnung einiger von W. MEYER angegebenen Leitgeschiebe ist inzwischen überholt.) Das Bild der Geschiebeverteilung in Westfalen bleibt jedoch noch sehr lückenhaft, so daß es dem Autor geraten erscheint, keine Vermutungen über die Bewegungsrichtung der Eismassen zu äußern. W. MEYER erwähnt allerdings, daß Geschiebe nach Süden bis zur Ruhr zu finden sind.

Die Veröffentlichung des dänischen Geologen MILTHERS (1909: Abb. 13) über fennoskandische Leitgeschiebe in Nordwesteuropa bringt für Westfalen und Umgebung keine neuen Erkenntnisse. MILTHERS beschränkt sich auf eine Besprechung der Untersuchungen von W. MEYER (1907); tatsächlich betont er die Notwendigkeit weiterer quantitativer Untersuchungen in diesen Regionen.

HIRZEBRUCH (1911) schien es eine lohnende Mühe, die Untersuchung W. MEYERS für die nichtporphyrischen Geschiebe im Münsterland fortzusetzen. Auch dieser Autor beschränkt sich hauptsächlich auf Geschiebe aus dem Münsterländer Kiessandzug, der damals noch als Endmoräne gedeutet wurde. In bezug auf die Bewegungsrichtung der Eismassen ist HIRZEBRUCH äußerst behutsam: seiner Ansicht nach gelangte das Eis zwischen Schonen (Skåne) und Bornholm hindurch nach Westfalen. Über den Verlauf der Eisbewegung im Münsterland machte er vorsichtshalber keine Aussage.

VAN CALKER (1912) behandelt die kristallinen Geschiebe in und um die Stadt Groningen; diese Arbeit ist tatsächlich die erste niederländische Monographie über diese Geschiebegruppe – ähnlich der früheren von COHEN & DEECKE (1892, 1897) für Deutschland.

Im Jahr 1913 publiziert MILTHERS die Ergebnisse seiner geschiebekundlichen Untersuchungen in den südwestlichen Randgebieten der skandinavischen Vereisungen und liefert einen Beitrag zur Kenntnis der Richtungen und der Reihenfolge der Eisströme. Er benutzt quantitative Zählungen von 26 charakteristischen Leitgeschieben. Westfalen wird nur durch einige Analysen bei Recklinghausen, Neuenkirchen, Münster-Hiltrup und Tecklenburg abgedeckt. Am Bahnhof Neuenkirchen zählte MILTHERS im Münsterländer Kiessandzug 83 Leitgeschiebe mit starker Beteiligung von Åland-Material (66%), die er auch bei Hiltrup feststellte. Diese Ergebnisse stehen in Übereinstimmung mit W. MEYER (1907) und HIRZEBRUCH (1911). Weiter ergab sich, daß die roten Ostsee-Quarzporphyre häufiger als die braunen vertreten sind; bei Cloppenburg in Niedersachsen zeigte sich ein ähnliches, allerdings extremeres Verhältnis. Schlußfolgerungen über eine Gliederung der Moränen oder über Bewegungsrichtungen der Eismassen werden daraus nicht gezogen.

Links des Rheins war zu der Zeit wenig über das sogenannte "nordische Diluvium" bekannt. FLIEGEL (1914) erwähnt Blocklehm als eine typische Grundmoräne – unter anderem auf dem Hülser Berg. Rechts des Rheins gibt er am Kaiserberg im Osten von Duisburg weitere Stellen mit homogener Grundmoräne an und beschreibt das Vorkommen gekritzter Geschiebe und eines 1,20 m langen Granitfindlings.

Mittlerweile war die Geschiebekunde in Westfalen und auch in den übrigen Teilen Deutschlands aufgrund ausbleibender Erfolge in eine Krise geraten. Nach Jahren der Pause äußert sich HUCKE (1925) wieder zu geschiebekundlichen Problemen. Er hebt hervor, daß von verschiedenen Seiten vergebliche Versuche gemacht worden waren, sogenannte Schüttungskegel für charakteristische Geschiebe kartographisch darzustellen und daraus Schlüsse über die Wege der Eisströme zu ziehen. Speziell wird die stiefmütterliche Behandlung nördlicher kristalliner Geschiebe in Deutschland bedauert.

Ein Wiederaufleben der Geschiebeforschung beginnt noch im selben Jahr, wenn auch nicht in Westfalen. Eine zweiteilige monographische Arbeit über die Verbreitung von Leitgeschieben aus Südwestfinnland und Åland in Ostpreußen (MENDE 1925, 1926) trägt viel dazu bei. Diese Veröffentlichungen sind für den Geschiebesammler wegen der ausgezeichneten Charakteristik der ostfennoskandischen Leitgeschiebe immer noch wertvoll. Auch das Bestimmungsbuch von KORN (1927) hat zum Aufleben und zur erneuten Popularität der Geschiebeforschung beigetragen – besonders wegen der sehr eindrucksvollen farbigen Karten mit Herkunftsgebieten, Haupttransportrichtungen und Verbreitung der Geschiebe.

Mit der Arbeit von HESEMANN (1930: Abb. 14) "Wie sammelt und verwertet man kristalline Geschiebe?" fängt ein neues Kapitel in der Geschichte der geologisch ausgerichteten Geschiebekunde an. Zu der Zeit sind ungefähr 110 kristalline Leitgeschiebe bekannt, die durch HESEMANN alle in die Zählungen einbezogen werden. Die Verwendung einer kleinen Anzahl ausgewählter Leitgeschiebe wie bei MILTHERS (1913) lehnt er ab und schlägt statt dessen eine quantitative Methode vor. HESEMANN empfiehlt die Zusammenfassung der Geschiebe nach vier regionalen Herkunftsgebieten. Ihr jeweiliger prozentualer Anteil wird in Zehnerprozenten ausgedrückt und durch die Zehner dieser Prozentzahlen als vierstellige "Verhältniszahl" dargestellt (vgl. Kap. 5.3.1).

Eine weitere Arbeit von MILTHERS (1933) behandelt die Herkunftsgebiete und die Verbreitung der Geschiebe aus Ostsee-Quarzporphyren. Danach scheint der rote Ostsee-

Abb. 13 VILHELM MILTHERS (1865 – 1962)

Abb. 14 JULIUS HESEMANN (1901 – 1980)

Tabelle 10

Erste Zählungen kristalliner Leitgeschiebe in Westfalen
(MILTHERS 1913, 1934)

Geschiebetyp		Neuenkirchen	Münster-Hiltrup	ostnordöstlich Delbrück	Berghausen östlich Recklinghausen
		(%)	(%)	(%)	(%)
Åland-Geschiebe	Ostfennoskandien	66,3	61,9	52,3	30,5
roter Ostsee-Quarzporphyr	Ostfennoskandien	15,7	14,3	6,8	15,9
brauner Ostsee-Quarzporphyr	Mittelschweden	6,0	9,5	4,5	6,4
Bredvad-Porphyr	Mittelschweden	8,4	9,5	34,1	31,9
Grönklitt-Porphyrit	Mittelschweden	2,4	4,8		8,5
sonstige Dala-Porphyre	Mittelschweden			2,3	4,7
Påskallavik-Porphyr	Südschweden	1,2			2,1

Quarzporphyr der Gruppe der Åland-Geschiebe näherzustehen als der braune Typ. MILTHERS (1934) weist zudem auf Unvollständigkeiten in der Methode und den Ergebnissen von HESEMANN hin, die bestimmte Eigentümlichkeiten der Geschiebevergesellschaftung in Westfalen nicht richtig wiedergeben. So erwähnt MILTHERS das Vorherrschen åländischer Geschiebe in gewissen Teilen Westfalens: "Man bekommt davon einen starken Eindruck, wenn man den Hofplatz des geologischen Museums der Universität Münster betritt, dessen altes Pflaster ein würdiges Monument von dem baltischen Eisstrom nach Westfalen darstellt; in HESEMANNS Angaben wird dies ganz verschleiert." Auch die von HESEMANN berechneten Zahlen auf der Grundlage der Bestimmungen von W. MEYER (1907) und HIRZEBRUCH (1911), unter anderem bei Neuenkirchen und Münster-Hiltrup, finden keine Anerkennung. Leider hat MILTHERS (1913) selbst nur wenige Zählungen in Westfalen vorgenommen; sie werden 1934 zusammenfassend dargestellt. Vier dieser für Westfalen ältesten Analysen sind hier nochmals wiedergegeben (Tab. 10). Die Ergebnisse lassen sich natürlich nicht ohne Berücksichtigung der verschiedenen Grundlagen der Methoden mit den Resultaten von HESEMANN vergleichen; sie zeigen aber an, daß der Münsterländer Kiessandzug viel ostfennoskandische Geschiebe führt und daß bei Delbrück und Berghausen bei Recklinghausen Dalarna-Material (mit Bredvad-Porphyr, Grönklitt-Porphyrit und sonstigen Dala-Porphyren) relativ stark vertreten ist. Unzureichend bei dieser Methode erscheint der Nachweis des südschwedischen Anteils, der lediglich aufgrund des Småländer Påskallavik-Porphyrs bestimmt wird. Das Fehlen dieses Porphyrs in einem Geschiebebestand ist keinesfalls so zu deuten, daß der für den Transport in Frage kommende Eisstrom Småland nicht überschritten hätte.

Noch im gleichen Jahr folgt eine Antwort HESEMANNS auf MILTHERS' Kritik. HESEMANN (1934) wirft dabei die wichtige Frage auf, ob es zweckmäßiger oder auch gerechtfertigt ist, den Geschiebebestand durch eine kleine Auslese anstatt durch möglichst viele, inzwischen mehr als 200 zählende Leitgeschiebe zu erfassen. HESEMANN betont, daß sich aus den Zählungen von MILTHERS keine Angaben über Zahl, Bewegungsrichtung und Ausdehnung der Eisströme ableiten lassen. Wie bereits früher bleibt Westfalen dabei wiederum außerhalb der Betrachtung. Erst LÄDIGE (1935) stellt aus dem Raum Herford drei Zählungen nach der HESEMANN-Methode vor. Danach ist die südschwedische Gruppe zahlenmäßig am stärksten vertreten – ein Ergebnis, das als bezeichnend für die Saale-Vereisung angesehen wird. Einige Jahre später werden von HESEMANN (1939) neue Geschiebezählungen, diesmal aus dem Raum zwischen Elbe und Rhein, vorgeführt. Die

Geschiebeführung in Westfalen erweist sich danach als ziemlich einheitlich – mit Ausnahme von Langendreerholz, wo eine deutliche Vormacht der ostfennoskandischen Gruppe auftritt (Anh., S. 138/139: Zählung D 44). Die übrigen Zählungen zeichnen sich durch ein Überwiegen süd- und westschwedischer, insbesondere småländischer Gesteine aus. Dabei ergibt sich eine Abhängigkeit der Beteiligung ostfennoskandischer Geschiebe von der Art der Ablagerung. Geschiebemergel weisen meistens niedrige, Sande und Kiese dagegen gewöhnlich etwas höhere Prozentzahlen an Rapakivi-Gesteinen auf. HESEMANN vertritt die Meinung, daß eine starke Beteiligung ostfennoskandischer Geschiebe kennzeichnend für elsterzeitliche Ablagerungen ist; er hält es für unwahrscheinlich, daß diese Geschiebegruppe während der Saale-Eiszeit verfrachtet und abgesetzt wurde. Die Häufung der ostfennoskandischen Geschiebe im Randgebiet der Vereisung (Langendreerholz) soll ein Indiz dafür sein, daß die Elster-Vereisung zumindest an vielen Stellen die äußerste Grenze des saalezeitlichen Vereisungsgebiets erreicht und zum Teil überschritten hat. Alles in allem ist HESEMANN (1939) der erste nachdrückliche Fürsprecher einer zweimaligen Eisbedeckung der Westfälischen Bucht.

DEWERS (1939) schildert die geologischen Lagerungsverhältnisse in der Sandgrube der Emsländischen Hartsteinfabrik bei Haren/Ems in Niedersachsen, wo Leitgeschiebe im Liegenden und Hangenden eines Torfes durch W. G. SIMON und ausschließlich über dem Torf durch DEWERS gezählt wurden. Die Auswahl der Geschiebe durch DEWERS kam der von HESEMANN vorgenommenen hinreichend nahe und lieferte die Verhältniszahl 7210. SIMONS Leitgeschiebewahl stimmt hingegen mit derjenigen von HESEMANN nicht überein und liefert dadurch eine falsche Zahl; nach Umrechnung ergibt sich aber auch bei diesen Zählungen ein ostfennoskandisches Spektrum (Anh., S. 138/139: Zählungen D 48, D 49, D 50). Das Alter des Torfes bleibt fraglich – und damit auch die Einstufung der Kiessande im Hangenden des Torfes. Später wird für den Torf ein vermutlich eemzeitliches Alter angegeben (VON DER BRELIE 1952). RICHTER (1953) weist darauf hin, daß ein saalezeitliches Alter der geschiebeführenden Schichten im Liegenden des Torfes gesichert ist. Seiner Meinung nach gehört die Fundstelle Haren zu einem Gebiet, in das eine saalezeitliche Eismasse mit einer ostfennoskandischen Geschiebegemeinschaft vorstieß. Diese Auffassung steht im Widerspruch zu HESEMANN, der ein ostfennoskandisches Geschiebespektrum als primär elsterzeitlich ansieht, das allerdings in aufgearbeiteter Form auch in saalezeitlichen Moränen vorhanden sein kann. Nach RICHTER ist die Verbreitung der ostfennoskandisch geprägten saalezeitlichen Ablagerungen auch nordwestwärts (Hondsrug in Drenthe) und ostwärts zu vermuten, so daß sich ein großer, nach Norden offener Gletscherlobus abzeichnen würde. Der dazugehörige sandige Geschiebelehm ist gewöhnlich rotbraun bis braun gefärbt ("rote Moräne").

Später bezeichnet HESEMANN (1949) die von ihm im Jahr 1939 vertretene Theorie einer zweimaligen Vereisung Westfalens noch als ungesichert. In jedem Fall gibt es eine Ostgrenze der ostfennoskandischen Geschiebegemeinschaft, welche östlich von Fürstenau in Niedersachsen südwärts über Münster nach Waltrop verläuft und dann nach Südosten abbiegt. Diese Grenze wird auch "HESEMANN-Linie" genannt. Im gleichen Jahr berichten FRICKE & HESEMANN & VON DER WÜLBECKE (1949) über eine neue Fundstelle mit überwiegend ostfennoskandischen Gesteinen bei Waltrop (Anh., S. 138/139: Zählung D 51) – nach Meinung der Autoren eine Ergänzung zu der Reihe der Fundpunkte elsterzeitlicher Geschiebe in Westfalen, wie Langendreerholz, Borghorst und Burgsteinfurt.

Vom Jahr 1950 an wurden in Westfalen kaum Geschiebezählungen nach der HESEMANN-Methode durchgeführt; es setzte eine Periode der stratigraphischen Neubewertung und Überprüfung unter Einschaltung verschiedener Disziplinen ein. Wichtig ist die Meldung einiger Fundpunkte von nördlichen Geschieben südlich der Ruhr, insbesondere ein

Vorkommen im Raum Drüpplingsen – Alt-Gruland, das von J. SPIEGEL, Museumsdirektor in Schwerte, entdeckt wurde. Dieser Moränenrest dürfte von einer Gletscherzunge stammen, die den Haarstrang im Raum Frömern – Holzwickede überstieg (MÜLLER 1951).

Im Jahr 1957 nimmt HESEMANN den 1949 geäußerten Vorbehalt über das Vorkommen elsterzeitlicher glazigener Ablagerungen in Westfalen zurück und weist gleichzeitig auf die Verbreitung der Fundpunkte mit viel ostfennoskandischen Geschieben hin. Darüber hinaus rekonstruiert er einen saalezeitlichen Hauptgletscher, der durch 60 – 80% südschwedisches Material gekennzeichnet ist. Dieser Eisstrom soll in seiner Masse den Teutoburger Wald bei Osnabrück und Halle überschritten haben und nach Südwesten in Richtung Waltrop – Lünen vorgestoßen sein (Abb. 15).

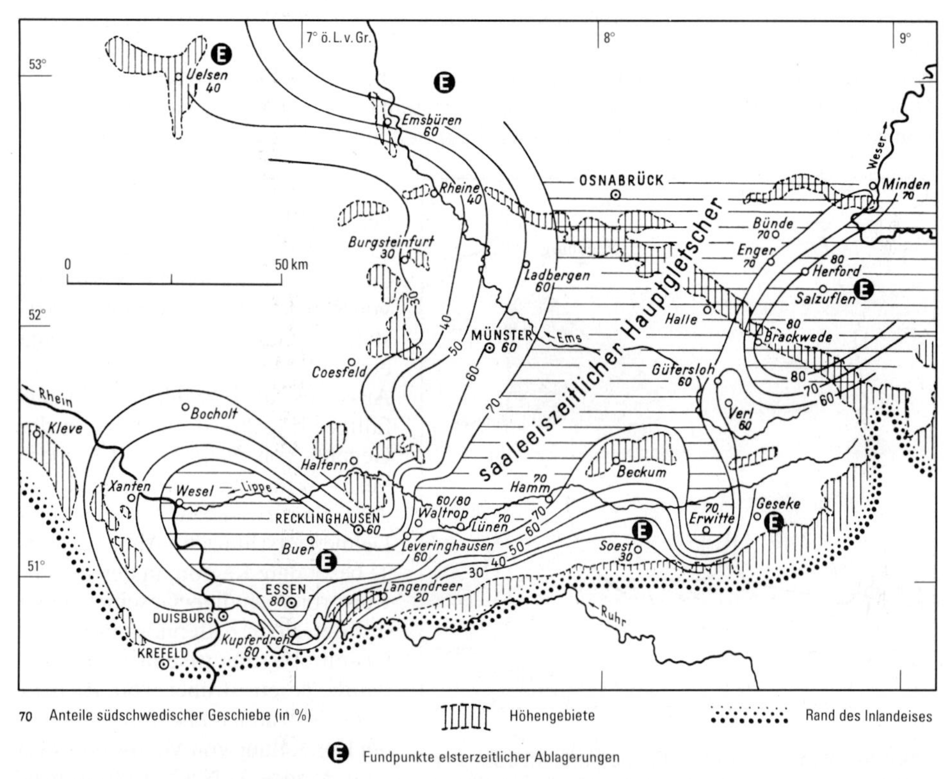

Abb. 15 Der saalezeitliche Hauptgletscher in Westfalen und im Rheinland nach der Geschiebeführung (HESEMANN 1957)

LÜTTIG (1957) schlägt eine neue quantitative Methode der Geschiebezählungen vor. Dabei werden von möglichst vielen Geschieben die Mittelpunkte ihrer Herkunftsgebiete nach geographischer Länge und Breite bestimmt und entsprechend der Anzahl der einzelnen Leitgeschiebe summiert. Der Durchschnittswert ergibt einen Punkt, der als "theoretisches Geschiebezentrum" (TGZ) bezeichnet wird. LÜTTIG (1958 a) führt für die Westfälische Bucht nur Umrechnungen von bestehenden Zählungen an; hierbei handelt es sich um von HESEMANN durchgeführte Analysen, die auch eine Anzahl nicht als Leitgeschiebe geeignete Typen, wie die "Hälleflinte von Småland", enthalten. Leider wird nicht erwähnt, ob derartige Geschiebe bei der Berechnung mitverwendet wurden; deswegen ist der Wert dieser TGZ-Serie beschränkt.

Die TGZ-Methode hat in Westfalen und in den Niederlanden nicht Fuß gefaßt. Bedenken bestehen vor allem wegen des aus dem TGZ-Wert nicht zu erkennenden Risikos, daß unterschiedliche Geschiebegemeinschaften zu einem Ursprungsort zusammengefaßt werden. Zum Beispiel liefert ein gemischtes Vorkommen von Geschieben aus zwei weit auseinanderliegenden Herkunftsgebieten A und B dasselbe TGZ wie der Geschiebestand aus einem zwischen A und B gelegenen Herkunftsgebiet. So sind die TGZ-Werte von Zählungen bei Verl (16,8 – 58,6) und Amersfoort (16,6 – 58,7) fast identisch (LÜTTIG 1958 a) – später zeigte sich, daß es sich um verschiedene Zufuhrgemeinschaften mit eigener Zusammensetzung handelt. RICHTER (1962) und MARCZINSKI (1968) weisen darauf hin, daß sich Schwierigkeiten bei der Ausdeutung des theoretischen Geschiebezentrums ergeben, wenn ein westskandinavisch orientierter Gletscher mit einem Eisvorstoß aus Ostfennoskandien auf dem Wege nach Norddeutschland zusammentrifft. Demgegenüber ist heute unumstritten, daß TGZ-Bestimmungen in enger begrenzten Gebieten sehr genaue Zuordnungen erlauben, wie sich durch Kartierungen in Niedersachsen und Schleswig-Holstein herausgestellt hat. Für eine eingehende Übersicht von sonstigen quantitativen Methoden wird auf SCHUDDEBEURS (1980/1981) verwiesen.

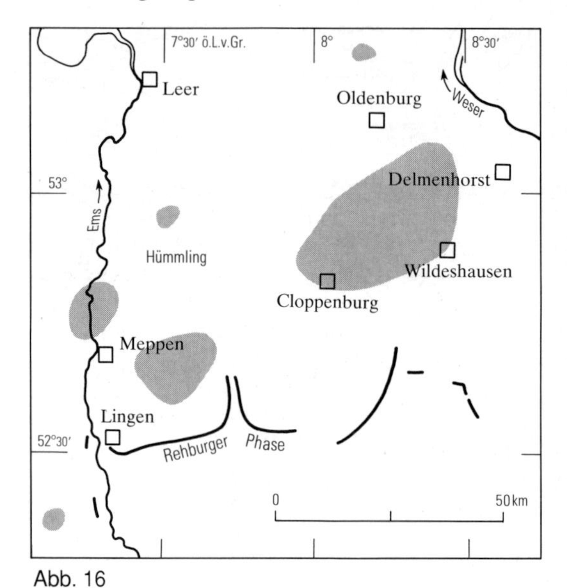

Abb. 16

Gebiete mit rapakivireichen Grundmoränen oder einer Bestreuung mit einer rapakivireichen Geschiebegemeinschaft im südwestlichen Niedersachsen (RICHTER 1958, vereinfacht)

Die Ergebnisse von 750 Geschiebezählungen in Niedersachsen faßt RICHTER (1958) zusammen. Allerdings wird lediglich das Verhältnis von Rapakivi zur Gesamtmenge kristalliner Geschiebe benützt – eine einfache Methode mit beschränkter Aussagekraft. Es zeigt sich ein auffälliger Rapakivi-Reichtum in der Gegend von Meppen – Cloppenburg – Wildeshausen, der sich bis in das Gebiet zwischen Oldenburg und Delmenhorst hinzieht (Abb. 16). Diese besondere Region, in der stellenweise roter, sandiger Geschiebelehm mit derselben ostfennoskandischen Geschiebegemeinschaft auftritt, wurde bereits früher von RICHTER (1953) erwähnt und kommt schon in der Darstellung von MILTHERS (1934) zum Ausdruck. Nach RICHTER handelt es sich hierbei um einen saalezeitlichen Geschiebebestand; die Verarmung an Rapakivi in südwärtiger Richtung wird auf eine Durchmischung des Materials mit dem eines vorangegangenen saalezeitlichen Eisvorstoßes erklärt. RICHTER bringt den Geschiebelehm dieses Gebiets mit der sandigen, gewöhnlich ebenfalls rötlichen Moräne des Hondrugs in Drenthe in Verbindung; er ist damit der erste, der im westlichen Deutschland für die Moräne mit einer ostfennoskandischen Geschiebevormacht ein jüngeres Alter als für die Moräne mit einem schwedischen Geschiebeinhalt annimmt.

SCHUDDEBEURS (1959) erläutert einige neue Zählungen nach der HESEMANN-Methode aus dem Hümmling in Südwestniedersachsen. Zwei Fundpunkte, Groß Berßen und Himmlische Berge bei Herzlake, gehören in unser Untersuchungsgebiet; beide lieferten eine

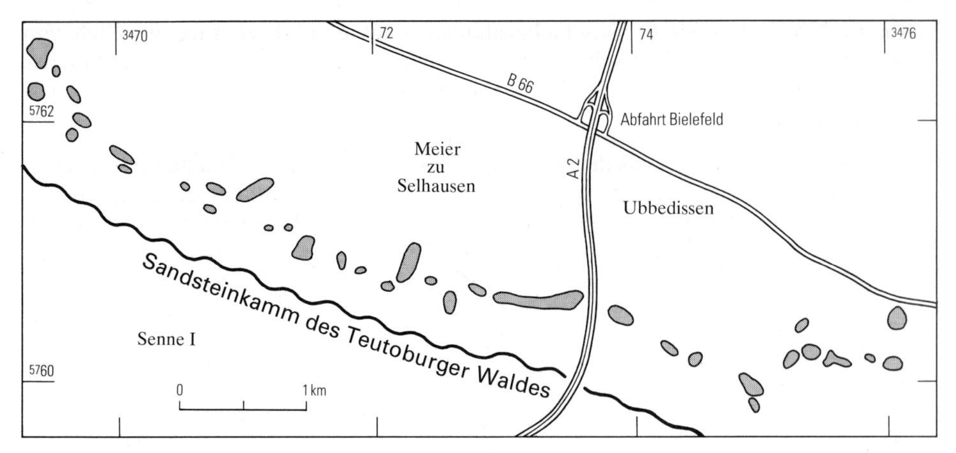

Abb. 17 Gebiete mit gehäuftem Auftreten nordischer Großgeschiebe im Bereich des Lämershagener Bogens, eines Teils des drenthestadialen Osning-Halts (Seraphim 1966)

ostfennoskandische Geschiebegemeinschaft (Anh., S.138/139: Zählungen D 58 u. D 57). Bei Herzlake wurden die Geschiebe einem rostbraunen Geschiebelehm entnommen; die Fundpunkte liegen im Gebiet der "roten Moräne" nach Richter (1953, 1958).

Einen methodisch neuen Weg schlägt Seraphim (1966) bei der Ermittlung saalezeitlicher Eisrandlagen im Mittelgebirge südöstlich von Bielefeld ein. Aus der Ansammlung grober nordischer Blöcke in schmalen Geländestreifen lassen sich Stillstandslagen des Eises ablesen (Abb. 17). Ein Gebiet mit außerordentlich dichter Bestreuung befindet sich zwischen der Sanderlandschaft der Senne und der Grundmoränenlandschaft der Herforder Lias-Mulde. Die Breite der Streifen beträgt bis über 2 km; sie sind in Bögen angeordnet, die sich gegen die Herkunftsrichtung des Eises, das heißt nach Nordwesten bis Nordosten, öffnen. Nach den Ergebnissen weiterer Untersuchungen ist die saalezeitliche Vereisungsgrenze zwischen Weser und Teutoburger Wald viel stärker gegliedert, als zuvor angenommen wurde (Seraphim 1972). Der Autor unterscheidet vier Eisströme und kommt zu dem Schluß, daß der erste saalezeitliche Eisstrom seinen Weg durch die Porta Westfalica genommen hat.

Während der ersten hundert Jahre nach der Annahme der Vergletscherungstheorie von Otto Torell sind in Westfalen und Umgebung unterschiedliche Theorien über Alter, Gliederung, Bewegungsrichtung und Geschiebeinhalt der Eismassen entwickelt worden; noch am Ende dieses Zeitraums gehen die Auffassungen stark auseinander. Bei der Erforschung der glazigenen Ablagerungen hat sich der Schwerpunkt der Untersuchungen im Laufe der Zeit von den nördlichen Geschieben allmählich auf andere Kriterien – wie die einheimische Geschiebeführung, Korngrößenverteilung, Bodenbildung und Verwitterung – sowie auf die Einstufung der begleitenden Sedimente nach biofaziellen und morphologischen Aspekten verlagert.

5.2.2 Der Zeitabschnitt 1975 – 1992

Hesemann (1975 a) gibt eine erste eingehende Darstellung der glazigenen Ablagerungen in Westfalen und hebt hervor, daß das Eis in der Saale-Kaltzeit durch Erhebungen des Münsterlandes deutlich in Haupt- und Nebenströme geteilt wurde.

BRAUN (1978) beschreibt Geschiebezählungen aus einer Kiesgrube westlich von Kalkar. Es handelt sich dort scheinbar um eine Mischung elster- und saalezeitlicher Komponenten; das Inlandeis der Elster-Kaltzeit soll aber nicht bis in diesen Raum vorgestoßen sein.

SERAPHIM (1979 b) leitet aus der Verbreitung der heimischen Sedimentärgeschiebe in der Westfälischen Bucht ab, daß diese im frühen Drenthe-Stadium durch einen von Norden kommenden "Emsland-Gletscher" überfahren wurde. Dieser Gletscher soll durch einen relativ hohen Anteil ostfennoskandischer Geschiebe gekennzeichnet sein. Später, auf der Höhe des Drenthe-Stadiums, trat nach SERAPHIM ein zweiter Strom des Inlandeises über den mittleren Teutoburger Wald in die Westfälische Bucht ein. Dieser sogenannte "Osnabrücker Gletscher", der bereits durch HESEMANN (1957) an seinem hohen Anteil südschwedischer Geschiebe erkannt wurde, schob sich vermutlich über die Eismassen des Emsland-Gletschers (vgl. LIEDTKE 1981; Abb. 18).

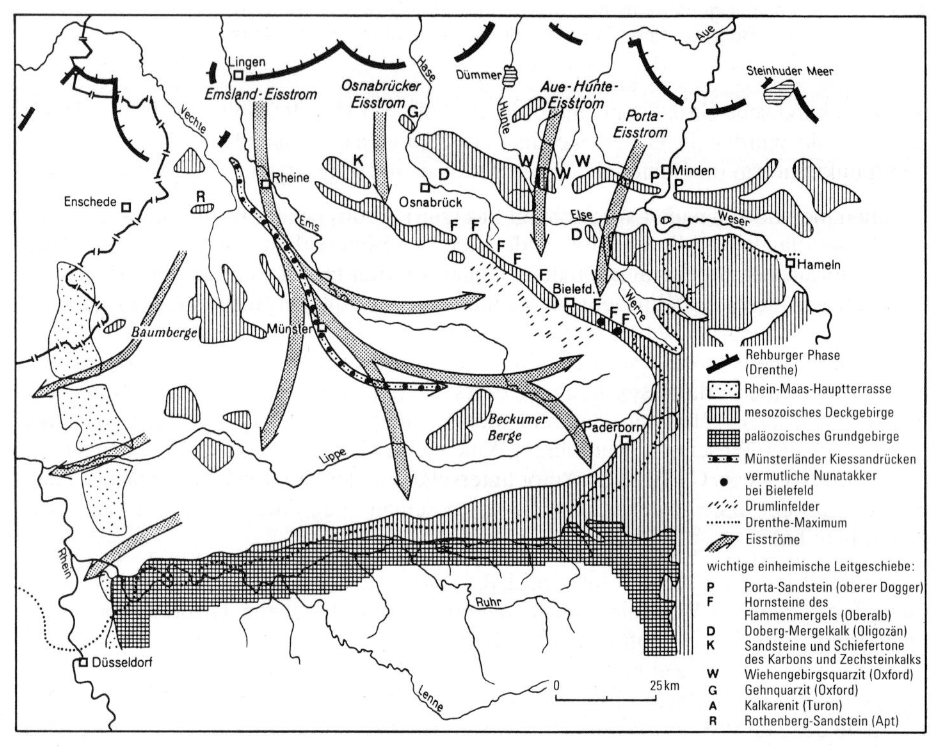

Abb. 18

Drenthezeitliche Eisbewegung in der Westfälischen Bucht und im Weserbergland (LIEDTKE 1981)

THOME (1980 b) betont, daß die Hauptstoßrichtung des saalezeitlichen Eises immer noch strittig ist: von Norden nach Süden in das Münsterland (HARBORT & KEILHACK 1918), von Osten über den Osning nach Westen (HESEMANN 1957) oder von Norden nach Süden in einem frühen Stadium und dann von Osten nach Westen (SERAPHIM 1979 b, 1980). Seiner Meinung nach sind zwei saalezeitliche Eisvorstöße anzunehmen, die beide von Norden kamen und ähnlich abliefen. In einer weiteren Arbeit beschreibt THOME (1980 a) ein Profil auf dem Steinberg westlich von Kettwig. Er vermutet hier unter saalezeitlichen

Schmelzwassersanden den stark verwitterten Rest einer elsterzeitlichen Grundmoräne. Nach einer Umdeutung der Ablagerungen "Am Steinberg" schließt THOME (1990, 1991) auf eine präelsterzeitliche Eisbedeckung, die zugleich die äußerste Südgrenze der quartären Vereisungen markieren soll. Diese Vorstellungen sind rein spekulativ.

SCHUDDEBEURS (1985) stellt die Ergebnisse neuer Geschiebezählungen nach der HESEMANN-Methode in den Dammer und Fürstenauer Bergen (Rehburger Phase des Drenthe-Stadiums) in Niedersachsen vor. Es ergeben sich ein westlicher Bereich um Ankum und Neuenkirchen mit einer ostbaltischen Geschiebedominanz und ein östlicher bei Damme und Dümmerlohausen mit einer südschwedischen Geschiebevormacht.

Aus dem historischen Überblick geht deutlich hervor, daß die quantitative kristalline Geschiebekunde in Westfalen und besonders im Niederrheingebiet nach der Periode MILTHERS/HESEMANN (1913 – 1949) nahezu in Vergessenheit geraten ist. Eine Reihe rezenter Arbeiten behandelt zwar die glazigenen Ablagerungen, aber die Ergebnisse der zur Verfügung stehenden Geschiebezählungen spielen dabei immer mehr eine untergeordnete Rolle (z. B. LIEDTKE 1981, THOME 1983, SIEBERTZ 1984, SPEETZEN 1986, KLOSTERMANN 1992). Im folgenden Kapitel werden neue Ergebnisse der Geschiebe- und Kieszählungen dargestellt und zur Klärung wesentlicher quartärgeologischer Probleme herangezogen. Die wichtigsten Punkte sind:

- präelsterzeitliche fennoskandische Einflüsse auf die Zusammensetzung quartärer Abfolgen in Nordwestdeutschland
- mögliche präsaalezeitliche Vergletscherungen von Westfalen und angrenzenden Gebieten
- die räumliche und stratigraphische Gliederung der saalezeitlichen Moränen

5.3 Neue Geschiebezählungen und Kiesanalysen

5.3.1 Einführung und Methodik

Im Jahr 1979 wurde mit einer neuen Reihe von Zählungen fennoskandischer kristalliner Leitgeschiebe begonnen; diese Geschiebe werden nach den Beschreibungen von HESEMANN (1975 b), SMED (1988) und ZANDSTRA (1988) bestimmt. Die Methode von HESEMANN (1930, 1939) bildet die Grundlage. Für eine Zählung sind mindestens 25 Leitgeschiebe von über 2,5 cm Durchmesser nötig; nach Möglichkeit werden 100 Stück gezählt. Die Geschiebe werden auf die vier großen Herkunftsgebiete in Fennoskandien bezogen und ihr jeweiliger Anteil in Prozent ausgedrückt. Nach Aufrundung der Werte auf volle Zehner und Streichung der Nullen erhält man eine vierstellige Ziffer, die sogenannte "HESEMANN-Zahl" (HZ). Die Verhältniszahl 2170 bedeutet zum Beispiel, daß 20% der Leitgeschiebe aus dem Herkunftsgebiet I (Ostfennoskandien), 10% aus dem Gebiet II (Mittelschweden und angrenzende Ostsee), 70% aus dem Gebiet III (Südschweden und angrenzende Ostsee mit Bornholm) und 0% aus dem Gebiet IV (Südnorwegen) stammen (Tab. 11).

Im Laufe der Zeit wurden einige grundsätzliche Änderungen in der Einteilung der Herkunftsgebiete vorgenommen; zur näheren Information wird auf die Veröffentlichungen von HESEMANN (1930, 1931, 1934, 1957), MARCZINSKI (1968) und SCHUDDEBEURS (1980/1981) verwiesen. Die wichtigsten Änderungen sind:

- Roter Ostsee-Quarzporphyr und Geschiebe aus Nordschweden wurden von Gruppe II nach Gruppe I gestellt.
- Brauner Ostsee-Quarzporphyr und Ostsee-Syenitporphyr werden Gruppe II zugerechnet.
- Geschiebe aus Småland und Umgebung gehören zu Gruppe III.
- Die Gruppe der Hälleflinte wird, abgesehen von Ausnahmen, nicht berücksichtigt.
- Diabas und Gabbro geben im allgemeinen keine brauchbaren Leitgeschiebe ab und werden deswegen bei den Zählungen gewöhnlich nicht berücksichtigt.
- Weniger als 5% an Geschieben eines Herkunftsgebiets im Sinne von HESEMANN sollen in der Verhältniszahl nicht zum Ausdruck kommen; erst von 5% an wird die Beteiligung eines Gebiets in der Formel sichtbar.

Die Methode nach HESEMANN hat neben dem Vorteil der übersichtlichen Darstellung des Geschiebespektrums den wesentlichen Nachteil, daß Einzelheiten nicht mehr erkennbar sind. Deshalb untergliedert ZANDSTRA (1983 a) die Herkunftsgebiete I, II und III in neun Untergebiete, wodurch die Beteiligung wichtiger Geschiebe und Geschiebegruppen besser herausgestellt wird (Abb. 19 u. Tab. 11). Zur übersichtlichen Darstellung der Vergesellschaftung nordischer Geschiebe in Karten werden einzelne Geschiebegruppen der Untergebiete miteinander kombiniert und nach ihrem Prozentanteil in 37 Geschiebekombinationsklassen eingeteilt (ZANDSTRA 1987 b, 1988 u. Kt. 2 in der Anl.).

Tabelle 11

Herkunftsgebiete nördlicher kristalliner Leitgeschiebe

<table>
<tr><th colspan="2">HESEMANN (1930, 1939)</th><th colspan="3">ZANDSTRA (1983 a, 1988)</th></tr>
<tr><td rowspan="2">I</td><td rowspan="2">Ostfennoskandien</td><td>1</td><td>Ostfennoskandien</td><td rowspan="2">Ostfennoskandien</td></tr>
<tr><td>2</td><td>Ostsee südlich von Åland</td></tr>
<tr><td rowspan="4">II</td><td rowspan="4">Mittelschweden und angrenzende Ostsee</td><td>3</td><td>Ostsee bei Stockholm</td><td rowspan="3">östliches Mittelschweden</td></tr>
<tr><td>4</td><td>Uppland und Umgebung</td></tr>
<tr><td>5</td><td>Stockholm und Umgebung</td></tr>
<tr><td>6</td><td>Dalarna und Umgebung</td><td>westliches Mittelschweden</td></tr>
<tr><td rowspan="3">III</td><td rowspan="3">Südschweden und angrenzende Ostsee</td><td>7</td><td>Småland</td><td rowspan="3">Südschweden und Bornholm</td></tr>
<tr><td>8</td><td>übriges Südschweden</td></tr>
<tr><td>9</td><td>Bornholm (Dänemark)</td></tr>
<tr><td>IV</td><td>Südnorwegen</td><td>10</td><td>Südnorwegen</td><td>Südnorwegen</td></tr>
</table>

Herkunftsgebiete: 1–10 nach ZANDSTRA (1983 a, 1987 b, 1988)
I–IV nach HESEMANN (1930, 1939)

Die Ergebnisse von Zählungen in den Niederlanden haben bewiesen, daß in der Gruppe II von HESEMANN Herkunftsgebiete vereinigt sind, deren Geschiebe in den Moränen normalerweise nicht zusammen in größeren Mengen auftreten (Abb. 19). Dabei handelt es sich einerseits um ein östliches mittelschwedisches Teilgebiet mit dem Uppland, Stockholm und dem angrenzenden Ostseeraum, andererseits um den westlichen mittelschwedischen Bereich mit Dalarna und Umgebung. Wo Geschiebe aus dem östlichen Teilgebiet stark vertreten sind, wie in der saalezeitlichen Geschiebegemeinschaft der Veluwe und in Utrecht, tritt das Geschiebematerial aus dem westlichen Teilgebiet stark zurück (SCHUDDEBEURS 1949, 1955, 1956, 1980/1981; ZANDSTRA 1983 a); in Gebieten mit relativ viel Geschieben aus dem westlichen Bereich, wie in der Umgebung von Winterswijk, ist gerade der Anteil des östlichen Materials unbedeutend (ZANDSTRA 1986 a, 1993). Im Osten, zum Beispiel im östlichen Deutschland und in Polen, trifft dieses für die jüngere saalezeitliche Moräne ("Warthe-Stadium" nach HESEMANN 1935, MILTHERS 1936) nicht mehr zu.

Neben der Geschiebezählung ist auch die Kiesanalyse ein zuverlässiges Hilfsmittel zur Herkunftsbestimmung der Sedimente sowie zur stratigraphischen Untergliederung und

Abb. 19
Zusammensetzung von Leitgeschiebegemeinschaften mit identischer Verhältniszahl nach HESEMANN (links) und unterschiedlichen Anteilen von Geschieben aus verschiedenen Teilgebieten (rechts)

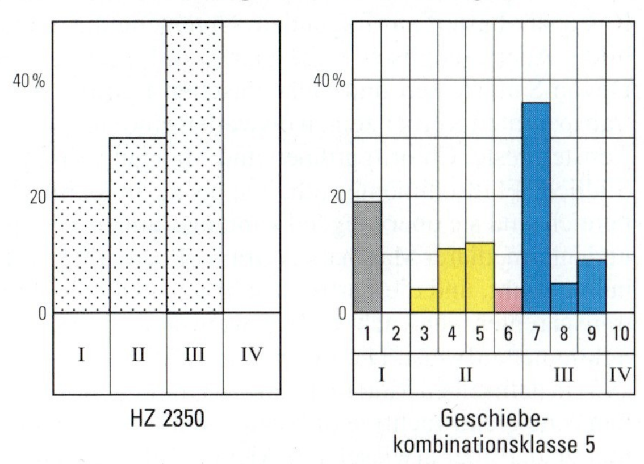

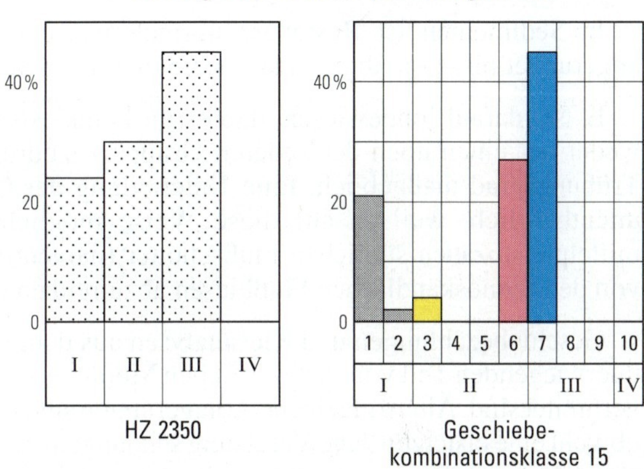

Korrelation quartärer Abfolgen. Speziell die Feinkiesanalyse ist zur Einstufung fluviatiler Einheiten (BIJLSMA 1981, MAARLEVELD 1956 b, ZANDSTRA 1978) und auch Moränen (EHLERS 1978; RAPPOL et al. 1989; ZANDSTRA 1978, 1983 c) geeignet. Da die Zusammensetzung in verschiedenen Korngrößenbereichen erheblich differieren kann (Abb. 20), ist es notwendig, immer dieselbe Fraktion zu untersuchen. In den Niederlanden wird vorzugsweise die Fraktion 3 bis 5 mm, zur Ergänzung auch 5 bis 20 mm, verwendet. Wichtigste Bestandteile der Kiesanalyse stellen die Anteile der Komponenten Gangquarz, primärer, meist transparenter Restquarz, Feuerstein, Kristallin und das Verhältnis der Komponenten zueinander dar (s. auch Anh., S. 137).

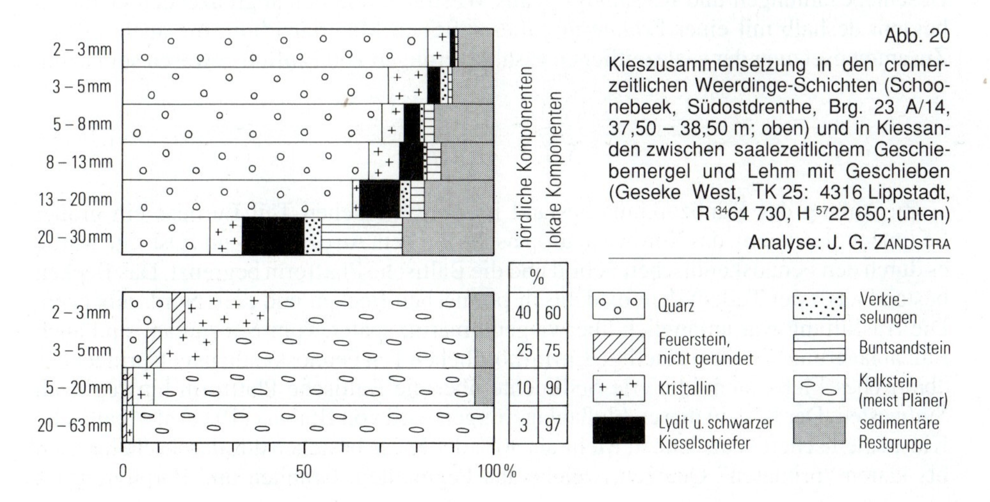

Abb. 20
Kieszusammensetzung in den cromerzeitlichen Weerdinge-Schichten (Schoonebeek, Südostdrenthe, Brg. 23 A/14, 37,50 – 38,50 m; oben) und in Kiessanden zwischen saalezeitlichem Geschiebemergel und Lehm mit Geschieben (Geseke West, TK 25: 4316 Lippstadt, R [34]64 730, H [57]22 650; unten)
Analyse: J. G. ZANDSTRA

Die bei Feinkieszählungen gebräuchliche Unterteilung von Quarz in Gang- und Restquarz basiert auf folgendem Unterschied: Gangquarz (niederländisch: witte kiezel) bildet Adern (englisch: vein quartz) in kieselsäurereichen Gesteinen wie Karbon- und Devon-Sandsteinen und paläozoischen Lyditen. Die weißen, meist opak bis schwach transparenten Körner zeigen bisweilen eine stengelige Textur. Örtlich enthält Gangquarz Tonsteinreste, Chloritgardinen und Mangan-, Eisen-, Kupfer- oder Arsenverbindungen. Südliche Flußsedimente enthalten bis dezimetergroße, eckige Gangquarze; im Feinkiesbereich sind sie überwiegend kantengerundet. Restquarz ist ein Hauptbestandteil saurer und intermediärer Magmatite (Granit, Pegmatit, Porphyr). Die Körner sind wasserklar bis halb getrübt, und die Farbe ist sehr unterschiedlich; hierzu gehört Milchquarz, ein halb transparenter, schwach wolkig weiß getrübter Quarz, der bisweilen einen bläulichen Schimmer aufweist. Die Bezeichnung Milchquarz wurde schon durch Hausmann (1831: 295) in demselben Sinn für Quarz in Granit gebraucht. "Het kwarts is meestal Vet-Kwarts van eene graauwachtige of blaauwachtig-witte, graauwe of ook wel bruinachtige kleur, niet zelden met afwisselende kleuren, als zoogenaamde Melk-Kwarts." Da der Name Milchquarz auch für Gangquarz gebräuchlich ist, sollte er nicht mehr verwendet werden.

In Sedimenten ist Restquarz normalerweise millimeter- bis zentimetergroß und abgerundet bis stark abgerundet; dezimetergroße Steine (Pegmatitquarze) sind selten.

Es sei darauf hingewiesen, daß es im Feinkiesbereich immer Quarzkörner gibt, die weder der einen noch der anderen Gruppe zuzuordnen sind; in solchen Fällen ist der Trübungsgrad maßgeblich. Eine Unterteilung der Quarze in Gang- und Restquarz ist unentbehrlich, weil es auf diese Weise möglich ist, die quarzreichen früh- und mittelpleistozänen südlichen Flußschotter (namentlich Rhein-, Weser- und Elbekiese) von den fennoskandischen Flußkiesen abzutrennen (s. Tab. 16, S. 63, u. Anh., S. 137).

Geschiebezählungen und Kiesanalysen aus dem westfälischen Raum leiten sich zum überwiegenden Teil von saalezeitlichen Moränen ab, die in der Westfälischen Bucht weit verbreitet sind. Ältere glazigene Ablagerungen sind in diesem Raum bisher nicht bekannt, obwohl eine elsterzeitliche Vereisung seit langem diskutiert wird und nicht grundsätzlich abzulehnen ist. Demgegenüber sind präelsterzeitliche Eisbedeckungen oder tertiäre und frühpleistozäne Einflüsse fennoskandischer Flußsysteme im nordwestdeutschen Flachland und möglicherweise auch in den Randbereichen der Westfälischen Bucht bisher weitgehend außer Betracht geblieben. Die Zusammenstellung der bisherigen und der neuen Geschiebezählungen und Kiesanalysen aus Westfalen und den angrenzenden Gebieten beginnt deshalb mit einer Erläuterung dieser frühen Materialzufuhr, die auch auf die Zusammensetzung der saalezeitlichen Eisablagerungen von Einfluß gewesen sein kann.

5.3.2 Tertiär

Zu Anfang des Känozoikums bestand im nordwestlichen Teil Europas ein großer Sedimentationsraum: das Nordwesteuropäische Becken. An der Nord- und Ostseite wurde es durch den Fennoskandischen Schild und die Baltische Plattform begrenzt. Das Becken bestand aus zwei Teilen: dem ostdeutsch-polnischen Becken und dem Nordseebecken. Die Ausfüllung war anfänglich überwiegend marin; später, vom Miozän an, sind auch Flußablagerungen stärker beteiligt. Ein im nördlichen Teil Fennoskandiens entspringendes "baltisches Flußsystem" lieferte Sedimente über die Baltische Plattform hinweg nach Südwesten. Der Kies in diesen Flußablagerungen wird von Bijlsma (1981) als "baltische Kiesgemeinschaft" bezeichnet. Mehr als 90% der Kiese bestehen aus durchscheinenden bis klaren "primären" Quarzen, welche aus Pegmatiten, Graniten und Porphyren des

Tabelle 12

Gliederung des Neogens und des Pleistozäns mit Vorkommen nordischer kristalliner Leitgeschiebe

Chronostratigraphie[1]				Lithostratigraphie der Niederlande (DOPPERT et al. 1975)	Kies-typ[3]	Sedimente mit kristallinen Leitgeschieben aus Fennoskandien
Quartär	Pleistozän	Ober-	Weichsel-Kaltzeit			
			Eem-Warmzeit			
		Mittel-	Saale-Kaltzeit	Drenthe-Formation / Eindhoven-Formation	DG, FG	Moränen und glaziofluviatile Ablagerungen
			Holstein-Warmzeit	Urk-Formation	RM	
			Elster-Kaltzeit	Peelo-Formation / Urk-Formation		Moränen und glaziofluviatile Ablagerungen[4]
			Cromer-Komplex[2]	Weerdinge-Sch. / Lingsfort-Sande / Sterksel-Formation	RM	glaziofluviatile Ablagerungen[4]
		Unter-	Bavel-Komplex[2]	Enschede-Formation	NN	
			Menap-Kaltzeit	Hattem-Schichten		fluviatile Ablagerungen (norddeutsches Flußsystem)
			Waal-Warmzeit	Harderwijk-Formation, oberer Teil	HO.kv	
			Eburon-Kaltzeit	Harderwijk-Formation	HO.ek	
			Tegelen-Warmzeit	Harderwijk-Formation, unterer Teil		
			Prätegelen-Kaltzeit			
Tertiär	Neogen	Pliozän	Reuver	Scheemda-Formation		
			Brunssum			
		Miozän	Obermiozän			
			Mittelmiozän			

1 nach ZAGWIJN (1975), SCHIRMER (1990, verändert)
2 Komplex von Kalt- und Warmzeiten
3 nach ZANDSTRA 1978, 1983 c; s. Anh., S. 137
4 in Nordrhein-Westfalen nicht nachgewiesen

fennoskandischen Raumes stammen. Die Farbe dieser Restquarzkörner ist farblos, bläulich, hell- bis dunkelgrau und dunkelblaugrau bis fast schwarz; der Anteil dieser Farbvarietäten kann infolge von Veränderungen der Zuflüsse erheblich wechseln. Der übrige Anteil dieser Kiesgemeinschaft enthält manchmal viel verkieselte paläozoische Fossilien.

Im Mittelmiozän mündet das baltische Flußsystem im östlichen Deutschland (Lausitz) ins Meer. Im ausgehenden Pliozän breitet sich dieses Flußsystem wegen der Regression des Meeres weiter nach Westen über Norddeutschland (Sylt, Lieth) bis in die Umgebung von Nordhorn in Niedersachsen und in die nordöstlichen Niederlande aus. Die entsprechenden Flußablagerungen werden in den Niederlanden der Scheemda-Formation zugerechnet (DOPPERT et al. 1975, BIJLSMA 1981; s. auch Tab. 12 u. Abb. 21). In der Korngröße der Kiesfraktion ist eine deutliche Abnahme von Osten nach Westen zu erkennen. In der Lausitz haben häufig auftretende Fossilgerölle einen Durchmesser bis 20 cm, ausnahmsweise auch größer; es handelt sich sowohl dort als auch auf Sylt um Formen aus dem Kambrium, Ordovizium und Silur. Daneben sind auch Geschiebe aus Granit, Pegmatit, Gneis, Hälleflint und sedimentären Gesteinen aus dem fennoskandi-

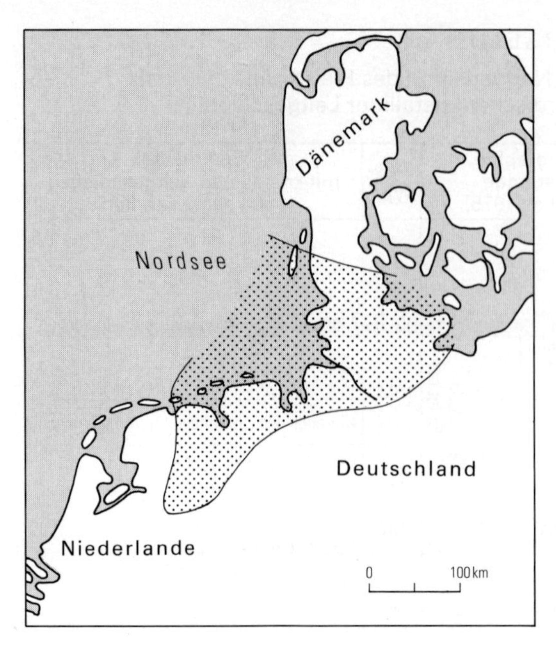

Abb. 21
Verbreitungsgebiet der plio-/pleistozänen Ablagerungen des baltischen Flußsystems (BIJLSMA 1981)

schen Raum vertreten (K.-D. MEYER 1987 a, VON HACHT 1990). Nach KRUEGER (1990) ist eine Verfrachtung mittels Eisschollen anzunehmen. Im westlichen Niedersachsen und in den Niederlanden enthalten die pliozänen Sande keine größeren Gerölle und nur selten und wenig Feinkies (Tab. 13).

Ein Teil der Gerölle, die von dem baltischen Flußsystem nach Südwesten transportiert wurden, stammt zweifelsohne aus Südschweden und dem angrenzenden Ostseegebiet – wie die kambrischen Skolithos- und Diplocraterion-Sandsteine. Die stark gerundeten, einschlußarmen dunklen Quarze – und vielleicht auch die bläulichen – sind überwiegend aus dem südwestfinnischen Rapakivi-Gebiet abzuleiten. Finnischer Rapakivi, namentlich Pyterlit und Vyborgit, ist sehr reich an diesen bis über 1 cm großen Quarzkörnern. Auch ein Teil der Fossilgerölle dürfte aus Finnland stammen; nach KRUEGER (1990) ist anzunehmen, daß die ordovizischen Spongienreste aus Westfinnland, teilweise sogar aus Lappland kommen (Abb. 22).

In Norddeutschland bilden skandinavische Quarze nicht selten den Hauptbestandteil der pliozänen und miozänen fluviatilen Ablagerungen; nach HUCKE (1928) ist deswegen

Tabelle 13

Kieszusammensetzung pliozäner weißer Sande des älteren baltischen Flußsystems
(Scheemda-Formation; extrem quarzreicher Kies = HO.ek, s. Anh., S. 137)

Fundort	Tiefe (m)	Korngrößenbereich (mm)	Kiesanalyse	gezählte Körner	Quarzsumme (%)	Gangquarz (%)	Restquarz (%)	Feuerstein (%)	Kristallin (%)	Lyditgruppe (%)	Buntsandstein (%)	sedimentäre Restgruppe (%)
Weerdinge,	54,80 – 55,00	3 – 5	7373	300	93,4	4,3	89,1		6,0			0,6
Drenthe[1]	56,80 – 60,00	3 – 5	7375	222	94,6	1,4	93,2		2,7			2,7
Itterbeck[2]	4,00	3 – 5	6771	300	93,7	4,0	89,7		4,0			2,3

[1] Bohrung 17F/53; nach RUEGG & ZANDSTRA (1977) [2] Kiessandgrube „Langs de Weg II"; Analyse: J. G. ZANDSTRA

Abb. 22
Richtung des Transports verkieselter ordovizischer und silurischer Kalksteine während des Mittelmiozäns und Oberpliozäns aus ihrem ostbaltischen Herkunftsgebiet (nach KRUEGER 1990)

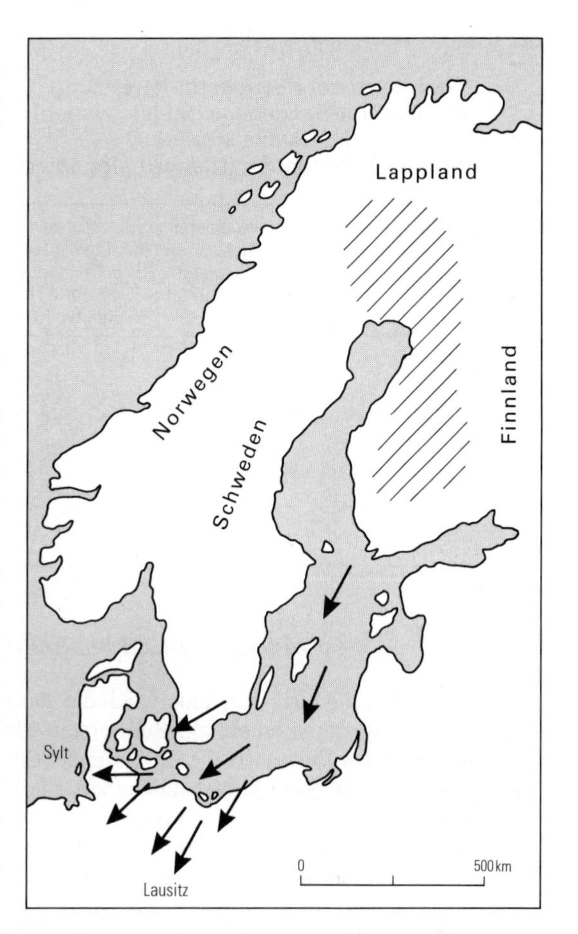

anzunehmen, daß in Skandinavien erhebliche Granitmassen durch Verwitterung zerstört und abgetragen worden sind. Zuvor hatte DEECKE (1904) für Pommern die granitischen Quarze von Bornholm und Schweden abgeleitet.

Ablagerungen des tertiären baltischen Flußsystems ("weiße östliche Sande") finden sich auch im nördlichen Bereich des betrachteten Gebiets – allerdings nicht mehr in der Westfälischen Bucht. Dort herrschte Abtragung vor; Erosionsmerkmale in der Landschaftsgestalt weisen mindestens für das Münsterland auf eine allgemeine Entwässerung nach Norden hin (THIERMANN 1974, STAUDE 1982).

5.3.3 Prätegelen-Kaltzeit bis Waal-Warmzeit

Im Laufe des älteren Pleistozäns fand eine weitere Regression des Meeres statt. Im Zusammenhang damit weitete sich das baltische Flußsystem stark nach Westen und Süden aus; im Niederrheingebiet sind weiße Quarzsande dieses Zeitraums in den linksrheinischen Stauchwällen bei Donsbrüggen (DE JONG 1956), im Wylerberg bei Nimwegen (BOSWINKEL 1977, ZANDSTRA 1975 b) und bei Brünen, Hemden und Bocholt (BRAUN & DAHM-ARENS & BOLSENKÖTTER 1968) nachgewiesen. Lithostratigraphisch werden sie in den Niederlanden zum unteren Teil der Harderwijk-Formation gerechnet (s. Tab. 12). In den ältesten Ablagerungen liegt der Quarzanteil im Feinkiesbereich bei ungefähr 90%; im Waal beträgt er 80 – 90%, und der Feldspatgehalt steigt auf Werte von 6 – 15%.

Das fennoskandische Herkunftsgebiet dieser Waal-Kiese ist nicht mit Sicherheit anzugeben. Dunkler, klarer Quarz als südwestfinnisches Leitmineral hat deutlich abgenommen; auch verkieselte paläozoische Fossilfragmente sind selten, während farbloser Quarz dominiert. Die Zusammensetzung ist den Kiesen der mesozoischen Sandsteine südlich von Högenäs in Südschweden (ZANDSTRA 1971 a) sehr ähnlich (Tab. 14). Kleine Unterschiede, wie das Auftreten von Gangquarz in Donsbrüggen, sind die Folge einer geringen Beimischung von Rheinmaterial. Seit dem Tertiär ist eine allmähliche, aber nicht

Tabelle 14

Vergleich der Kieszusammensetzung des Döshult-Sandsteins (Südschweden) und der pleistozänen Harderwijk-Formation (Niederrheingebiet)

Gesteinstyp	Döshult-Sandstein (Lias) in Südschweden ZANDSTRA (1971a)	Kiessand (Harderwijk-Formation) in Donsbrüggen DE JONG (1956) Kiestyp HO.ek[1]
	(%)	(%)
Quarzsumme	89,0	84,0
Gangquarz, trüb		8,0
transparenter Restquarz	89,0	76,0
weißer und grauer Feldspat	5,7	12,0
kristalline Restgruppe	4,3	
sedimentäre Restgruppe	1,0	4,0
Anzahl	300	200
Korngrößenbereich (mm)	3 – 5	5 – 13

[1] s. Anh., S. 137

grundsätzliche Veränderung in der Zusammensetzung des baltischen Kieses zu erkennen; die graduelle Modifizierung wird wahrscheinlich durch die Aufnahme mittel- oder südschwedischer Nebenflüsse in den Hauptstrom verursacht. Das erstmalige Auftreten von bis 3 mm großen, grellblauen Quarzen und schwach rötlichem, weiß- und graugefärbtem mikropegmatitreichem Granit ist auf jeden Fall ein Hinweis für eine Änderung im Oberlauf des Flußgebiets.

5.3.4 Menap-Kaltzeit bis Anfang Cromer-Komplex

Von der Menap-Kaltzeit an ändert sich die Zusammensetzung der Ablagerungen des baltischen Flußsystems erheblich. Zum ersten Mal machen sich die Einflüsse mitteleuropäischer Nebenflüsse, wie die Vorläufer der Elbe, Saale, Mulde und Werra (ZANDSTRA 1971 b), bemerkbar. Vom Menap an werden "südliche", aus den variscischen Massiven und ihrem mesozoischen Deckgebirge stammende Kiese in den Hauptstrom aufgenommen – wie Porphyre, Granite und Gneise aus dem Thüringer Wald und dem Erzgebirge neben Lydit, Radiolarit, Buntsandstein, Quarzitschiefer, Schwammgesteinen, Jaspis und ein wenig Gangquarz aus verschiedenen Teilen des Mittelgebirges. Die Ablagerungen dieses jüngeren baltischen Flußsystems mit viel mitteleuropäischem Material in der Grobkiesfraktion gehören in den Niederlanden zu der Enschede-Formation (s. Tab. 12).

Die Enschede-Formation, zugleich die letzte Einheit der "östlichen weißen Sande", beginnt mit einer Schicht aus Blöcken und Steinen mit viel Eisenkonkretionen sowie eckigen und abgerundeten Tonstücken; für den Transport kommen Eisschollen in Betracht. Höher im Profil sind nicht selten zwei oder drei ähnliche Horizonte eingeschaltet. Sie werden in den Niederlanden als Hattem-Komplex (LÜTTIG & MAARLEVELD 1961, 1962), später als Hattem-Schichten (ZANDSTRA 1971 b) bezeichnet; sie konnten an verschiedenen Stellen, in Sandgruben und auch in Bohrungen, festgestellt werden. Die Zusammensetzung der Hattem-Schichten ist im wesentlichen mit den umgebenden Kiessanden der Enschede-Formation identisch. Allerdings ist die Zahl der kristallinen Geschiebe aus Fennoskandien viel größer, so daß an zwei Stellen im niedersächsisch-niederländischen Grenzgebiet eine Zählung der kristallinen nördlichen Leitgeschiebe möglich war (Tab. 15). Diese Analysen zeigen, daß die Geschiebe hauptsächlich aus Ostfennoskandien und Dalarna stammen (vgl. Tab. 11). Feuerstein ist in den Hattem-Schichten eine recht seltene Komponente. Ein Teil der fennoskandischen Geschiebe ist auffällig frisch, fast unverwittert; die meisten aber sind stark gebleicht und dermaßen bröcklig, daß sie leicht zu Grus zerfallen. Auch dieser große Unterschied im Verwitterungsgrad spricht für einen Transport durch Eisschollen und gegen eine Verwitterung an Ort und Stelle oder eine fluviatile Anlieferung. Die Aufnahmestelle dieser Geschiebe ist unbekannt; es ist zu vermuten, daß es sich hier um Moränenmaterial einer altpleistozänen fennoskandischen Vereisung mit beschränkter Ausdehnung nach Südwesten handelt.

Auch in dem hier betrachteten Raum sind Fundpunkte von Hattem-Schichten bekanntgeworden (Boswinkel 1977; Lüttig & Maarleveld 1961, 1962; K.-D. Meyer 1988 a; Ruegg & Zandstra 1977; Zandstra 1971 b, 1975 a, 1975 b, 1978, 1987 a; Abb. 23). Schon Richter & Schneider & Wager (1950) beschreiben aus dem Gebiet von Itterbeck-Uelsen bei Nordhorn kreuzgeschichtete Grobsande mit Kies ("älteste Diluvialschotter" nach Beyenburg 1934). Speziell in den tiefsten Partien dieser Folge finden sich viele Gerölle von zum Teil dezimetergroßen kristallinen nordischen Geschieben. Für diese Ablagerungen in dem Stauchzonengebiet Itterbeck-Uelsen (Rehburger Phase) wird ein präelsterzeitliches Alter angenommen. Die Zählung der Leitgeschiebe in der Kiesgrube "Langs de Weg II" betrifft dieselbe basale Steinlage (Tab. 15).

Tabelle 15

Geschiebezählungen in den Hattem-Schichten

	Einteilung*: I – IV nach HESEMANN (1930, 1939)	D95 (Anzahl)	358 (Anzahl)	Gruppe	1 – 10 nach ZANDSTRA (1983 a): D95 (%)	358 (%)
I	Åland-Granitporphyr	2		1	53	70
	Åland-Granit, Haga-Typ	1	1			
	ostfennoskandischer Rapakivi-Aplitgranit	20	17			
	ostfennoskandischer Granophyr	19	6			
	ostfennoskandischer Porphyraplit		3			
	Rödö-Quarzporphyr		2			
	Ångermanland-Zweiglimmergranit	2	1			
	grauer und roter Revsund-Granit	3				
	roter Ostsee-Quarzporphyr			2		
	Summe	47	30			
	%	53,4	69,8			
II	brauner Ostsee-Quarzporphyr			3		
	Uppsala-Granit	1		4	1	
	Stockholm-Granit	1	4	5	1	9
	Bredvad-Porphyr	22	7	6	44	21
	Älvdal-Porphyr	3				
	übrige Dala-Porphyre	6	1			
	Grönklitt-Porphyrit	6				
	Digerberg-Tuffit	1	1			
	Summe	40	13			
	%	45,5	30,2			
III	Småland-Granit	1		7	1	
	südschwedische Geschiebe			8		
	Bornholm-Granit			9		
	Summe	1				
	%	1,1				
IV	Geschiebe aus dem Oslo-Graben			10		
	Gesamt	88	43			
I	auf-/abgerundet (%)	53	70			
II		46	30			
III		1				
IV						
	Verhältniszahl	5500	7300			

Zählung D 95 Itterbeck, Grube „Langs de Weg II"

Zählung 358 Sibculo, Grube Sierink III

*s. Tab. 11

Der Fundpunkt Wylerberg I bei Wyler (Abb. 23) betrifft eine aufgelassene Kiessandgrube zwischen Nimwegen und Kleve mit gestauchten, verschuppten Rheinsedimenten und "östlichen" Ablagerungen des saalezeitlichen Kranenburger Lobus. In weißen Kiessanden der Enschede-Formation sind hier drei Horizonte mit kleinen "südlichen" Geröllen und Spuren nördlicher Geschiebe eingeschaltet. Die südliche Lage dieses Vorkommens bringt es mit sich, daß Rheinmaterial dominiert. Der nördliche Einfluß beschränkt sich auf Åland-Aplitgranit und atypischen Granit (Zandstra 1975 b). Der Kiesinhalt des Sandes zwischen der unteren und mittleren Hattem-Schicht (Tab. 16: Anal. 7254, 7255) ist sehr reich an abgerundeten, klaren Quarzen und unterscheidet sich damit kaum von dem Kies der Harderwijk-Formation (vgl. auch Donsbrüggen, Kap. 5.3.3); er

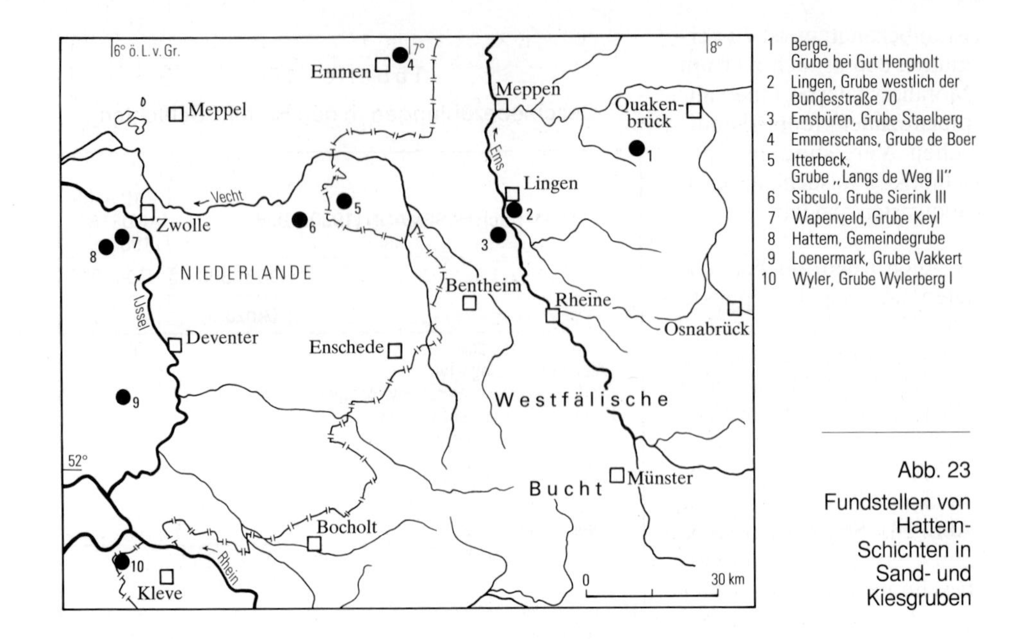

Abb. 23
Fundstellen von Hattem-Schichten in Sand- und Kiesgruben

deutet auf lokale fluviatile Aufarbeitung vor der Stauchung hin. Weiter ist die im Vergleich zu den Rheinkiesen der Urk-Formation unterschiedliche Zusammensetzung sehr auffällig (Abb. 24 u. Tab. 16).

Aus der älteren Tongrube der Ziegelei Staelberg westlich der Straße Emsbüren – Salzbergen wurde eine Lage beschrieben, die stark an die Hattem-Schichten erinnert und damit vielleicht gleichzustellen ist (K.-D. Meyer 1988 a, 1988 b). Sie besteht aus einer Geröllpackung mit überkopfgroßen Blöcken – 17% fennoskandische Gesteine, aber kein Feuerstein, wie es für die Hattem-Schichten typisch ist. Die Kiesanalyse aus 9 m Tiefe zeigt eine ähnliche Zusammensetzung, die grundsätzlich mit der Enschede-Formation übereinstimmt (Tab. 16).

Weiter nach Norden, südlich von Lingen/Ems, lag die inzwischen zugeschüttete Sandgrube Grode. Dort war ein sehr charakteristisches, 5,5 m hohes Profil in der Enschede-Formation mit einer basalen Hattem-Schicht und einer zweiten Hattem-Schicht bei 4,5 m erschlossen. Die auffällig weißen Sande enthalten etwas Augit – ein Hinweis auf den Einfluß der Weser. Eine solche Weserbeteiligung in der Sandfraktion der Enschede-Formation nimmt in Niedersachsen und in den Niederlanden von Osten nach Westen allmählich ab – von über 10% bis auf 0%. Die Feinkiesfraktion enthält sehr wenig Wesermaterial, wie beispielsweise Buntsandstein (Tab. 16).

In der Nähe von Gut Hengholt bei Berge in den Fürstenauer Bergen (Abb. 23), einem Teilstück des Rehburger Stauchmoränenzugs, bestand eine 14 m tiefe Sandgrube. Die Ablagerungen zeigen dort einen Schuppenbau. Es handelt sich hauptsächlich um weiße, kiesreiche bis kiesarme Sande. Nur hier und da ist ein schwacher rötlicher Schimmer zu erkennen, der auf Wesereinfluß hinweist. Eine mächtige Schuppe war komplett erschlossen. Sie enthält 1 m über ihrer Basis eine 50 cm mächtige, unregelmäßig geschichtete Lage mit plattigen Buntsandsteinblöcken, rötlichem skandinavischem Kristallin, Phosphoriten, Knochen sowie Ton- und Eisenkonkretionen. Die Farbe der Sande sowie die Zusammensetzung des Kieses (Tab. 16) und der Blöcke weisen darauf hin, daß es sich um ein Äquivalent der niederländischen Enschede-Formation mit basaler Hattem-Schicht handeln könnte (ZANDSTRA 1987 a). Leider ist die zeitliche Einstufung nicht einwandfrei festzulegen; deswegen ist nicht auszuschließen, daß es sich bei dieser Ablagerung um eine Abart der cromerzeitlichen Weerdinge-Schichten handelt (s. Kap. 5.3.5). Die Weser hat wesentlich die Zusammensetzung der Blöcke beeinflußt. Die Feinkiesfraktion enthält nur wenig Wesermaterial, wie aus der höheren Quarzsumme, dem Überwiegen von transparenten Restquarzen und der relativen Armut an Buntsandstein hervorgeht. Die paläozoischen Lydite und die Amethyste, vielleicht auch ein Teil der fast farblosen bis braunvioletten und braunen Porphyre können aus den Einzugsgebieten der Elbe, Saale und Mulde, die Lydite teilweise auch aus dem Einzugsgebiet der Diemel stammen. Phonolithfunde an anderen Stellen der Dammer und Fürstenauer Berge deuten ebenfalls auf Zufuhr aus dem Saale-/Muldegebiet hin (GENIESER 1970, K.-D. MEYER 1980).

Reste der älteren und jüngeren unterpleistozänen Sande des baltischen Flußsystems, wie im Niederrheingebiet bei Donsbrüggen und Wylerberg nachgewiesen, können auch rechts des Rheins erwartet werden; so vergleicht GRAHLE (1960) die "Sande von Borken" mit den weißen, östlichen Sanden der Veluwe (MAARLEVELD 1956 b). In den östlichen Niederlanden (Bocholt – Aalten – Eibergen) sind nach ZONNEVELD (1959) östliche Kiessande der Enschede-Formation im Strombett des Rheins zusammen mit Rheinmaterial der Sterksel-Formation abgelagert worden (vgl. Tab. 12). Auch östlich dieser Linie werden durch ZONNEVELD Reste oder umgearbeitete Produkte der Enschede-Formation angenommen. Ein wichtiges Merkmal ist immer der Reichtum an abgerundetem, transparentem Quarz im Feinkiesbereich; Zählungen, in denen der Quarzanteil nicht in Gangquarz und Restquarz aufgeteilt wurde, haben nur wenig Aussagekraft über die Herkunft des Materials.

Es ist anzunehmen, daß mit einer Eistransgression eine glaziale Erosion im Ostseegebiet einhergegangen ist; die Bildung eines solchen Ostseebeckens und

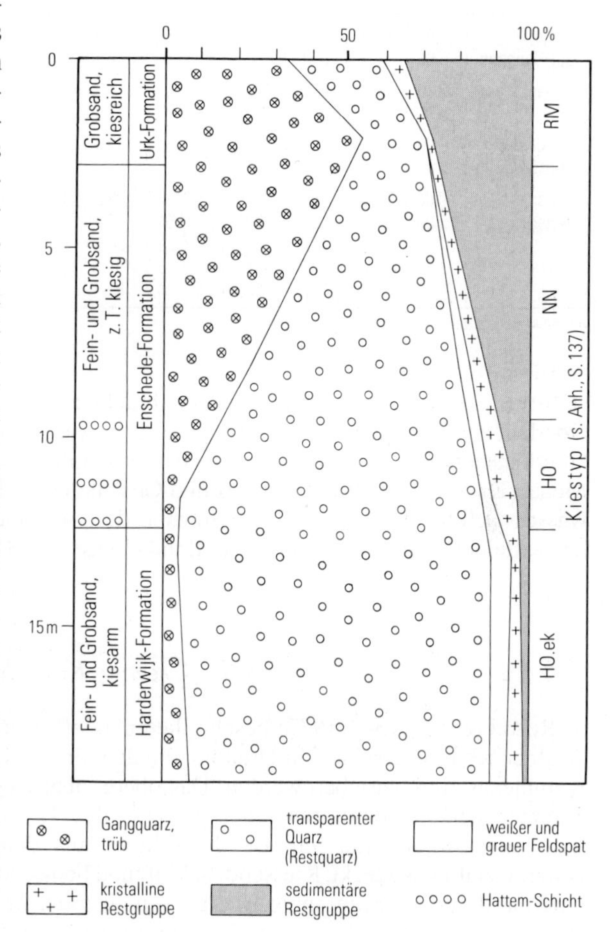

Abb. 24

Kieszusammensetzung in der Sandgrube Wylerberg I nordwestlich Kranenburg (Fraktion 3 – 5 mm); Kalkstein fehlt; Probennahmen: 7,90 m, 11,40 m, 12,90 m, 18,40 m

Analyse: J. G. ZANDSTRA

Tabelle 16

Kieszusammensetzung weißer Sande des jüngeren baltischen Flußsystems (Äquivalent der Enschede-Formation) und mittelpleistozäner Rheinkiese in der Sandgrube Wylerberg I (Urk-Formation)

Fundort	Tiefe (m)	Korngrößenbereich (mm)	Kiesanalyse	gezählte Körner	Quarzsumme (%)	Gangquarz (%)	Restquarz (%)	Feuerstein (%)	Kristallin (%)	Lyditgruppe (%)	Buntsandstein (%)	sedimentäre Restgruppe (%)	Kiestyp (3–5 mm) (s. Anh., S. 137)	Lithostratigraphie Niederlande (s. Tab. 12)
Berge,	3,00	3 – 5	9584	300	63,7	8,7	55,0	2,0	17,3	2,0	2,6	12,4	NN	Enschede-Formation
Gut Hengholt	5,00	3 – 5	9585	300	77,3	16,0	61,3		11,0	1,7	0,3	9,7	NN	
Lingen Süd	2,70	3 – 5	9239	300	72,0	20,0	52,0		13,9	1,4	0,7	12,0	NN	
	5,35	3 – 5	9242	208	70,6	16,8	53,8		13,4	0,5	1,0	14,5	NN	
Emsbüren, Staelberg	9,00	3 – 5	8163	300	70,7	20,7	50,0	0,3	9,7	2,0	2,0	15,3	NN	
Wyler,	0,00	3 – 5	7251	200	59,5	34,0	25,5	0,5	6,0	2,0		32,0	RM	Urk-Formation
Wylerberg I*	2,00	3 – 5	7252	200	70,5	54,0	16,5		3,0	1,0		25,5	RM	
	7,90	3 – 5	7253	200	80,0	23,5	56,5		7,5	1,5		11,0	NN	Enschede-Formation
	11,40	3 – 5	7254	161	86,4	5,0	81,4	0,6	9,9			3,1	HO.ek	
	12,90	3 – 5	7255	200	89,5	4,0	85,5		8,0			2,5	HO.ek	

* Tiefe senkrecht auf der Schichtung

Analyse: J. G. Zandstra

selbstverständlich die Menap-Vereisung brachten es mit sich, daß der fennoskandische Oberlauf des baltischen Flusses verschwand; es wäre deshalb besser, vom Menap an vom "norddeutschen Fluß" zu sprechen. Wahrscheinlich wurden aber auch während der Menap-Kaltzeit weiterhin Grobkies und Geschiebe aus Fennoskandien durch Schmelzwässer nach Südwesten und Süden transportiert, wo eine Vermischung mit Sedimenten der mitteldeutschen Nebenflüsse stattfand (Bijlsma 1981).

5.3.5 Cromer-Komplex

Ruegg & Zandstra (1977) beschreiben glaziofluviatile Kiessande in der Sandgrube de Boer bei Emmerschans in Drenthe, die dem dritten Glazial (Glazial C) des Cromer-Komplexes zugeschrieben werden. Das obere, überwiegend feinsandige bis schluffige Schichtenpaket bildete sich unter periglazialen Bedingungen; örtlich werden diese Bildungen durch eine humose Tonschicht aus dem vierten Cromer-Interglazial (Interglazial IV) bedeckt. Kiessand, Schluff und Feinsand und schließlich Ton gehen ohne strukturelle oder stratigraphische Lücke ineinander über. Die glaziofluviatile Einheit (Weerdinge-Schichten der Urk-Formation, Tab. 12) wird durch Ruegg als Sanderablagerung gedeutet und mit einer Inlandeisbedeckung bis unmittelbar östlich und nördlich der Fundstelle in Verbindung gebracht. Die Funde von kristallinen nordischen Gesteinen, nicht nur in Emmerschans, sondern auch in anderen Teilen von Drenthe – unter anderem in einigen Bohrungen –, stehen damit in guter Übereinstimmung. Es wurden dort Leitgeschiebe aus Dalarna und aus dem Oslogebiet (Rhombenporphyr) nachgewiesen.

Weitere Hinweise für eine Tieflandvereisung südwestlich des schwedisch-norwegischen Berglandes sind sehr selten. In Sarup auf Jütland soll unter Gyttja des Harreskov-Interglazials (ANDERSEN 1965) ein glazigener Ton vorkommen (JESSEN & MILTHERS 1928; vgl. NILLSON 1983: 184 – 185). Das genannte Interglazial könnte dem jüngeren Abschnitt des Cromer-Komplexes angehören (HOUMARK-NIELSEN 1987).

Das Vorkommen kaltzeitlicher Ablagerungen des Cromers in Zusammenhang mit einer Eisfront in oder in der Nähe von Südostdrenthe weist darauf hin, daß vergleichbare Sedimente auch in Niedersachsen erwartet werden können und in Westfalen nicht von vornherein auszuschließen sind. Eine Unterscheidung von den Sedimenten der Enschede-Formation ist allerdings schwierig. Der Feinkiesinhalt beider Einheiten ist fast identisch, nur die Mittel- und Grobkiesfraktion enthalten im Gegensatz zur Enschede-Formation viel Lydit und Buntsandstein (Abb. 20, Brg. Schoonebeek, u. Tab. 17).

Tabelle 17

Gegenüberstellung der Weerdinge-Schichten (Cromer-C-Kaltzeit) und der Enschede-Formation nach Ergebnissen aus Drenthe
(i. w. nach RUEGG & ZANDSTRA 1977)

Weerdinge-Schichten	Enschede-Formation
weiße Sande, oft mit rötlichem Schein; auch orangebraun bis grau (Einfluß der Weser erheblich)	weiße Sande ohne rötlichen Schein (Einfluß der Weser gering)
Glaukonit ständiger Bestandteil	Glaukonit fehlend oder nur in Spuren
Augitgehalt wechselnd, zum Teil sehr gering; nach Osten zunehmend	Augit normalerweise nur gering vertreten oder vollständig fehlend; nach Osten zunehmend
Sanderablagerung; überwiegend Horizontalschichtung, lokal auch schräggeschichtete Rinnenausfüllungen	Bildung eines mäandrierenden Flusses („baltischer Fluß"); überwiegend ebene Schrägschichtung
keine durchhaltenden Geschiebehorizonte	einige Horizonte mit Steinen und Blöcken (Hattem-Schichten)
Kiesgerölle und Steine unregelmäßig verteilt („Rosinenbrotgefüge") und teilweise stark abgerundet	Kiesgerölle vorwiegend lagenweise in Schrägschichtungsgefüge angeordnet; große Stücke kantengerundet
unter größeren Geröllen und Blöcken hoher Anteil an Buntsandstein; viel Lydit in der Mittel- und Grobkiesfraktion	geringer Anteil an Buntsandstein und Lydit
vereinzelt „Oslo-Geschiebe"	keine „Oslo-Geschiebe"

Äquivalente der Weerdinge-Schichten oder umgelagertes Material dieser Einheit treten auch im westlichen Niedersachsen und westlich des Rheins auf:

● Getelo (Niedersachsen)

Es handelt sich um eine ca. 10 m tiefe, inzwischen aufgelassene Sandgrube nahe der Grenze zu Overijssel, halbwegs zwischen Uelsen und Ootmarsum, auf einem Stauchwall der Rehburger Phase. Dort war bis 1980 ein mehr als 30 m mächtiges gestauchtes Sedimentpaket mit tertiären Ablagerungen und 17 m pleistozänen Kiessanden mit vereinzelten Steinen aufgeschlossen. Diese Abfolge wurde diskordant von einem saalezeitlichen Geschiebepflaster (Anh., S. 138/139: Zählung D 84) und Flugdecksand überlagert. Die Kiessandserie wird als Sanderablagerung vor einer vorrückenden Inlandeismasse gedeutet (RUEGG 1980). Die Steine, darunter einige nördliche, namentlich aus Schweden und Åland stammende Geschiebe, sind überwiegend stark verwittert und gebleicht (ZANDSTRA 1981 a). Verwitterungsgrad und Art des nördlichen Geschiebeinhalts (u. a. 0–2% Feuerstein und relativ viel bröcklige, stark abgerundete Gneise und Granite) machen ein elster- oder saalezeitliches Alter unwahrscheinlich, und aus strukturellen Gründen kommt auch eine Einstufung in die Enschede-Formation nicht in Betracht.

● Lingen/Ems (Niedersachsen)

Ungefähr 1 km südlich von Lingen befanden sich östlich der Bundesstraße 70 zwei Sandgruben: die Grube Begger und 400 m östlich eine neu in Betrieb genommene Grube. An beiden Stellen werden marine tertiäre Ablagerungen von pleistozänen, stark kiesigen Sanden überlagert. In der neuen Grube war ein Profil mit einer zwischen 5 und 8 m wechselnden Mächtigkeit aufgeschlossen (von oben nach unten):

Grobsand mit Fein- und Grobkies

Schluff und Feinsand

Grobsand mit Fein- und Grobkies

Grobsand mit relativ viel Grobkies, Steinen und Blöcken, darunter ostfennoskandischer, granophyrischer Rapakivi und Aplitgranit und südbaltischer oder südschwedischer, kambrischer Diplocraterion-Sandstein

Feuersteingehalt, Art und Verwitterungsgrad der nördlichen Geschiebe stimmen mit dem Vorkommen von Getelo überein. Die Ablagerungsverhältnisse sind leider nicht mehr anzugeben. Aufgrund der Geschiebe mit Durchmessern bis 20 cm, des Glaukonitgehalts und der unregelmäßigen weißen bis rostbraunen Färbung ist eine Zuordnung zur Enschede-Formation auszuschließen, die in der ehemaligen Grube Grode jenseits der Bundesstraße 70 ansteht (vgl. Kap. 5.3.4); für beide Einheiten gab GRAHLE (1960) ein "altpleistozanes" Alter an.

● Lingsfort (Limburg, Niederlande)

Im Grenzgebiet von Nordlimburg und Nordrhein-Westfalen treten verschiedene Körper des jüngsten Teils der Oberen Mittelterrasse des Rheins auf; ZONNEVELD (1956) spricht von Lingsfort-Terrasse und Lingsfort-Sanden. Die Sande enthalten sehr viel Grobkies, Steine und Blöcke; darunter fand sich ein intensiv gebleichter, vollkommen mürber Porphyr mit rhombischen Feldspateinsprenglingen (Kiesgrube Jansen nordöstlich Arcen, R ^{25}14 750, H ^{57}07 600; ZANDSTRA 1983 b). Die Lingsfort-Sande werden in das dritte Glazial des Cromer-Komplexes eingestuft (ZAGWIJN 1985, SCHIRMER 1990). Damit würden sie stratigraphisch mit den Weerdinge-Schichten gleichzustellen sein (Tab. 12). Bei KLOSTERMANN (1988, 1992) und KLOSTERMANN & PAAS (1990) wird ein frühelsterzeitliches Alter angenommen. Wenn es sich allerdings bei dem genannten Geschiebe um einen Rhombenporphyr aus dem Oslogebiet in Südnorwegen handelt – was sehr wahrscheinlich ist –, taucht die Frage auf, wie ein solches stark verwittertes Geschiebe in nur oberflächlich und schwach angewittertes südliches Material gelangen konnte. Das Geschiebe könnte theoretisch aus einer Hattem-Schicht der Enschede-Formation stammen; diese Einheit ist im linksrheinischen Stauchmoränengebiet nachgewiesen (vgl. Kap. 5.3.4, Fundstelle Wylerberg I bei Wyler). Durch Eisschollentransport könnte das Geschiebe über eine kurze Entfernung entgegen der heutigen Abflußrichtung verfrachtet worden sein. Eine solche Fließrichtung ist aber lediglich möglich, wenn stromab ein Stau infolge einer Eisbarriere auftrat. Diese Theorie ist allerdings sehr unwahrscheinlich, weil in den Hattem-Schichten bisher nirgendwo Rhombenporphyre nachgewiesen sind. Möglicherweise ist das Geschiebe während des Cromer-Komplexes, als die Lippe ungefähr bei

Lingsfort oder etwas südlicher in den Rhein mündete, durch diesen Nebenfluß auf einer Eisscholle nach Lingsfort verfrachtet worden. Ein Stau des Emswassers während der dritten Cromer-Kaltzeit könnte bewirkt haben, daß Eisschollen die Wasserscheide zwischen Ems und damaliger Lippe überqueren konnten (z. B. Altaarinne – Stever-Niederung westlich von Münster; vgl. BOLSENKÖTTER & HILDEN 1969, THIERMANN 1974, SPEETZEN 1990). Dieser Vorgang ist unter der Voraussetzung möglich, daß die "Porta" bei Haddorf gesperrt oder der Wasserabfluß nach Norden stark beeinträchtigt war. Mit der Annahme des Aufstaus infolge einer Eisfront im südwestlichen Niedersachsen würde auch die Anwesenheit von stark verwittertem nördlichem Kristallin in präholsteinzeitlichen Ablagerungen des nördlichen Münsterlandes zum Teil zu erklären sein (vgl. Kap. 5.3.6 u. 5.3.7).

5.3.6 Elster-Kaltzeit

Im nordwestlichen Niedersachsen und in den nördlichen Niederlanden sind glazigene Ablagerungen der Elster-Kaltzeit sehr verbreitet. Die Sedimente füllen bis einige 100 m tiefe steilwandige Rinnen aus. Die Art dieser Füllungen ist sehr unterschiedlich: kiesiger Grobsand, Feinsand, Schluff und Ton. Besonders die sandigen Sedimente breiten sich auch außerhalb der Rinnen großflächig aus. Zu diesen Bildungen gehören die "Sockelsande" der Niederlande und des angrenzenden Niedersachsen (ZANDSTRA 1982, 1985). Auch eine Sand- und Schluffserie unter saalezeitlichem Geschiebelehm in der Grube Staelberg bei Emsbüren ist wahrscheinlich als glaziofluviatile Beckenablagerung im Zusammenhang mit einer elsterzeitlichen Eisbedeckung in der Nähe aufzufassen (K.-D. MEYER 1988 a). Die Einheit wird im Westen örtlich durch frühsaalezeitliche periglaziale Flugsande und Bachablagerungen mit Einschaltungen von interstadialen organischen Sedimenten (Hoogeveen- und Bantega-Interstadial, nach ZAGWIJN 1973, 1975) bedeckt. Nach einem Profil in einer ehemaligen Baugrube in Peelo bei Assen (RUEGG 1975, ZANDSTRA 1975 c) wird die elsterzeitliche Abfolge als Peelo-Formation bezeichnet (Tab. 12). Auch die tonigen Sedimente haben über die Rinnen hinaus eine weite Verbreitung; dazu gehört der "Lauenburger Ton", der in den Niederlanden die Bezeichnung "potklei" trägt.

In Oldenburg wurde in einigen Bohrungen dunkelgrauer, sandiger Geschiebelehm im Liegenden des Lauenburger Tons nachgewiesen. Diese Moräne gleicht völlig der Elster-Moräne östlich der Weser und ist nur in relativ geringer Tiefe auf den "Hangschultern" der Rinnen erhalten geblieben (K.-D. MEYER 1970). Derselbe Autor erwähnt ein Vorkommen von Kiessanden mit zahlreichen stark verwitterten Geschieben aus dem norwegischen Oslogebiet. Da es sich hierbei um Baggermaterial handelt, ist das Alter dieser "Kiese vom Typus Zetel" schwierig festzustellen (nach K.-D. MEYER 1970 "mutmaßlich" elsterzeitlich, nach K.-D. MEYER 1991 elsterzeitlich). Die Folge wird von meistens verwitterter elsterzeitlicher Grundmoräne und von Lauenburger Ton überlagert.

Über die Zusammensetzung der nördlichen Geschiebe im elsterzeitlichen Geschiebelehm des genannten Gebiets ist fast nichts bekannt. In den seltenen Vorkommen der nördlichen Niederlande wurden in der Kiesfraktion eckiges Kristallin und splitterförmiger, durchscheinender Feuerstein nachgewiesen. Obwohl Kalkstein fehlt, ist die Moräne nicht völlig entkalkt. Der Kiesinhalt besteht überwiegend aus aufgearbeitetem, quarzreichem Material des baltischen beziehungsweise norddeutschen Flußsystems. Kiesige Rinnenausfüllungen ergeben dieselbe Zusammensetzung. Wenn überhaupt nördliches Kristallin vorkommt, handelt es sich auch hier normalerweise um eckige Körner. Sehr quarzarmer, rein nördlicher Kies ist nur in seltenen Fällen nachgewiesen – wie in Peelo bei Assen, wo Feinkies der Peelo-Formation viel Feuerstein und Kristallin enthält (ZANDSTRA 1975 c). Es ist auffällig, daß diese Bestandteile frisch, eckig und ungebleicht sind.

Zählungen kristalliner Leitgeschiebe der Elster-Kaltzeit westlich der Weser gibt es bisher nicht. Unmittelbar östlich des Flusses, bei Scharnhorst in der Nähe von Verden, liegt eine Zählung nördlicher Geschiebe aus einer Rinne mit kiesigen Grobsanden vor. Daraus ergibt sich ein theoretisches Geschiebezentrum von 14,99 – 58,55 (SULING 1983) und – nach Umrechnung – eine HESEMANN-Zahl von 0460 mit 24% Dalarna- und 50% Småland-Material. Weiter nach Nordwesten, nördlich von Bremen, wurde dagegen eine hauptsächlich westskandinavische Geschiebegemeinschaft mit ziemlich viel Material aus dem Oslo-Graben nachgewiesen (HÖFLE 1983). Die Bohrung Hamburg-Billbrook wies eine ostbaltische über einer westskandinavischen Geschiebegemeinschaft nach; die letztgenannte enthält auch eine erhebliche Zahl von Oslo-Geschieben (RICHTER 1962). KUSTER & MEYER (1979) erwähnen für das mittlere und nordöstliche Niedersachsen eine elsterzeitliche Moräne mit einem hohen Anteil norwegischer Leitgeschiebe, wogegen die ostfennoskandischen Geschiebe stark zurücktreten oder sogar fehlen können; die Moräne ist feuersteinreich.

Nach Süden, im elsterzeitlich angelegten Zungenbecken nördlich der Dammer und Fürstenauer Berge, liegt in 50 – 100 m Tiefe ein dunkel- bis braungrauer oder grünlicher, meist stark sandiger Geschiebelehm mit einer Mächtigkeit bis über 10 m. In den Dammer und Fürstenauer Bergen (Stauchmoränenwälle der Rehburger Phase) tritt häufiger verschupptes Tertiär, aber kein elsterzeitlicher Geschiebelehm auf (K.-D. MEYER 1980). In der aufgelassenen Tongrube des Ziegelwerks Hörsten in den Dammer Bergen wurden durch K.-D. MEYER im Kern einer Falte schwach kiesige Sande mit nördlichem Kristallin und viel Feuerstein neben südlichem Material nachgewiesen; ein elsterzeitliches Alter ist denkbar. Weiter nach Süden in einer Bohrung westlich von Varenrode im Blattgebiet 3610 Salzbergen vermuten MEYER & SCHMID & WOLBURG (1977) eine elsterzeitliche Grundmoräne; ein einwandfreier Beweis konnte bisher nicht erbracht werden.

Die Aufzählung von Hinweisen auf elsterzeitliche Ablagerungen in Gebieten außerhalb des eigentlichen Untersuchungsgebiets soll den Gegensatz zu Westfalen und dem nördlichen Rheinland hervorheben. Eine elsterzeitliche Vereisung dieses Raumes ist nicht bewiesen und unwahrscheinlich. Diese Auffassung basiert unter anderem auf dem Fehlen glaziofluviatiler Kiessande mit frischen, eckigen nördlichen Kieskomponenten mit viel rötlichem Kristallin und hellgrauem und bräunlichem, teilweise splitterförmigem Feuerstein. Auch das augenscheinliche Fehlen des "Sockelsandes", der in den nördlichen Niederlanden und dem angrenzenden Niedersachsen den Abschluß der elsterzeitlichen glazigenen Ablagerungen bildet, deutet darauf hin. Der Einfluß einer elsterzeitlichen Eisbedeckung scheint sich hauptsächlich auf das Gebiet nördlich der Linie Texel – Emmen – Rheine zu beschränken.

In Nordrhein-Westfalen fehlen stratigraphisch gesicherte elsterzeitliche Moränenvorkommen. Zwar erwähnt BAECKER (1963) Fundpunkte von vermeintlich elsterzeitlichen Moränen und Geschieben ("Nordlinge") aus dem südöstlichen Teil der Westfälischen Bucht, aber Ergebnisse späterer Kartierungen haben erwiesen, daß die Auffassung über ein elsterzeitliches Alter nicht aufrechtzuerhalten ist (u. a. SKUPIN 1983, 1985, 1987). Allerdings weisen STAUDE (1982) und THIERMANN (1987) darauf hin, daß südlich des Teutoburger Waldes bei Ladbergen und Tecklenburg in Bohrungen unter vermutlich holsteinzeitlichen Ablagerungen nordische Komponenten in toniger Grundmasse angetroffen wurden. Aufgrund der Fundumstände ist eine exakte genetische Deutung nicht möglich; ebenso sind gegenüber der stratigrapischen Einstufung Zweifel angebracht. Auch die Theorie einer präelster- und elsterzeitlichen Vereisung des Niederrheingebiets aufgrund morphologischer Phänomene und des Aufschlußprofils am Steinberg bei Kettwig (Thome 1990, 1991) wird nicht von den Ergebnissen neuer Geschiebezählungen in der Westfälischen Bucht gestützt (s. Kap. 5.3.7.2.3 u. 5.4).

5.3.7 Saale-Kaltzeit

Die glazigenen Ablagerungen der Saale-Kaltzeit (Drenthe-Formation) werden nach der in den Niederlanden herrschenden Auffassung dem Stadial III (chronostratigraphisch: mittlere Saale-Kaltzeit) zugerechnet (Tab. 18). In den vorangehenden Stadialen und Interstadialen (frühe Saale-Kaltzeit) gab es in den Niederlanden keine Vereisung – ebensowenig wie in der späten Saale-Kaltzeit (Zagwijn 1973, 1975). In der frühen Saale-Kaltzeit wurden unter anderem in den nördlichen Niederlanden in großem Umfang Flugsande abgelagert (Eindhoven-Formation).

Tabelle 18

Chronostratigraphie der Saale-Kaltzeit in den nördlichen Niederlanden (nach Zagwijn 1973, 1975; vereinfacht)

<table>
<tr><th colspan="3">Klimastratigraphie</th><th>glazigener Einfluß</th><th>Lithostratigraphie</th></tr>
<tr><td rowspan="6">Saale-Kaltzeit</td><td>späte</td><td></td><td>eisfrei</td><td></td></tr>
<tr><td>mittlere</td><td>Stadial III</td><td>Eisbedeckung</td><td>Drenthe-Formation</td></tr>
<tr><td rowspan="4">frühe</td><td>Bantega-Interstadial</td><td rowspan="4">eisfrei</td><td rowspan="4">Eindhoven-Formation</td></tr>
<tr><td>Stadial II</td></tr>
<tr><td>Hoogeveen-Interstadial</td></tr>
<tr><td>Stadial I</td></tr>
</table>

In Deutschland werden die Vorkommen von Geschiebelehm und Geschiebemergel westlich der Weser dem Drenthe-Stadium der Saale-Kaltzeit zugerechnet. Während im jüngeren Warthe-Stadium in Schleswig-Holstein noch glazigene Ablagerungen gebildet wurden, herrschten weiter im Westen periglaziäre Bedingungen. Drenthe- und Warthe-Stadium werden nach deutscher Auffassung von einem wärmeren Abschnitt (Gerdau-Interstadial, Ohe-Warmzeit, Treene-Warmzeit) getrennt. Die Einpassung der frühsaalezeitlichen Wacken-Warmzeit des östlichen Deutschland (Erd 1970) in die niederländische Chronologie ist unsicher; nach Zagwijn (1985) stimmt dieses Klimaintervall vielleicht mit dem Hoogeveen-Interstadial überein. Das Schöningen-Interglazial im Landkreis Helmstedt in Niedersachsen wird mit dem Hoogeveen-Interstadial parallelisiert (Urban et al. 1991). Immerhin sind Wacken-, Schöningen- und Treene-Warmzeit in Nordrhein-Westfalen nicht überprüft worden (Gliederung: Klostermann 1988; Klostermann & Paas 1990; Lüttig 1958 b; Speetzen 1986, 1990). Die Treene-Warmzeit wurde weder in Niedersachsen noch in Schleswig-Holstein festgestellt; das Gerdau-Interstadial hat sich inzwischen endgültig als eemzeitlich erwiesen (Duphorn et al. 1973). Auch bei den warmzeitlichen Seeablagerungen von Gröbern und Grabschütz im östlichen Deutschland soll es sich nach Mai und Fuhrmann (in Eissmann 1990), zumindest bei einem dieser Vorkommen, um posthauptdrenthezeitliche, präeemzeitliche Bildungen handeln. Nach Zagwijn (1991) hat die Pollenanalyse von Litt (in Eissmann 1990) unzweideutig bewiesen, daß beide Ablagerungen ein eemzeitliches Alter haben; die Treene-Warmzeit kommt nicht in Frage – wurde somit auch hier nicht nachgewiesen.

Vor der Annäherung des saalezeitlichen Inlandeises an den nordwestlichen Mittelgebirgsrand war das seit langem bestehende, von Osten nach Westen entwässernde norddeutsche Flußsystem mit seinen südlichen Zuflüssen noch in Funktion. Aus Kiesanalysen (Maarleveld 1954), besonders aus dem Gehalt an Geröllen aus den Einzugsgebieten der Elbe, Mulde, Saale und Weser, ist zu erkennen, daß dieses Abflußsystem über Braunschweig, Nienburg, Dümmer See, Nordhorn nach Westen verlief. Mit dem Hochstand der Saale-Vereisung endete dieses System. Durch die Blockierung der Porta Westfalica wird auch das Längstal Porta – Osnabrück als Entwässerungsbahn für die Weser fungiert haben (Lüttig 1974). Nach dem Abschmelzen des saalezeitlichen Inlandeises erfolgte zum ersten Mal der Durchbruch der Weser nach Norden (K.-D. Meyer 1987 b, Gibbard 1988).

5.3.7.1 Gegliederte Moränen und Geschiebezufuhrgemeinschaften

Der Gedanke, die vertikale Verteilung der kristallinen Leitgeschiebe zum Gegenstand der Forschung zu machen, ist schon alt; nach Hucke (1926) gelang es in Norddeutschland aber nicht, wesentliche Unterschiede in der Geschiebeführung verschiedener Stufen der Moränen nachzuweisen. Leider haben auch von 1930 an – nach Einführung der Hesemann-Methode – die einzelnen horizontalen Stufen der Moränen keine Beachtung mittels dieser Viergruppenanalyse gefunden.

Eine saalezeitliche Vereisung der Westfälischen Bucht ist unumstritten. Von einigen Autoren wird auch eine elsterzeitliche Eisbedeckung dieses Raumes in Erwägung gezogen, obwohl es dafür keine eindeutigen Beweise gibt (vgl. Kap. 1.3 u. 5.3.6). Somit ist auch die Frage, ob elsterzeitlich abgelagerte Geschiebe in der Saale-Kaltzeit aufgearbeitet und in saalezeitlichen Moränen aufgenommen sein können, letztlich nicht endgültig zu beantworten. Nach den Befürwortern einer Elster-Vereisung (u. a. Hesemann 1957; Thome 1980 b, 1991) war die Elster-Moräne bis an den Südrand der Westfälischen Bucht durch eine Vormacht ostfennoskandischer Geschiebe gekennzeichnet. Diese Geschiebegemeinschaft soll heute in aufgearbeiteter Form in der Saale-Moräne vorliegen und wird als Beweis einer Elster-Vereisung angesehen.

Zur Lösung dieses Problems ist es notwendig, zuerst die Zusammensetzung gegliederter saalezeitlicher Moränen zu ermitteln. Allerdings läßt sich eine getrennte quantitative Analyse der kristallinen Leitgeschiebe gegliederter Moränen oft nicht durchführen, da streng horizontiertes Sammeln nur selten möglich ist. Die vorhandenen Daten stammen fast ausschließlich aus Ackeraufsammlungen. Die wenigen Ausnahmen (horizontierte Proben aus Ton-, Sand- und Baugruben) geben bisher keine Hinweise auf ostfennoskandische Geschiebe in den unteren Abschnitten der Moränenabfolgen.

Gut Ringelsbruch bei Paderborn

Das Grundmoränenvorkommen in einer heute teilweise verfüllten Abgrabung bei Gut Ringelsbruch (Abb. 25) ist nach Skupin (1982) zweigegliedert. Der untere, tonreiche Teil ist steinarm und wegen des hohen Anteils einheimischer Geschiebe als Lokalmoräne zu bezeichnen. Die Mächtigkeit beträgt über 10 m. Der obere Teil ist überwiegend sandig-schluffig ausgebildet; die generelle Mächtigkeit in dieser Gegend (westsüdwestlich von Paderborn) beträgt ca. 3 – 4 m. Die Zahl der nordischen Geschiebe ist größer, die der Lokalgeschiebe niedriger als im unteren Teil. Der untere Teil wird als Basismoräne, der obere als Ablationsmoräne angesehen.

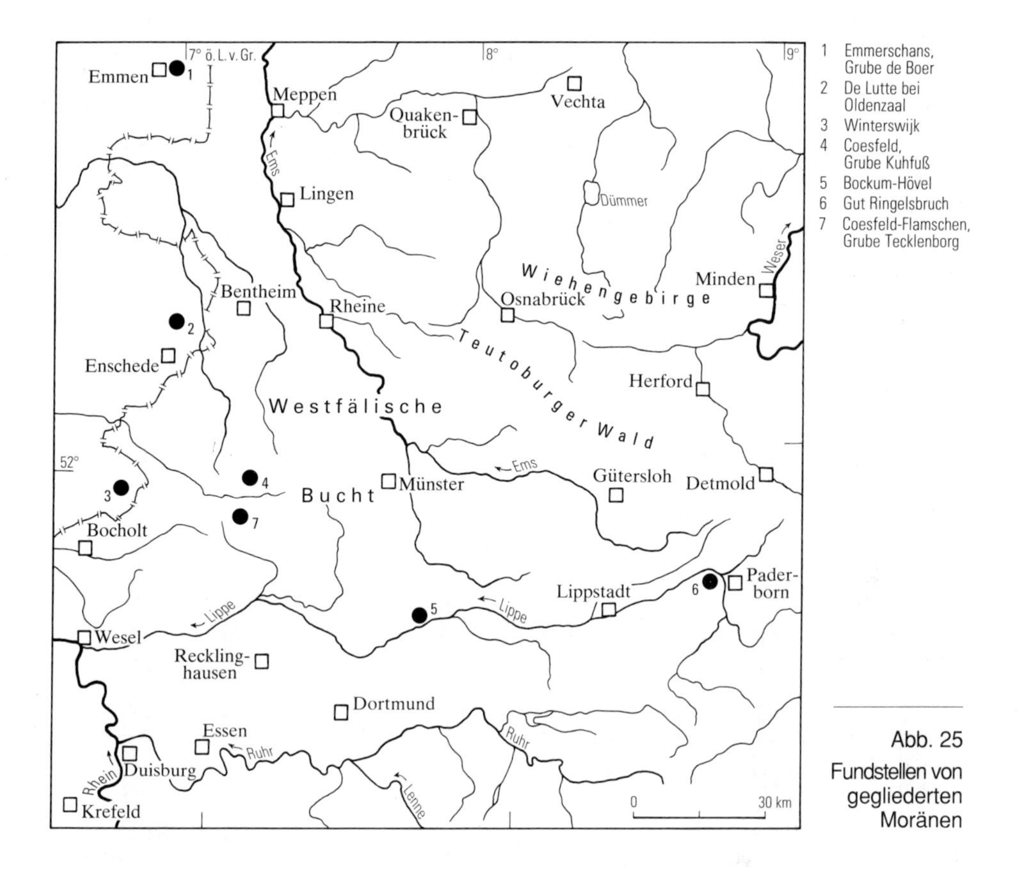

Abb. 25
Fundstellen von gegliederten Moränen

Die Zusammensetzung der kristallinen Geschiebe in diesen Moränen ist verwandt und zugleich verschiedenartig. Der Anteil von Småland-Geschieben (Gruppe 7 nach ZANDSTRA 1983 a; Abb. 26 u. Tab. 11) ist vergleichbar, kleine Schwankungen in den meisten übrigen Gruppen sind ohne Bedeutung. Sehr unterschiedlich aber ist die Beteiligung der Geschiebe von Dalarna (Gruppe 6), die in der Oberen Moräne deutlich stärker vertreten sind. Diese unterschiedliche Zusammensetzung hat auch Einfluß auf die HESEMANN-Zahlen: 2180 für die Untere und 1370 für die Obere Moräne.

Eine derartige Gliederung ist in den östlichen und nördlichen Niederlanden allgemein verbreitet; die Moräne mit relativ viel Dalarna-Material ist dort gewöhnlich zu einer Steinsohle oder einem Steinpflaster reduziert. Die Untere Moräne mit hohem Anteil an Geschiebe aus Småland und Umgebung ist zugleich die älteste saalezeitliche Moräne. Beide Moränen sind Glieder der Heerenveen-Moränengruppe (Tab. 19). Auch bei Gut Ringelsbruch handelt es sich sehr wahrscheinlich um Vertreter derselben Moränengruppe. Allerdings ist der lithologische Habitus durch die Aufnahme von lokalem Material etwas verändert.

Coesfeld

Die Ziegeleigrube Kuhfuß nördlich von Coesfeld (Abb. 25) ist nach GUNDLACH & SPEETZEN (1990) die einzige Stelle in der Westfälischen Bucht, an der Grundmoräne über mehrere 100 m in horizontaler und über ca. 5 m in vertikaler Richtung der Beobachtung direkt zugänglich ist. Es handelt sich um eine zweigeteilte Folge; beide Teile sind als Lokalmoränen anzusprechen. Drei Zählungen der kristallinen Leitgeschiebe wurden vorgenommen.

Die auf der Abbausohle, einige Meter über der Moränenbasis, gesammelte Probe enthält extrem viel Småland-Material (Abb. 26). Die Übereinstimmung dieser Zählung mit der Analyse der Unteren Moräne bei Gut Ringelsbruch ist sehr groß, was auch die HESEMANN-Zahl (1080) belegt. Die Aufsammlung von Geschieben der Unteren Moräne unmittelbar aus der ca. 30° geneigten Abbauwand lieferte ein vergleichbares Geschiebespektrum mit einer HESEMANN-Zahl von 2170. In der Oberen Moräne beträgt der Småland-Anteil nur 53%, während die ostfennoskandische Herkunftsgruppe 1 stärker vertreten ist. Daraus resultiert eine HESEMANN-Zahl von 3250. Die geringe Zunahme des Dalarna-

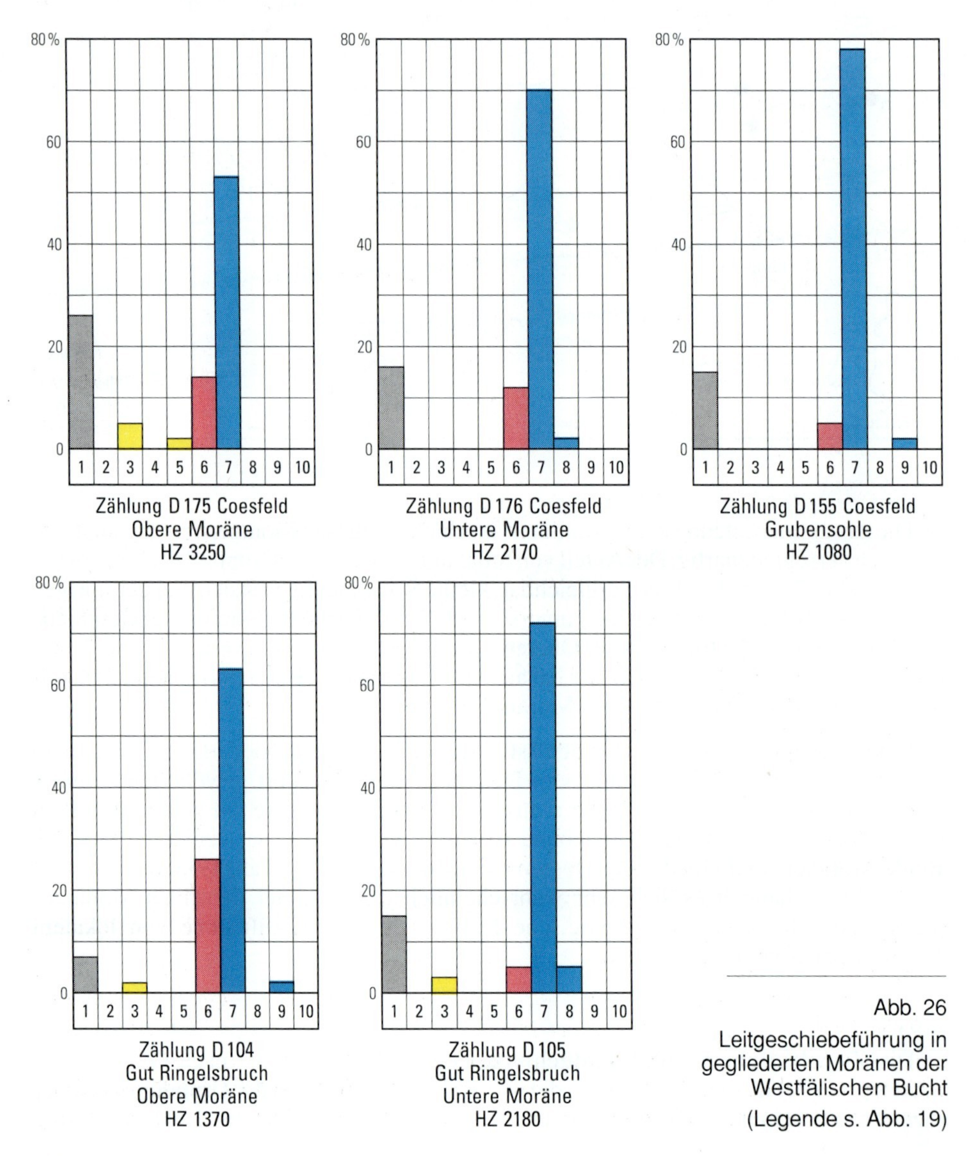

Abb. 26

Leitgeschiebeführung in gegliederten Moränen der Westfälischen Bucht

(Legende s. Abb. 19)

Tabelle 19

Saalezeitliche Moränen in den östlichen Niederlanden, der Westfälischen Bucht und in Südwestniedersachsen
(Einteilung nach ZANDSTRA 1976, 1983c, 1993)

Moränen-gruppe	Moränentyp entkalkt	Moränentyp kalkhaltig	Feuerstein Korngröße 3 – 5 mm (%)	HESE-MANN-Zahl	wichtigste Geschiebe-zufuhr-gemeinschaft	Vorkommen in der Westfälischen Bucht und Südwestniedersachsen	
Assen	Emmen	Nieuweschoot	0 – 2	10000 9010 8110 7210 6130	Åland-Rapakivi-Gemeinschaft	vierter Emsland-Gletscher	wenig Daten: Lingen, Driland, Getelo, Ottmarsbocholt
Assen	Assen	Noordhorn	6 – 14			dritter Emsland-Gletscher	im Westen sehr verbreitet
Assen / Heerenveen				4240 3250	Å.-R./D.-P.-Übergangs-gemeinschaft		
Heerenveen	Heerenveen	Deventer	6 – 20	2440 1360	Dalarna-Porphyr-Gemeinschaft	zweiter Emsland-Gletscher	in Niedersachsen sehr verbreitet; im Westen und Süden der Westfälischen Bucht in schmaleren Feldern
				2260 2170 1180 1090	Småland-Granit-Gemeinschaft	Osnabrücker Gletscher*	Osnabrücker Bergland und südlich
						erster Emsland-Gletscher	fast überall; gewöhnlich feuersteinreich
	Markelo	Losser	4 – 8				keine Daten
Voorst	Oudemirdum	Voorst	0 (selten 1 – 2)		keine Daten		isolierte, entkalkte Linse bei Emsbüren

* mit Zubehör

Materials von 5 über 12 bis 14% ist eine Tendenz, die auch im Profil Gut Ringelsbruch zu erkennen ist.

Leider ist es nicht gelungen, vollkommen saubere Proben zu sammeln. Aufgrund des Abbaus mit einem Eimerkettenbagger besteht die Möglichkeit, daß Geschiebe von der Unteren in die Obere Moräne "verschleppt" wurden. Trotz dieses Mangels und des Lokalcharakters der Moränen ist die Verwandtschaft mit der niederländischen Heerenveen-Moränengruppe (Tab. 19) evident.

Die Ergebnisse lassen darauf schließen, daß die Untere Moräne ein Produkt des ersten und die Obere des zweiten Emsland-Gletschers ist (vgl. Kap. 5.3.7.5). Bei der Geschiebegemeinschaft der Oberen Moräne handelt es sich um eine Abart mit relativ viel ostfennoskandischem und relativ wenig Dalarna-Material.

Winterswijk (Achterhoek, östliche Niederlande)

In der Muschelkalkgrube in Ratum bei Winterswijk (Abb. 25) folgt über der mesozoischen Einheit ein grünlichgrauer, stark sandiger saalezeitlicher Geschiebelehm mit einer Mächtigkeit von ca. 1,15 m. Auf dem Geschiebelehm liegt eine Geschiebeanreicherung und darüber weichselzeitlicher Flugsand. Aus dem Geschiebelehm und der Geschiebepackung wurden kristalline Leitgeschiebe für die quantitative Analyse entnommen mit dem Ergebnis, daß diese Ablagerungen eine unterschiedliche Zusammensetzung

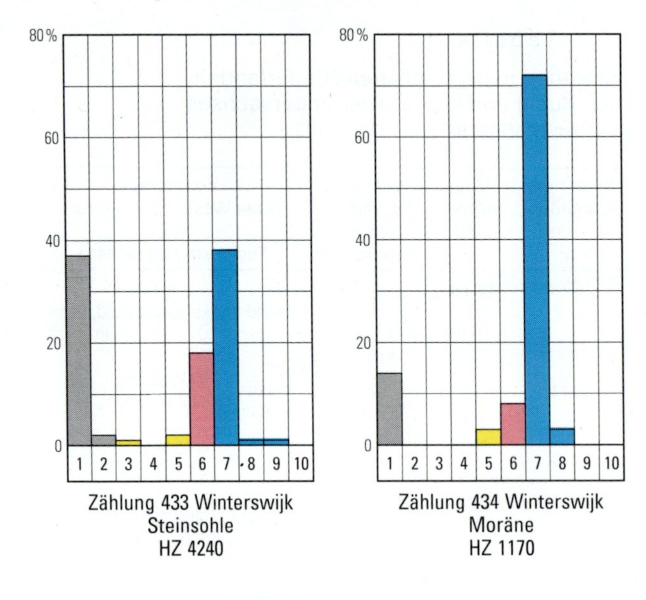

Abb. 27
Leitgeschiebeführung in Ratum bei Winterswijk
(Legende s. Abb. 19)

haben (ZANDSTRA 1993; Abb. 27). Die Ergebnisse zeigen wesentliche Übereinstimmung mit Gut Ringelsbruch und Coesfeld: eine deutliche Vormacht der südschwedischen Geschiebe im unteren Teil des Geschiebelehms (HZ 1170) und eine Zunahme von Dalarna-Material und ostfennoskandischen Geschieben in dem zu einer Steinsohle reduzierten oberen Teil (HZ 4240). Letztgenannte Gesellschaft wird als Übergangsgemeinschaft zu der folgenden Eismasse mit der Assen-Moränengruppe gedeutet (s. Kap. 5.3.7.2.3).

Bockum-Hövel (westlich von Hamm)

Der Geschiebelehm in der ehemaligen Tongrube Holsen bei Bockum zeigt eine Vormacht der südschwedischen Geschiebe (HESEMANN 1939; Anh., S. 138/139: Zählung D 36). Mit der Verhältniszahl 3070 wird diese Gemeinschaft als Vertreter der Heerenveen-Moränengruppe aufgefaßt. Eine Ackeraufsammlung bei Bockum-Hövel lieferte ein abweichendes Geschiebespektrum mit einer HESEMANN-Zahl von 5140 (Anh., S. 142/143: Zählung D 192). Trotz der Unmöglichkeit, eine saubere Probe zu sammeln, ist aus der Zusammensetzung zu schließen, daß dort Material der Assen-Moränengruppe mit aufgearbeitetem Material der Heerenveen-Gruppe vermischt ist.

Emmerschans (nördliche Niederlande)

Das Moränenprofil in Emmerschans bei Emmen in der Provinz Drenthe (Abb. 25) umfaßt zwei sandige Geschiebelehmtypen – beide mit einer ostfennoskandischen Geschiebegemeinschaft. Die Untere Moräne (Assen-Typ, HZ 7120) ist feuersteinreich, die Obere Moräne (Emmen-Typ, HZ 8110) ist äußerst feuersteinarm. Beide sind Glieder der Assen-Moränengruppe (ZANDSTRA 1976, RAPPOL 1984; vgl. Tab. 19 u. Abb. 28). Die Farbe dieser Moränen variiert zwischen Leberbraun und Rotbraun – daher die Bezeichnung "rote Moräne" oder "roter Geschiebelehm", die auch für vergleichbare Moränen mit einer ostfennoskandischen Geschiebegemeinschaft im angrenzenden Niedersachsen üblich ist (RICHTER 1953, 1958; s. Kap. 5.2.1).

Die Assen-Moränengruppe stellt in den nordöstlichen Niederlanden das Relikt der letzten ausgedehnten saalezeitlichen Vereisung dar, während die Heerenveen-Moränengruppe der ersten Vereisung entspricht. Diese Gliederung in eine untere, süd- bis mittelschwedisch geprägte, und eine obere, ostfennoskandisch dominierte, Grundmoräne wurde für Drenthe schon Anfang dieses Jahrhunderts postuliert (SCHUILING 1915: 14).

Abb. 28
Leitgeschiebeführung in gegliederten Moränen in Emmerschans, Drenthe
(Legende s. Abb. 19)

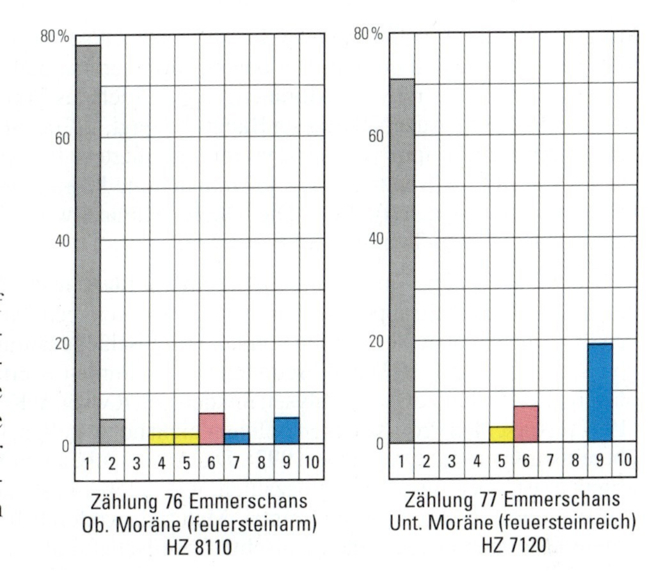

Nachdrücklich wird darauf hingewiesen, daß der sandige, feuersteinarme Emmen-Typ und die tonreiche Voorst-Moränengruppe ("schollenkeileem" der Niederlande) keinerlei Beziehung zueinander haben (vgl. Kap. 5.3.7.2.5).

De Lutte und Umgebung (Osttwente, östliche Niederlande)

RAPPOL & KLUIVING & VAN DER WATEREN (1991) und KLUIVING & RAPPOL & VAN DER WATEREN (1991) erläutern ein dreigliedriges Moränenprofil; es war während des Baus eines Teilstücks der Autobahn E 8 in der Hügelkette bei Oldenzaal – Enschede aufgeschlossen (Abb. 25). Es werden drei Moränen unterschieden. Die sehr mächtige Untere

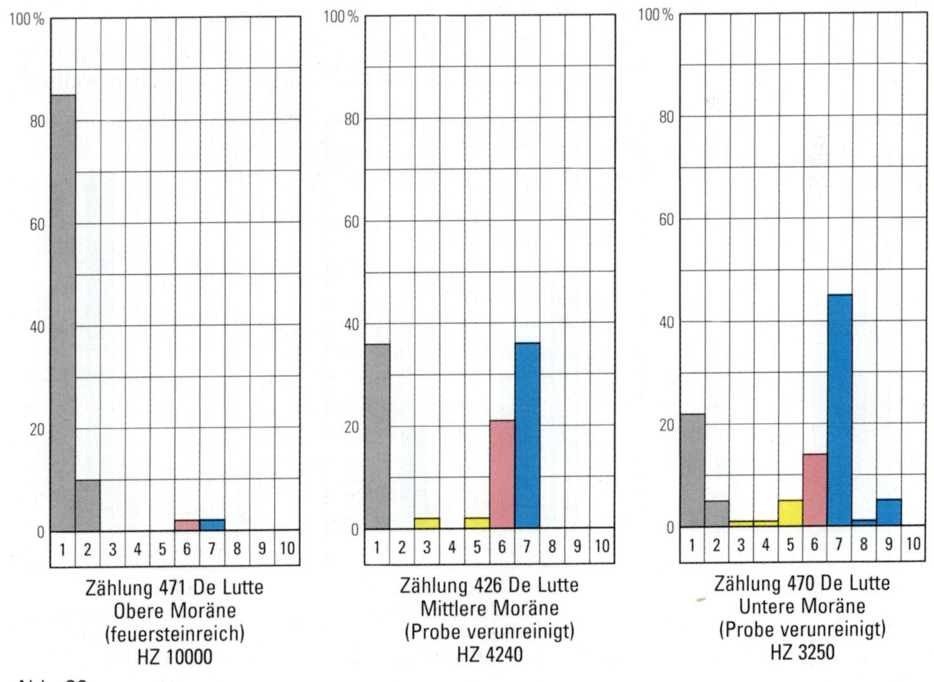

Abb. 29
Leitgeschiebeführung in gegliederten Moränen in De Lutte bei Oldenzaal (nach SCHUDDEBEURS 1992)
(Legende s. Abb. 19)

Moräne soll der Lokalmoräne in Losser (ostnordöstlich Enschede) ähneln, die viel Material aus Småland enthält. Bei beiden Moränen handelt es sich vermutlich um das älteste Glied der Heerenveen-Moränengruppe. Auch das Ergebnis einer Feinkiesanalyse aus einer Bohrung in der Nähe dieser Baugrube zeigt, daß der untere Teil der Moränenfolge der Heerenveen-Gruppe (Losser-Typ mit ermäßigtem Feuersteinanteil) zuzuordnen ist (Tab. 19 u. 21). Die Mittlere, bis 1,5 m mächtige Moräne wird ebenfalls als Glied der Heerenveen-Gruppe aufgefaßt. Die Obere Moräne wird der Assen-Moränengruppe zugerechnet (Assen-Typ mit viel Feuerstein).

Die Moränenfolge von De Lutte ist die einzige Stelle in den Niederlanden, wo ein Glied der Assen-Moränengruppe über Gliedern der Heerenveen-Moränengruppe in einer offenen Baugrube beobachtet werden konnte. Leitgeschiebezählungen zur Überprüfung sind von Schuddebeurs (1992) und Freunden vorgenommen worden (Abb. 29); die stratigraphische Verbindung dieser Analysen mit den von Rappol & Kluiving & van der Wateren (1991) erforschten Profilstrecken ist leider nicht herzustellen, weil die Probenstellen nicht übereinstimmen (Schuddebeurs 1992). Die Anwesenheit von Vertretern beider Moränengruppen ist aber aus Verhältniszahlen wie 3250, 4240 und 10000 abzuleiten; die Probenstellen lieferten verunreinigtes Material, wodurch besonders die Analysen der tieferen Moränenglieder eine gemischte Gesellschaft aufweisen.

Coesfeld-Flamschen

Im Aufschluß Tecklenborg (Abb. 25; vgl. Hiss & Skupin & Zandstra 1992) bildet ein maximal 3,2 m mächtiger, sandig-toniger Geschiebelehm mit einer ostfennoskandischen Geschiebegemeinschaft die Obere Moräne (Anh., S. 142/143: Zählung D 216, HZ 7120); damit gehört sie zur Assen-Moränengruppe und aufgrund des Feuersteingehalts (vgl. Tab. 21) zum Assen-Moränentyp (Tab. 19). Die Steinsohle über dieser Moräne zeigt ein vergleichbares Spektrum (Anh., S. 142/143: Zählung D 205, HZ 8010). Im Liegenden befindet sich eine stark sandige Untere Moräne mit einer ungefähr zwischen wenigen

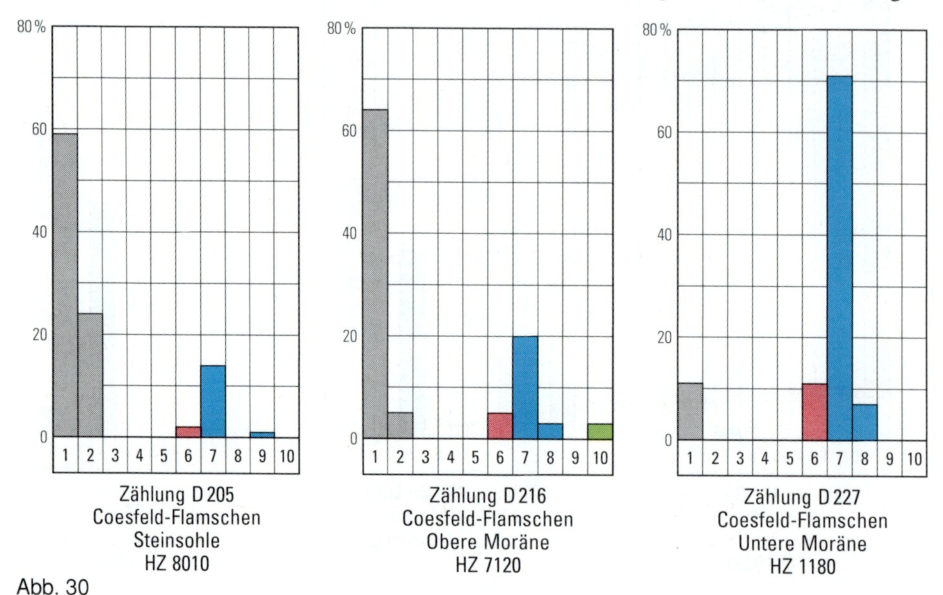

Abb. 30

Leitgeschiebeführung in gegliederten Moränen in der Abgrabung Tecklenborg bei Coesfeld-Flamschen (Legende s. Abb. 19)

Dezimetern bis über 1 m schwankenden Mächtigkeit; sie lieferte eine überwiegend südschwedische Geschiebegemeinschaft (Anh., S. 142/143: Zählung D 227, HZ 1180). Diese Tatsache deutet darauf hin, daß die Untere Moräne dem ältesten Glied der Heerenveen-Moränengruppe entspricht.

Die Abgrabung Tecklenborg ist bisher die einzige Stelle in der Westfälischen Bucht, wo eine Moräne der Assen-Gruppe über einer Moräne mit den geschiebekundlichen Eigenschaften der Heerenveen-Gruppe festgestellt wurde – deswegen wird die Zusammensetzung beider Moränen und der Steinsohle in Abbildung 30 wiedergegeben. Bezüglich der Zusammensetzung der Unteren Moräne dürfte es sich um ein über kurzen Abstand verschlepptes Material handeln (Hiss & Skupin & Zandstra 1992).

Südwestniedersachsen

Die mehrfach erwähnte sandige "rote Moräne" mit überwiegend ostfennoskandischem Geschiebeinhalt (Niederlande: Assen-Moränengruppe) liegt zwischen Lingen und Herzlake direkt über der stark sandigen grauen Moräne (Heerenveen-Moränengruppe). Diese Abfolge wurde in der kilometerlangen Baugrube einer Gasleitung nachgewiesen (Duphorn et al. 1973). K.-D. Meyer (1982) erwähnt dieselbe braunrote Grundmoräne mit ostfennoskandischem Material für das Gebiet zwischen der Hunte und den nördlichen Niederlanden. Mithin bildet die rote Moräne auch hier, wie in De Lutte, den jüngsten Teil der gegliederten Moränen des saalezeitlichen Drenthe-Stadiums.

Aus den Vorkommen gegliederter Moränen des Drenthe-Stadiums kann man für Westfalen und die angrenzenden Bereiche folgende Unterteilung ableiten (vgl. Tab. 19):

1. Heerenveen-Gruppe (älterer Teil)
   Häufig als stark tonige Lokalmoräne entwickelt; geringer bis hoher Feuersteinanteil; sehr starke bis extrem starke Beteiligung südschwedischer Geschiebe, namentlich aus Småland; bildet in Westfalen die älteste Moräne.

2. Heerenveen-Gruppe (jüngerer Teil)
   Gewöhnlich grün- oder dunkelgrauer, stark sandiger Geschiebelehm oder -mergel; hoher Feuersteinanteil; starke Beteiligung südschwedischer Geschiebe, namentlich aus Småland – daneben relativ viel Geschiebe aus Dalarna (häufig 20 – 35%); in Westfalen die zweite Moräne.

3. Voorst-Gruppe
   Tonreiche, karminrote Moränenschollen, ohne oder mit sehr wenig Feuerstein; sehr starke bis extrem starke Beteiligung ostfennoskandischer Geschiebe; in Westfalen nicht nachgewiesen (s. Kap. 5.3.7.2.5).

4. Assen-Gruppe (älterer Teil)
   Bei Verwitterung bildet sich häufig eine rotbraune bis leberbraune Farbe ("rote Moräne"); ziemlich viel Feuerstein; sehr starke bis extrem starke Beteiligung ostfennoskandischer Geschiebe, namentlich aus Åland; in Westfalen die dritte Moräne.

5. Assen-Gruppe (jüngerer Teil)
   Wie 3.; ohne oder mit sehr wenig Feuerstein; in Westfalen die jüngste Moräne, häufig jedoch fehlend.

Die rötliche Rhenen-Moränengruppe der mittleren Niederlande (Veluwe, Utrecht, Gooi, vgl. Zandstra 1983 a) fehlt in Westfalen.

Bei den aufgezählten Moränen, mit Ausnahme der Voorst-Gruppe, handelt es sich genetisch um eine durchgehende gegliederte Folge aus sandigem bis stark sandigem Geschiebelehm und -mergel – mit Ausnahme der meistens tonreichen Lokalmoränen. Die kristallinen Leitgeschiebespektren sind grundsätzlich als primäre Zufuhrgemeinschaften zu betrachten. Lokal aufgearbeitetes Material älterer Ablagerungen kann ein verwischtes Bild verursachen (z. B. Abtragung und erneute Ablagerung von Geschieben aus Hattem-Schichten; vgl. Kap. 5.3.4).

5.3.7.2 Räumliche Verbreitung von Geschieben und Geschiebegruppen

Als wichtige Tatsache muß hervorgehoben werden, daß Geschiebe aus allen zehn Herkunftsgebieten (ZANDSTRA 1983 a, 1988) in Westfalen und den angrenzenden Gebieten vorkommen; die Anwesenheit oder das Fehlen eines Geschiebetyps in einer Aufsammlung hat deswegen keine besondere Bedeutung. Gesteine, die gleichzeitig abgelagert wurden, das heißt nur in einer bestimmten Phase der Vereisung von ihrer Heimat zu ihrer Fundstelle gelangten, und die daher zur vertikalen Gliederung der Moränen geeignet sind, wurden in der Westfälischen Bucht nicht nachgewiesen. Der

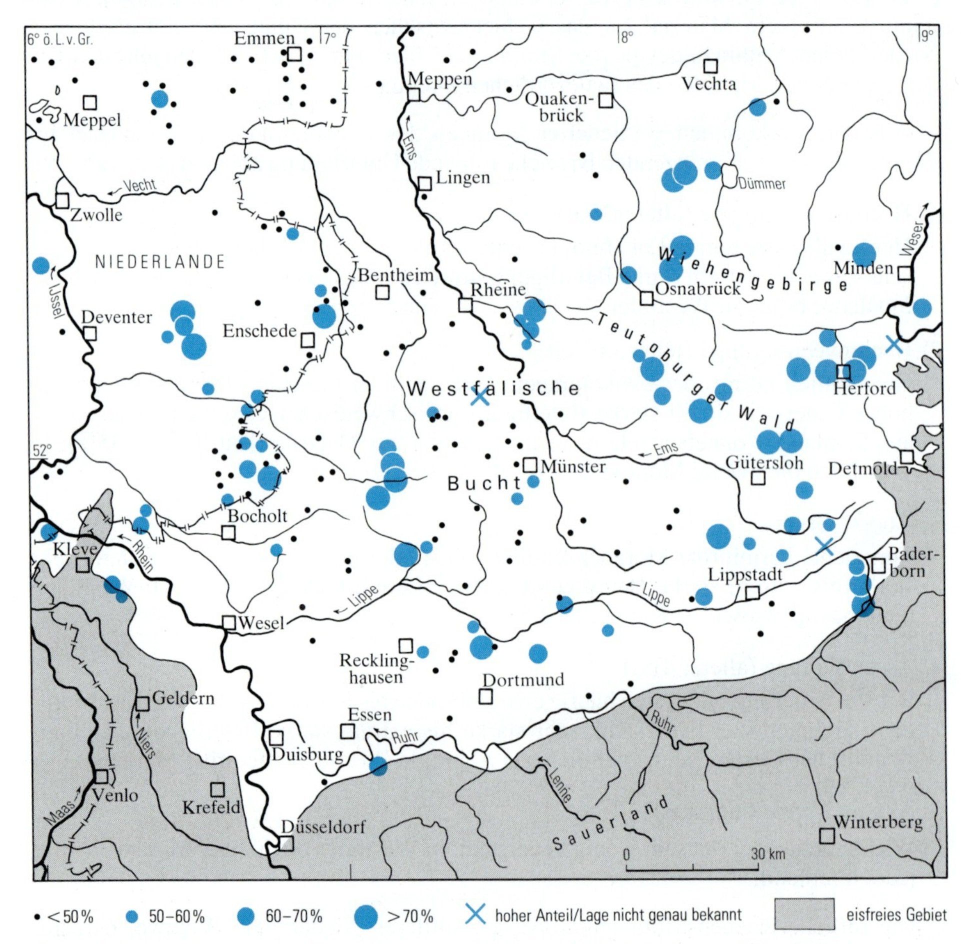

Abb. 31 Verbreitung von Leitgeschieben aus Småland, Südschweden und Bornholm

Fachausdruck "homochrone Geschiebe" für solche Gesteinstypen (HUCKE 1926) ist deswegen für dieses Gebiet nicht anwendbar. Die Anteile der einzelnen Geschiebeklassen hängen auch von der Größe der Herkunftsgebiete (Kt. 2 in der Anl.) ab. Eine Beteiligung von Geschieben aus dem Gebiet 1 (Ostfennoskandien) mit 20% der Zählsumme hat kaum

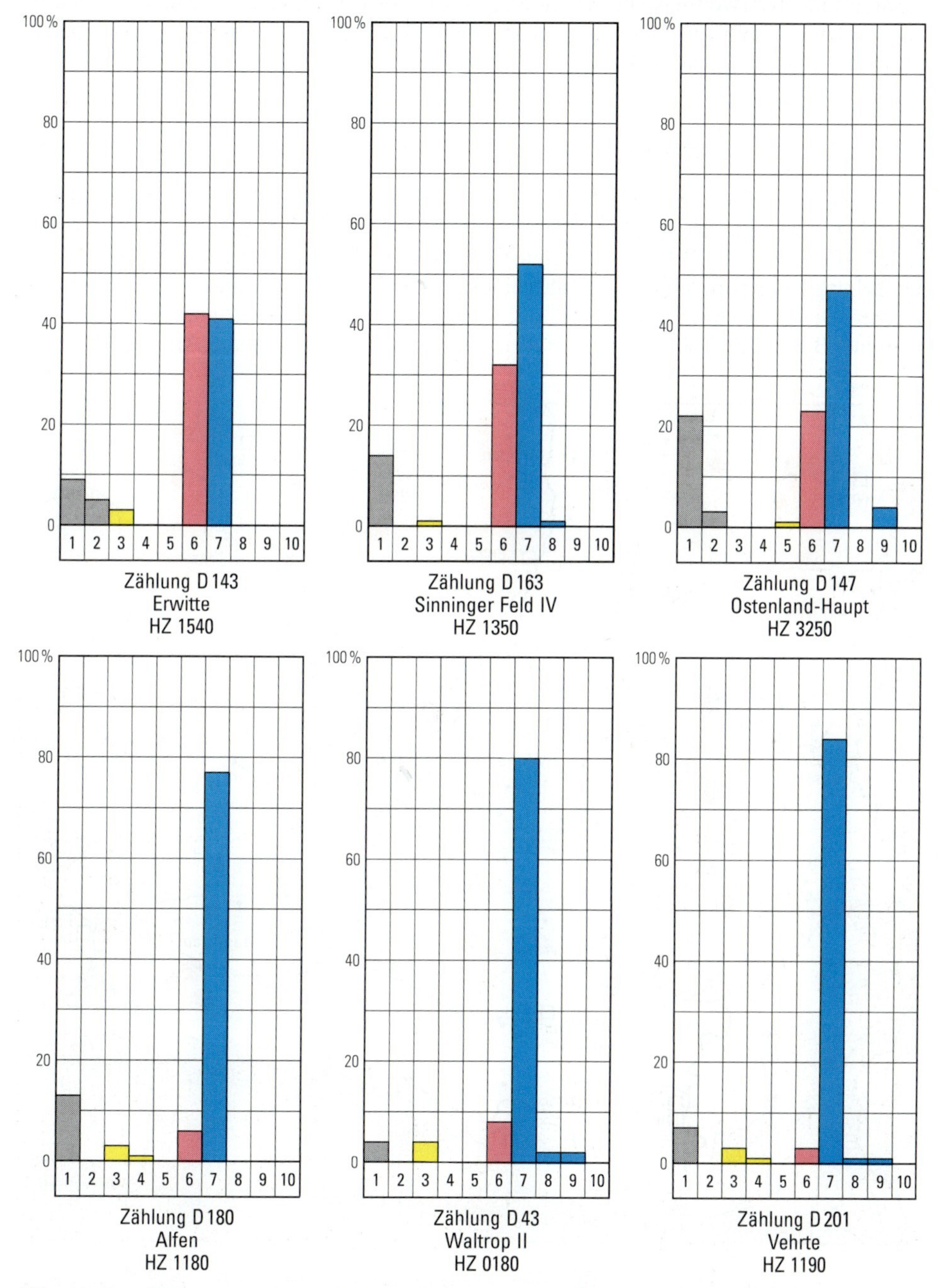

Abb. 32 Zusammensetzung von Leitgeschiebegemeinschaften mit unterschiedlichen Anteilen von Geschieben aus Dalarna und Småland (Legende s. Abb. 19)

Aussagekraft. Wenn dagegen das viel kleinere Gebiet 6 (Dalarna) irgendwo mit 20% vertreten ist, deutet das auf einen direkten Zusammenhang zwischen Ursprungs- und Ablagerungsgebiet hin – wie beispielsweise bei der zweiten, "dalarnareichen" Moräne der Heerenveen-Gruppe. Insgesamt ist allerdings das Netz der ausgezählten Geschiebeansammlungen zu weitmaschig, um kleinräumig Geschiebestreufächer zu rekonstruieren. Es wurden deshalb nur Bereiche mit mehr oder weniger einheitlicher Geschiebezusammensetzung dargestellt.

5.3.7.2.1 Die Heerenveen-Moränengruppe (älterer Teil)

Geschiebevorkommen beziehungsweise Grundmoränen mit sehr viel Material aus Småland und Umgebung (Tab. 11: Gruppe 7) finden sich über das ganze Gebiet verstreut (Abb. 31). Sehr hohe Prozentsätze treten nicht nur bis südlich der Lippe (Waltrop und Umgebung Paderborn) und bis ins Ruhrgebiet (Kupferdreh), sondern auch im Mittelgebirge (Enger, Bünde, Exter, Herford, Vehrte, Piesberg), bei Driehausen und im Gebiet der Dammer Berge auf. Abbildung 32 zeigt einige Beispiele im Diagramm (Alfen, Waltrop II

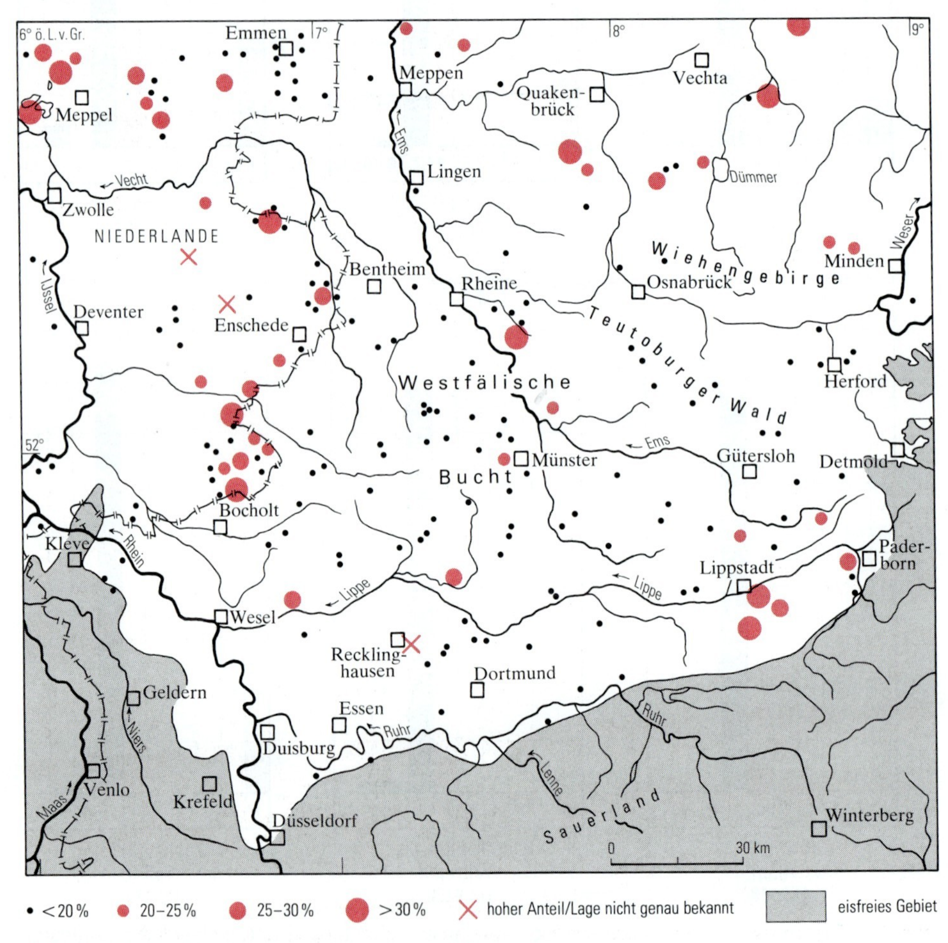

Abb. 33 Verbreitung von Leitgeschieben aus Dalarna

und Vehrte). Auch im westlichen Münsterland und in den östlichen Niederlanden sind häufig Stellen mit einem Reichtum an Småland-Geschieben zu finden. Dies macht deutlich, daß das Mittelgebirge zur Zeit dieser Inlandvereisung keine unüberwindliche Barriere bildete.

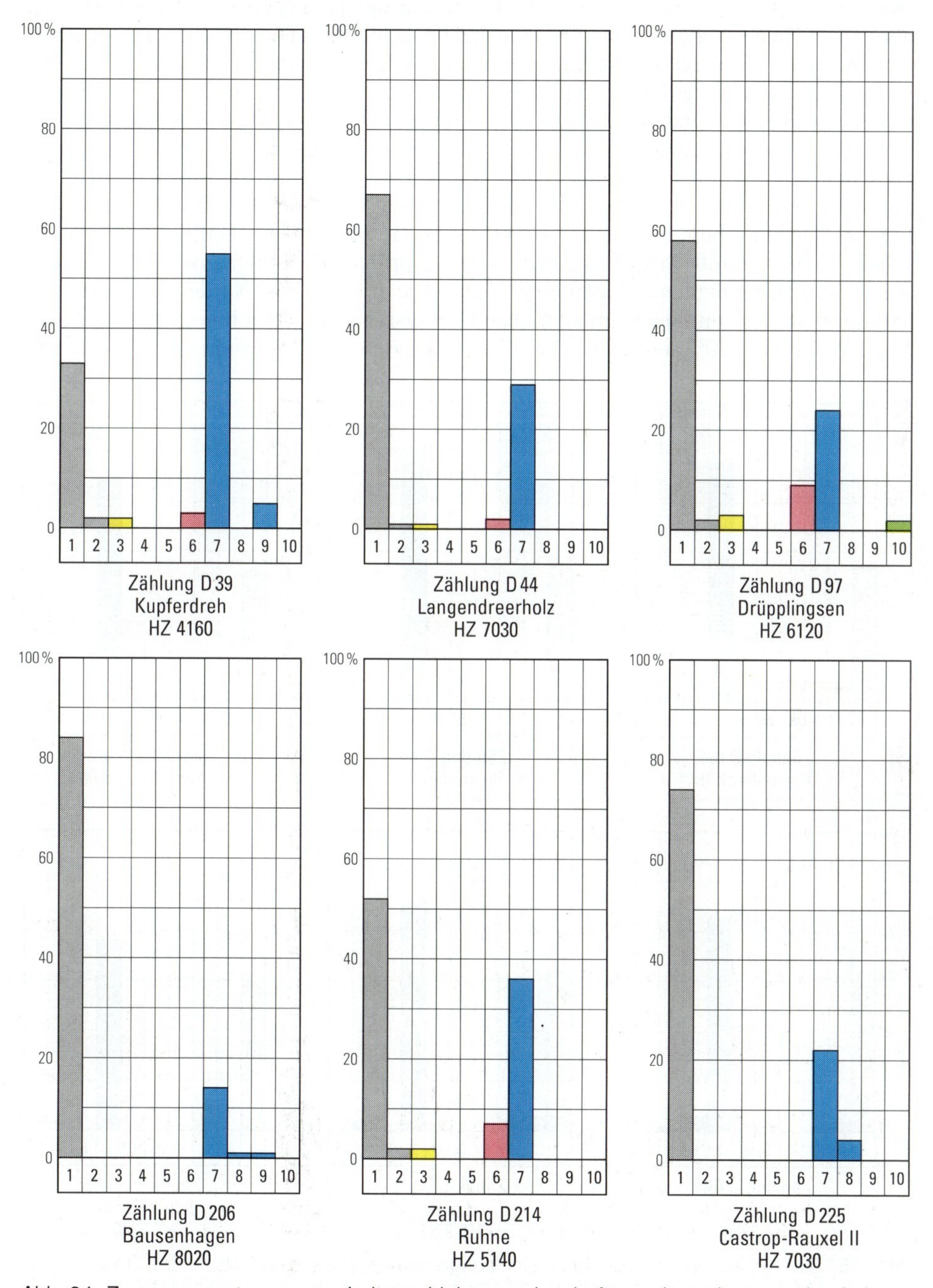

Abb. 34 Zusammensetzung von Leitgeschiebegemeinschaften mit geringem oder keinem Dalarna-Anteil zwischen Essen und Werl und südlich Castrop (Legende s. Abb. 19)

5.3.7.2.2 Die Heerenveen-Moränengruppe (jüngerer Teil)

Außerhalb Westfalens sind Geschiebegemeinschaften mit viel Dalarna-Material ziemlich verbreitet – wie zum Beispiel im Gebiet der Stauchwälle der Rehburger Phase (Kellenberg, Dammer und Fürstenauer Berge), in der Umgebung von Meppel in den nördlichen Niederlanden sowie in Twente und im Achterhoek in den östlichen Niederlanden (Abb. 33). In Westfalen ist diese Gemeinschaft viel seltener. Deutliche Beispiele bilden Zählungen in der Oberen Moräne bei Gut Ringelsbruch (Abb. 26) und in Erwitte, in Ostenland-Haupt und schließlich im Sinninger Feld nordöstlich von Münster (vgl. Abb. 32). Das Ruhrgebiet wurde offensichtlich nicht erreicht, weil die Zählungen zwischen Kupferdreh und Ruhne sowie südlich von Castrop (nordöstlich Bochum) durchschnittlich nur 3,5% Dalarna-Material enthalten (Abb. 34). Die Streuung der Fundstellen mit einem erhöhten Prozentsatz an Geschieben aus Dalarna (20 – 42%) scheint auf Eisvorstöße in Richtung Paderborn – Lippstadt, Recklinghausen – Dorsten und Winterswijk hinzudeuten. Das Mittelgebirge wurde offenbar vom Norden aus nicht mehr überquert, da hier und auch am südlichen Gebirgsrand zwischen Iburg und Paderborn keine Werte über 20% auftreten. Die schwach erhöhte Zahl (18%) in der Probe D 159

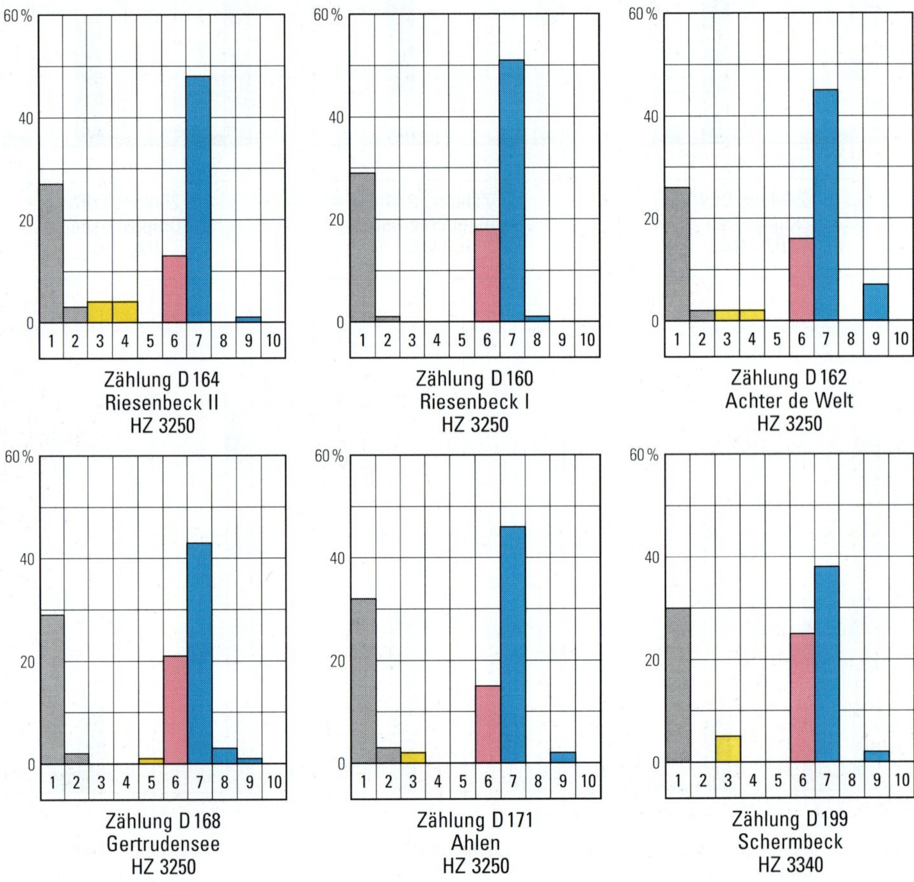

Abb. 35 Zusammensetzung von Leitgeschiebegemeinschaften einer Abart der Heerenveen-Moränengruppe und vermutlich lokaler sekundärer Mischungen (D 171, D 199) (Legende s. Abb. 19)

Borgholzhausen könnte auf eine Eiszunge hinweisen, die von Norden das Mittelgebirge erreichte und im Bereich des Borgholzhausener Quertals zumindest Schmelzwasserablagerungen hinterließ.

Im nordwestlichen Teil der Niederlande, weit westlich des Einflußgebiets einer ostfennoskandisch geprägten Eismasse (Assen-Moränentyp, vgl. Kap. 5.3.7.2.3), kommt eine Geschiebegemeinschaft mit etwas erhöhtem Gehalt an ostfennoskandischem Material vor. Mit 25 – 40% ist dieser Anteil doppelt so hoch, wie es normalerweise für die Heerenveen-Moränengruppe üblich ist. Der Prozentanteil der Småland-Geschiebe ist infolgedessen geringer. Dasselbe gilt für den Anteil der Dalarna-Geschiebe; er ist gewöhnlich jedoch noch derart hoch (ca. 15 – 25%), daß die Zusammensetzung, abgesehen von dem größeren Anteil ostfennoskandischer Geschiebe, weithin mit dem Teil der Heerenveen-Gruppe übereinstimmt, der reich an Dalarna-Material ist. Eine solche Übergangsgemeinschaft von der Heerenveen- zur Assen-Gruppe wird als Vorbote der folgenden Eismasse gedeutet (Tab. 19). In Westfalen gibt es nur wenige Stellen mit einem derartigen Mischbestand – wie zum Beispiel im nordöstlichen Teil der Westfälischen

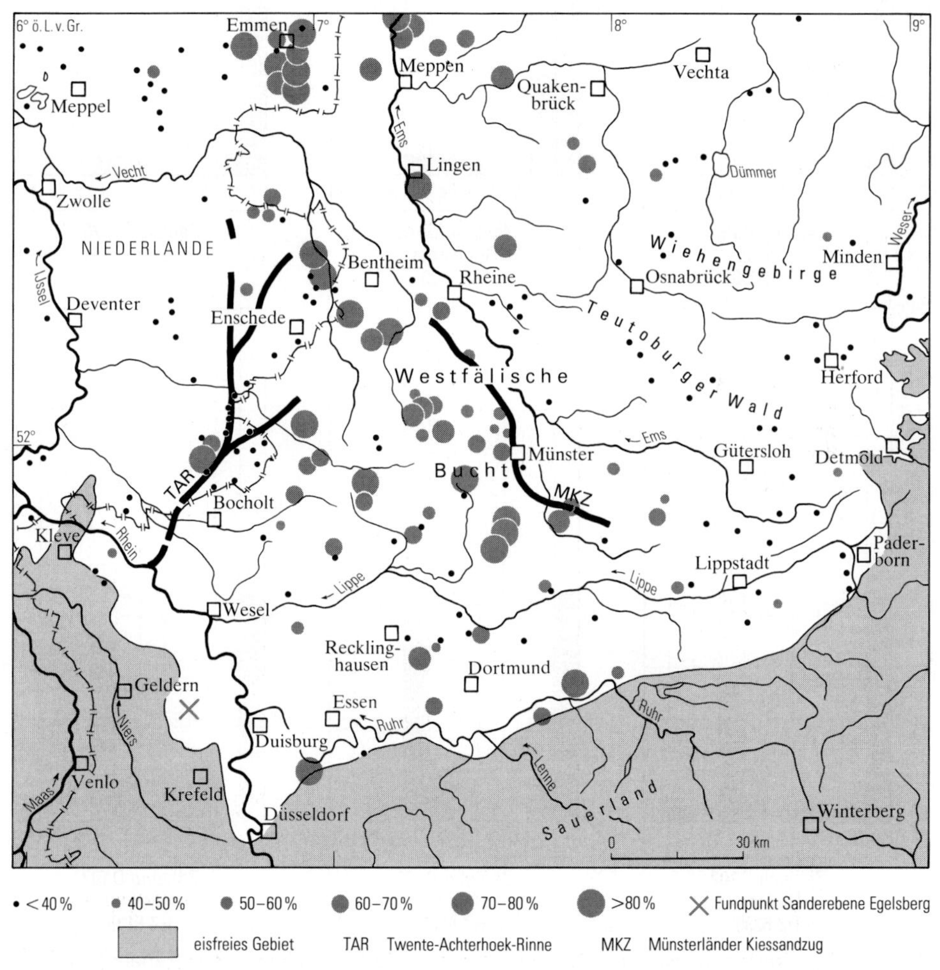

Abb. 36 Verbreitung von Leitgeschieben aus dem ostfennoskandischen Raum (unter Einbezug von rotem Ostsee-Quarzporphyr)

Bucht östlich von Rheine (Riesenbeck, Abb. 35). Auch das Vorkommen bei "Achter de Welt" südlich von Georgsmarienhütte im Teutoburger Wald läßt sich in diese Gruppe einordnen; aus Mangel an zuverlässigen Angaben läßt sich die Zufuhrlinie des Eises dort

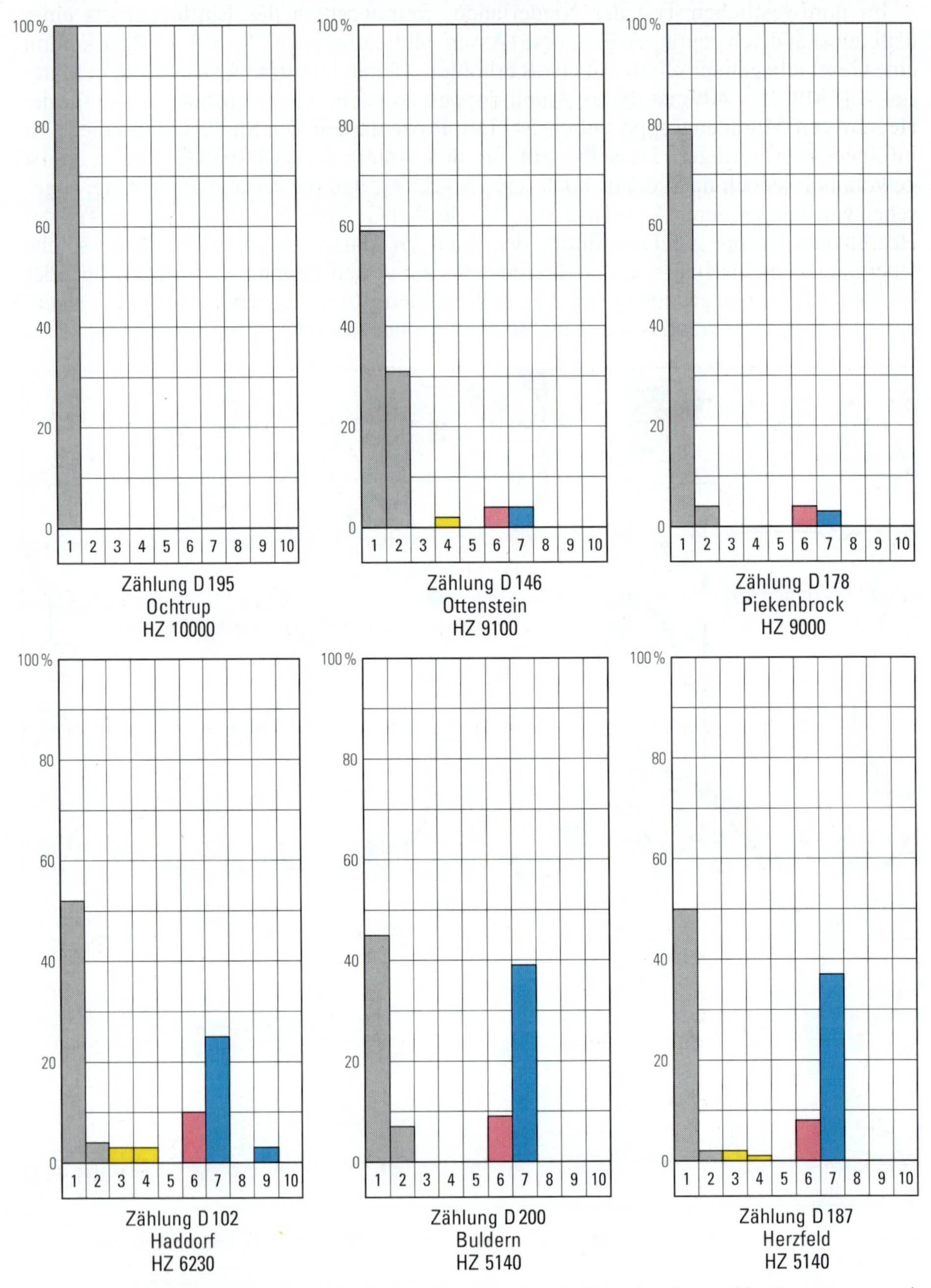

Abb. 37 Zusammensetzung von Leitgeschiebegemeinschaften der Assen-Moränengruppe mit ostfennoskandischer Geschiebevormacht (oben) und Mischungen von Material der Assen- und Heerenveen-Moränengruppe (unten) (Legende s. Abb. 19)

leider nicht ableiten. Die Obere Moräne in der Grube Kuhfuß bei Coesfeld scheint zu derselben Abart der Heerenveen-Gruppe zu gehören (Abb. 26) – ebenso wie der obere Teil der Moräne bei Gertrudensee (Anh., S. 140/141: Zählung D 168; Abb. 35). In Gebieten mit einer Bedeckung des "dalarnareichen" Emsland-Gletschers und des "ostfennoskandischen" Emsland-Gletschers (s. Kap. 5.3.7.5) ist die genannte primäre Abart der Heerenveen-Moränengruppe gegenüber lokalen, sekundären Mischgesellschaften auf Äckern nicht zu unterscheiden; Beispiele sind die Zählungen D 171 Ahlen und D 199 Schermbeck (Abb. 35), weiter D 209 Lembeck und D 211 Raesfeld-Homer (s. Anh., S. 142/143).

5.3.7.2.3 Die Assen-Moränengruppe (älterer Teil)

Die Geschiebegemeinschaft mit sehr starker Beteiligung von Gesteinen aus den ostfennoskandischen Herkunftsgebieten 1 und 2 ist sehr deutlich in einem großen, ziemlich schmalen Gebiet entwickelt, das sich zwischen Rheine und Enschede nochmals verschmälert (Abb. 36). Auf Karte 2 (in der Anl.) ist erkennbar, daß das Inlandeis auch diesmal das Mittelgebirge beinah erreichte, aber nicht überquerte. Entgegen der Ansicht von van den Berg & Beets (1987) war der nordöstliche Teil der Westfälischen Bucht nicht vom "ostfennoskandischen" Eis bedeckt. Die westliche Grenze dieser Moräne verläuft ungefähr von Südostdrenthe über Osttwente und Ottenstein nach Borken und biegt dann westwärts nach Dingden – Bocholt um. In diesem Bereich stellten Braun & Dahm-Arens & Bolsenkötter (1968) eine Grundmoräne mit überwiegend ostfennoskandischem Geschiebeinhalt fest. Abbildung 37 zeigt die Zusammensetzung in Ochtrup, Ottenstein und Piekenbrock. Wahrscheinlich wurde auch der angrenzende niederländische Achterhoek (Winterswijk und Umgebung) von dieser Eismasse bedeckt; geschiebekundliche Hinweise für diese Theorie sind spärlich, weil in diesem Gebiet mit 20 Zählungen nur zweimal eine ostfennoskandische Geschiebegemeinschaft festgestellt wurde (Zandstra 1993).

Von dem Geschiebemergel in Ochtrup wurde neben der Zählung der kristallinen Leitgeschiebe und der Bestimmung der Kieszusammensetzung auch eine Analyse der transparenten Schwerminerale von der Fraktion 0,032–0,315 mm durchgeführt (Untersuchung U. Wefels, Geol. L.-Amt Nordrh.-Westf.). Diese Analyse enthält 22,5% Granat, 25,0% Epidot, 17,0% grüne Hornblende, 4,0% parametamorphe Minerale und 2,5% übrige Minerale. Eine derartige Zusammensetzung schließt sich eng an die Ergebnisse für den feuersteinreichen Teil der Assen-Moränengruppe in Drenthe an (Zandstra 1976, Zandstra in Bosch 1990: 82).

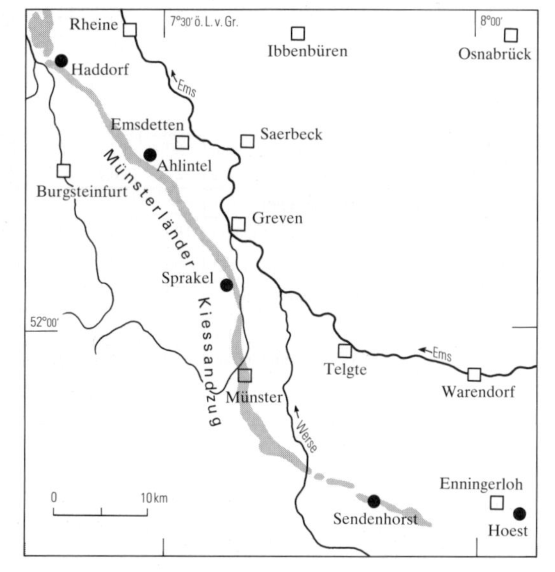

Abb. 38
Stellen mit neuen Zählungen kristalliner Leitgeschiebe im Bereich des Münsterländer Kiessandzugs

Tabelle 20

Neue Geschiebezählungen aus dem Münsterländer Kiessandzug (von NW nach SE)

Einteilung: I–IV nach HESEMANN (1930, 1939)		D102	D108	D161	D174	D169	Einteilung: 1–10 nach ZANDSTRA (1983 a)	D102	D108	D161	D174	D169
		Leitgeschiebe (Anzahl)					Gruppe	Leitgeschiebe (%)				
I	Åland-Rapakivi	12	13	11	2	10	1	52	54	57	45	51
	Åland-Granit und -Granophyr	37	22	26	24	30						
	Åland-Granit- und -Quarzporphyr	2	7	3	4	5						
	Prickgranit	2	1	8		4						
	monzonitische Randformen von Rapakivi				1							
	finnischer Rapakivi und Rapakivi-Granit	3	1	4								
	roter finnischer Rapakivi-Granitporphyr				1							
	finnischer Pyterlit		3									
	Bottenmeer-Gneisgranit				2							
	Rödö-Rapakivi			1								
	Rödö-Granit		1	2								
	Rödö-Quarzporphyr			1								
	Ragunda-Granit		1									
	ostbaltischer Rapakivi-Aplitgranit				2							
	grauer und roter Revsund-Granit	1	2									
	roter Ostsee-Quarzporphyr	4	5	4	16	9	2	4	5	4	20	9
	Summe	61	56	60	52	58						
	%	56,0	59,6	61,3	65,0	59,8						
II	brauner Ostsee-Quarzporphyr	3	1		1		3	3	1		1	
	Uppsala- und Sala-Granit	3		1			4	3		1		
	Stockholm-Granit		1			1	5		1			1
	Dala-Granit	3				1	6	10	10	11	9	5
	Bredvad-Porphyr	1	5	3	4	3						
	Ålvdal-Porphyr	1	1									
	übrige Dala-Feldspatporphyre	1	2	2	1	1						
	Kallberget-Porphyr			1	1							
	übrige Dala-Quarzporphyre	2		2								
	Grönklitt-Porphyrit	4	1	2	1							
	Venjan-Porphyrit			1								
	Summe	18	11	12	8	6						
	%	16,5	11,7	12,2	10,0	6,2						
III	Småland-Granit	24	23	26	16	33	7	25	27	27	25	34
	Småland-Porphyr	3	2		4							
	südschwedische Geschiebe						8					
	Bornholm-Granit	3	2				9	3	2			
	Summe	30	27	26	20	33						
	%	27,5	28,7	26,5	25,0	34,0						
IV	Geschiebe aus dem Oslo-Graben						10					
	Gesamt	109	95	98	80	97						
	auf-/abgerundet (%) I	56	59	61	65	60						
	II	16	12	12	10	6						
	III	28	29	27	25	34						
	IV											
	Verhältniszahl	6230	6130	6130	6130	6130						
							Geschiebekombinationsklasse	34	34	34	34	34

Zählung D 102: Haddorf, Grube Nottekämper (Naßabgrabung)

Zählung D 108: Ahlintel (Abgrabung)

Zählung D 161: Sprakel (ehemalige Kiessandgrube)

Zählung D 174: Sendenhorst (Ackerlesesteine)

Zählung D 169: Ennigerloh-Hoest (ehemalige Naßabgrabung)

Die südlichsten Fundpunkte dieser Moräne liegen bei Kettwig ("Am Steinberg") und Drüpplingsen (vgl. Abb. 34 u. Tab. 24). Westlich des Rheins, zwischen Kleve und Nimwegen, ist über diese Geschiebegemeinschaft fast nichts bekannt. GRÜNER (1975) und LANSER (1983) erwähnen von HESEMANN bestimmte Leitgeschiebe; sie wurden im Stauchwallgebiet nördlich, westlich und südlich von Kamp-Lintfort und auf den Sanderebenen der Bönninghardt und des Egelsbergs gesammelt. Von insgesamt 25 Stück sind 16 im ostfennoskandischen Raum (64%) und neun in Mittel- und Südschweden (36%) beheimatet (Abb. 36: x = Fundpunkt). Somit muß Eis mit einer überwiegend ostfennoskandischen Geschiebefracht bis links des Rheins vorgedrungen sein.

Alle Stellen mit sehr hohen Werten ostfennoskandischen Materials (70% und mehr) liegen westlich des Münsterländer Kiessandzugs. Die Zählungen aus diesem Zug zwischen Haddorf und Hoest (Abb. 38) zeigen ebenfalls eine merkliche, aber dennoch deutlich geringere Beteiligung ostfennoskandischer Geschiebe (Tab. 20). Die Ursache ist wahrscheinlich in der Aufarbeitung von Moränen der Heerenveen-Gruppe zu suchen.

In Abbildung 39 ist die Verteilung von rotem Ostsee-Quarzporphyr (Herkunftsgebiet 2) gesondert dargestellt, um eine Übereinstimmung der Ausbreitung dieses südlich von

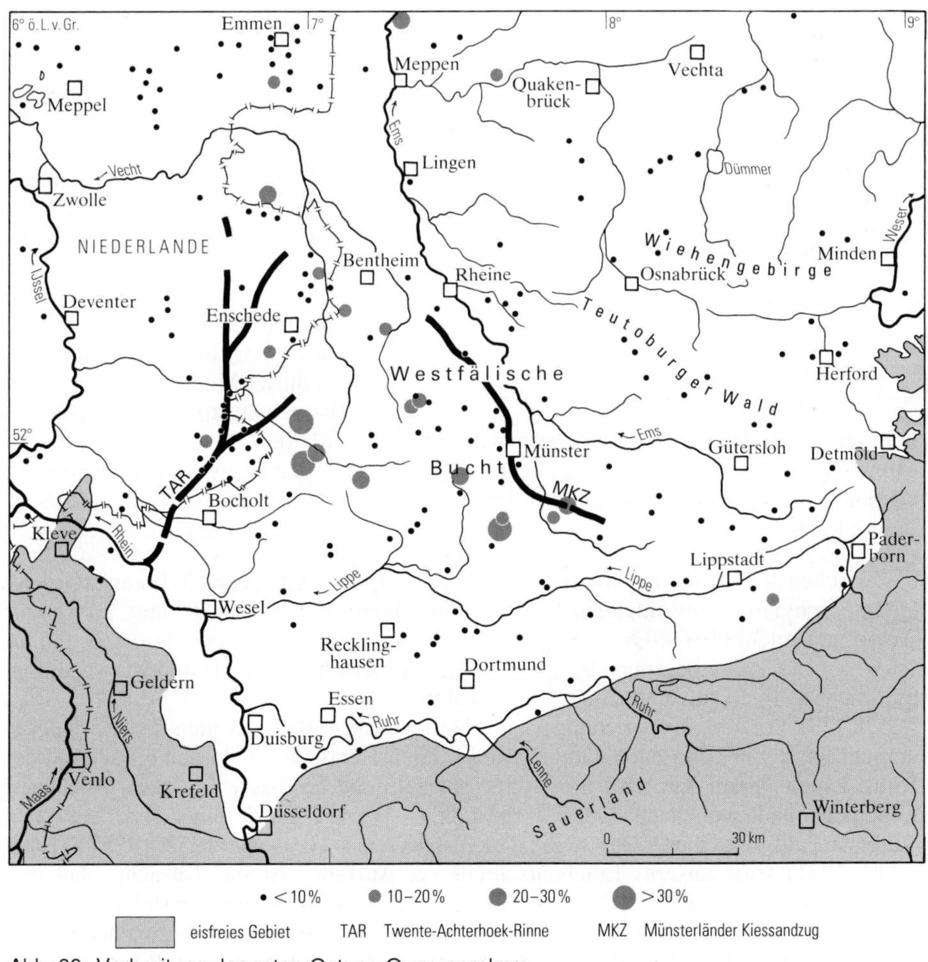

Abb. 39 Verbreitung des roten Ostsee-Quarzporphyrs

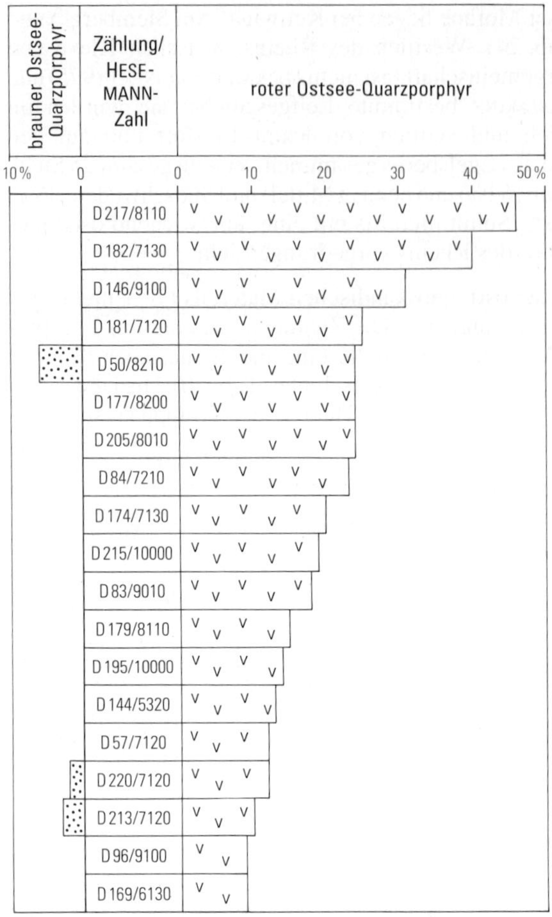

brauner Ostsee-Quarzporphyr
Zählung/ HESEMANN-Zahl
roter Ostsee-Quarzporphyr
10% 0 0 10 20 30 40 50%
D 217/8110
D 182/7130
D 146/9100
D 181/7120
D 50/8210
D 177/8200
D 205/8010
D 84/7210
D 174/7130
D 215/10000
D 83/9010
D 179/8110
D 195/10000
D 144/5320
D 57/7120
D 220/7120
D 213/7120
D 96/9100
D 169/6130

Abb. 40
Zusammenhang von höheren Anteilen des roten Ostsee-Quarzporphyrs mit überwiegend ostfennoskandischen Geschiebegemeinschaften

Åland beheimateten Geschiebes mit der räumlichen Verbreitung der Gruppe 1 zu prüfen. Diese Darstellung zeigt tatsächlich eine hohe Übereinstimmung mit Abbildung 36. Die Zählung in Geseke bei Lippstadt mit 13% rotem Ostsee-Quarzporphyr ist ein Hinweis, daß Material mit viel ostfennoskandischen Geschieben weit nach Südosten verfrachtet worden ist. Das Streufeld dieses Porphyrs ist aber geringer als das der gesamten ostbaltischen Gemeinschaft; die südliche Begrenzung des Gebiets mit einem erhöhten Anteil reicht nur bis zur Linie Winterswijk – Dülmen – Drensteinfurt, während die übrigen ostfennoskandischen Geschiebe bis zum Südrand der Westfälischen Bucht vorhanden sind. Es handelt sich bei dieser Moräne mit viel rotem Ostsee-Quarzporphyr wahrscheinlich um den Bodensatz einer Nachphase der Eismasse, die den älteren Teil der Assen-Moränengruppe hinterließ. Dieses Ergebnis beweist, daß quantitative Angaben über ein bestimmtes Leitgeschiebe detaillierte Hinweise in bezug auf die Vereisungsvorgänge liefern können.

Zwischen den Herkunftsgebieten 1 und 2 und dem Herkunftsgebiet 3 (brauner Ostsee-Quarzporphyr) besteht entgegen früheren Ansichten keinerlei Beziehung. Ein hoher Anteil von rotem Ostsee-Quarzporphyr beziehungsweise eine Vormacht der ostfennoskandischen Geschiebegruppe ist nur in einem Fall (Zählung D 50 Haren III) mit einem merklichen Anteil an braunem Ostsee-Quarzporphyr gekoppelt (vgl. Abb. 40; Anh., S. 138/139). Vorkommen beziehungsweise Häufigkeit der ostfennoskandischen Geschiebegemeinschaft von Groningen, Drenthe und Lingen-Herzlake im Norden bis südlich der Ruhr deuten darauf hin, daß die letzte saalezeitliche Eismasse mit dem erwähnten Geschiebeinhalt weit nach Süden vorgestoßen ist. Die Theorie einer elsterzeitlichen Vereisung aufgrund dieser Geschiebegemeinschaft (u. a. HESEMANN 1957, 1975 a; THOME 1990, 1991) trifft unseres Erachtens nicht zu. Auffällig ist die Tatsache, daß ostfennoskandisch geprägte Geschiebegemeinschaften im wesentlichen nur südwestlich und innerhalb des Münsterländer Kiessandzugs auftreten und in dem nach Nordosten anschließenden Bereich der Westfälischen Bucht und auch im Osnabrücker Bergland nicht vorkommen. Das wirft erneut die Frage nach der Genese des Münsterländer Kiessandzugs auf, der zuerst als Endmoräne einer von Nordosten vordringenden Eismasse aufgefaßt (WEGNER 1910), in den letzten Jahren aber überwiegend als Os gedeutet wurde (THIERMANN 1979, 1985; THOME 1980 b; s. auch Kap. 5.3.7.6).

5.3.7.2.4 Die Assen-Moränengruppe (jüngerer Teil)

Das obere Glied der Assen-Gruppe ist nahezu feuersteinfrei (vgl. Kap. 5.3.7.1, Fundpunkt Emmerschans). Im übrigen stimmt die Geschiebegemeinschaft mit dem feuersteinreichen unteren Teil überein; eine sichere Identifizierung ist deswegen nur mit Kenntnis des Feuersteingehalts möglich (Tab. 21: Driland und Lingen). Die wichtigsten

Tabelle 21

Fein- und Grobkiesanalysen in Aufschlüssen mit Zählungen kristalliner Leitgeschiebe

Zählung der Leitgeschiebe	Fundort	Verhältniszahl nach HESEMANN (1930, 1939)	Korngrößenbereich (mm)	Kiesanalyse	Anzahl	Gangquarz (%)	Restquarz (%)	Feuerstein (%)	Kristallin (%)	Kalkstein (%)	sedimentäre Restgruppe (%)	Kiestyp (3–5 mm) (s. Anh., S. 137)
D 44	Langendreerholz	7030	3– 5	9431	38	7,9	7,9	7,9	10,4	7,9	58,0	FG II
			5–20	9432	200	8,5	0,5	2,0	6,0	11,5	71,0	
D 50	Haren III	8210	3– 5	8140	300	12,0	26,3	10,0	36,1		15,6	DG I
D 83	Driland bei Gronau	9010	3– 5	8120	300		3,7	1,0	30,0	58,3	7,0	DG III
			5–20	8121	215	0,5	0,9	0,5	21,4	73,0	3,7	
			20–64	8122	699	0,1	0,2	1,3	49,0	37,6	11,8	
D 88	Ossenbeck bei Damme	1180	3– 5	9302	300	2,7	19,6	6,0	31,8	23,3	16,6	DG IV
D 96	Lingen/Ems	9100	3– 5	8963	300	0,7	11,6	0,7	44,7	32,3	10,0	DG III
			5–20	8964	87	1,1	9,3		41,5	35,7	11,4	
D 97	Drüpplingsen	6120	20–64		611			11,8	67,1		21,1	
D 99	Am Steinberg bei Kettwig	9010	3– 5	9184	300	17,0	4,0	1,0	2,6		75,4	FG II
			5–20	9185	200	12,5	1,0		0,5		86,0	
D 103	Eselsheide bei Stukenbrock	4150	3– 5	9480	147	2,0	19,2	7,4	56,5		14,9	DG I
D 108	Ahlintel	6130	3– 5	9786	200	12,5	32,0	4,5	34,5		16,5	DG I
D 154	Hausdülmen, Probe A	1180	3– 5	9787	200	35,0	32,5	3,0	13,0	3,0	13,5	
	Probe A		5–20	9788	200	27,5	13,0	9,5	16,5	11,5	22,0	
	Probe B		3– 5	9789	200	59,5	34,0				6,5	
	Probe B		5–20	9790	200	58,0	25,0	1,0			16,0	
D 169	Enningerloh-Hoest	6130	3– 5	9806	300	3,3	9,7	6,7	21,0	40,6	18,7	
			5–20	9807	200	2,0	3,5	7,0	20,5	52,5	14,5	
D 195	Ochtrup	10000	3– 5	9784	300		22,0	6,3	28,7	32,8	10,2	DG IV
			5–20	9785	113	1,2	2,6	14,2	37,2	37,2	7,9	
249	De Lutte bei Oldenzaal [1]		3– 5	6378	167	3,6	21,5	3,6	26,4	31,1	13,8	DG IV
D 216	Coesfeld-Flamschen, [2]	7120	5–20	9858	119	3,7	10,1	18,4	49,4		18,4	
	Abgrabung [3]		5–20	9868	158	0,6	2,5	7,6	79,8		9,5	

[1] Bohrprobe Grote Lutterveld nördlich Losser [2] Obere Moräne [3] Untere Moräne

Analyse: A. W. BURGER und J. G. ZANDSTRA

Fundpunkte mit einer Zählung der Leitgeschiebe sowie Kiesanalysen liegen zwischen Emmerschans in Drenthe (vgl. Kap. 5.3.7.1) und Driland bei Gronau (Abb. 41). Es handelt sich dabei um sandigen, leberbraunen bis braunroten Geschiebelehm und -mergel, um dunkelgrauen Geschiebemergel (die "rote Moräne" ist nicht überall rötlich!) und um eine Geschiebesohle (Getelo westlich Nordhorn). In Westfalen trifft der Ausdruck "rote Moräne" für Moränen der Assen-Gruppe gewöhnlich nicht zu; Ursache ist die überwiegende Entwicklung als Lokalmoräne. Aufnahme von tonreichen mesozoischen Gesteinen hat an vielen Stellen eine dunkelgraue oder graubraune Farbe verursacht.

Die Fundstelle Krefeld (Abb. 41) bezieht sich auf eine Bohrung an der St. Töniser Straße. In kiesigen Feinsanden tritt dort zwischen 18,40 und 23,80 m Tiefe mit einem Anteil von ca. 35% frisches, eckiges nördliches Kristallin auf, während Feuerstein fehlt (Zandstra 1965, Lanser 1983). Diese Ablagerung wurde durch Maarleveld (1956 a) als fluvioglaziale Bildung bezeichnet. Nach Klostermann (1985) dürfte es sich um eine Ablagerung der Unteren Mittelterrasse 3 handeln, die nach Thome (1958) während des Eisrückzugs entstanden ist. Das Verhältnis von weißem, trübem Gangquarz zu transpa-

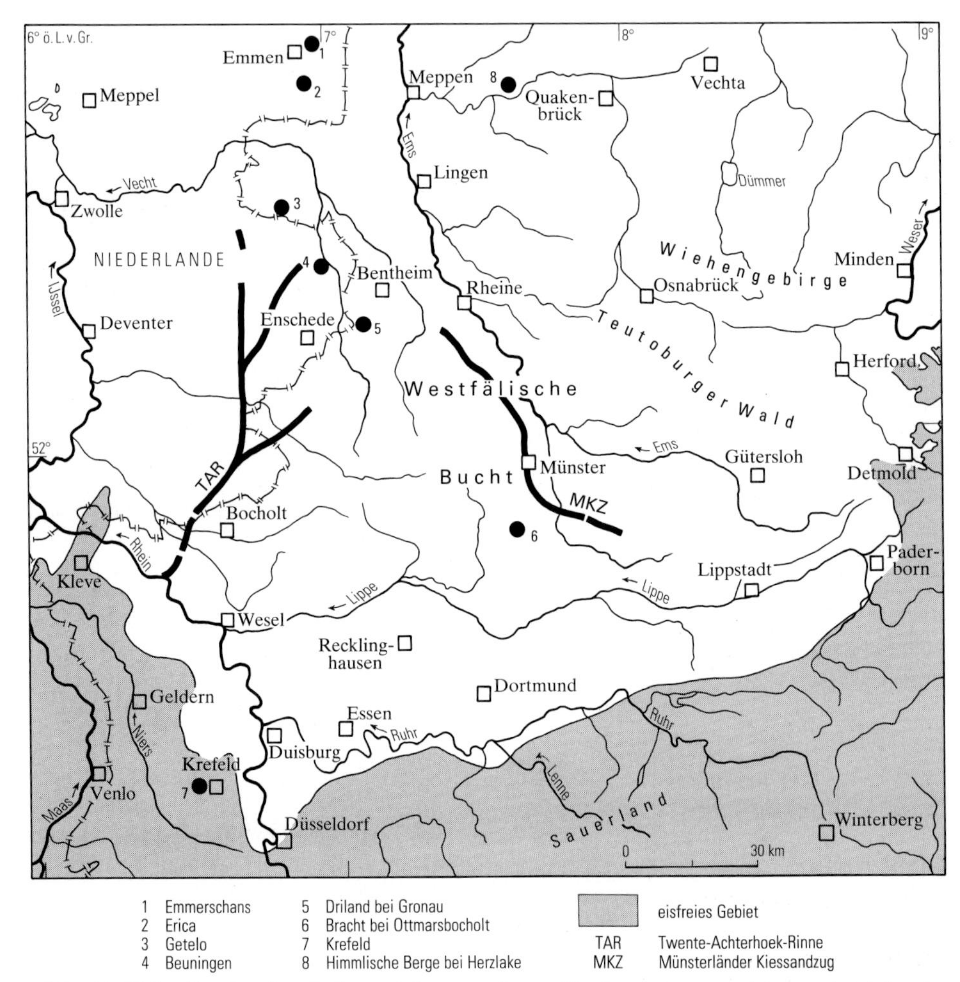

Abb. 41 Einige Fundpunkte der feuersteinarmen Assen-Moränengruppe und davon abzuleitender Ablagerungen

rentem "Restquarz" (1 : 3 bis 1 : 4) ist kennzeichnend für saalezeitliche Moränen und damit in Beziehung stehenden Ablagerungen (Abb. 42). Außerdem gibt die Höhe des Restquarzanteils (22 – 29%) einen Hinweis, daß weiße Kiessande des frühpleistozänen baltischen Flußsystems (vgl. Kap. 5.3.3) vom Gletscher aufgearbeitet und verfrachtet worden sind. Auch die Stellung des fluvioglazialen Schichtenpakets zwischen der unterlagernden Mittleren Mittelterrasse (Rinnenschotter) und der überlagernden Krefelder Mittelterrasse (Verhältnis von Gangquarz zu Restquarz für beide Terrassen 5 : 1 bis 3 : 1) garantiert ein saalezeitliches Alter (s. auch KLOSTERMANN 1992: 121).

Aus den Geschiebezählungen geht hervor, daß die Geschiebegemeinschaften in Westfalen und angrenzenden Gebieten wesentlich aus Material der Herkunftsgebiete 1, 2, 6 und 7 bestehen. Gruppe 3 mit dem braunen Ostsee-Quarzporphyr tritt stark zurück. Die Auffassung von KORN (1927) und HESEMANN (1975 a), daß dieses Gestein besonders in ostfennoskandischen Geschiebegemeinschaften auftritt, trifft für Westfalen nicht zu. Der Einfluß des Herkunftsgebiets Uppland (Gruppe 4) auf die Zusammensetzung des Geschiebebestandes in der Westfälischen Bucht kann unberücksichtigt bleiben. Im Ijsseltal zwischen Zwolle und Nimwegen ist der Anteil etwas erhöht (10 – 17% der Zählsumme). Sehr hohe Prozentsätze beschränken sich auf Utrecht, Gooi und die Veluwe in den mittleren Niederlanden (ZANDSTRA 1983 a: Abb. 4). Die Geschiebe der Gruppe 10 (Oslo-

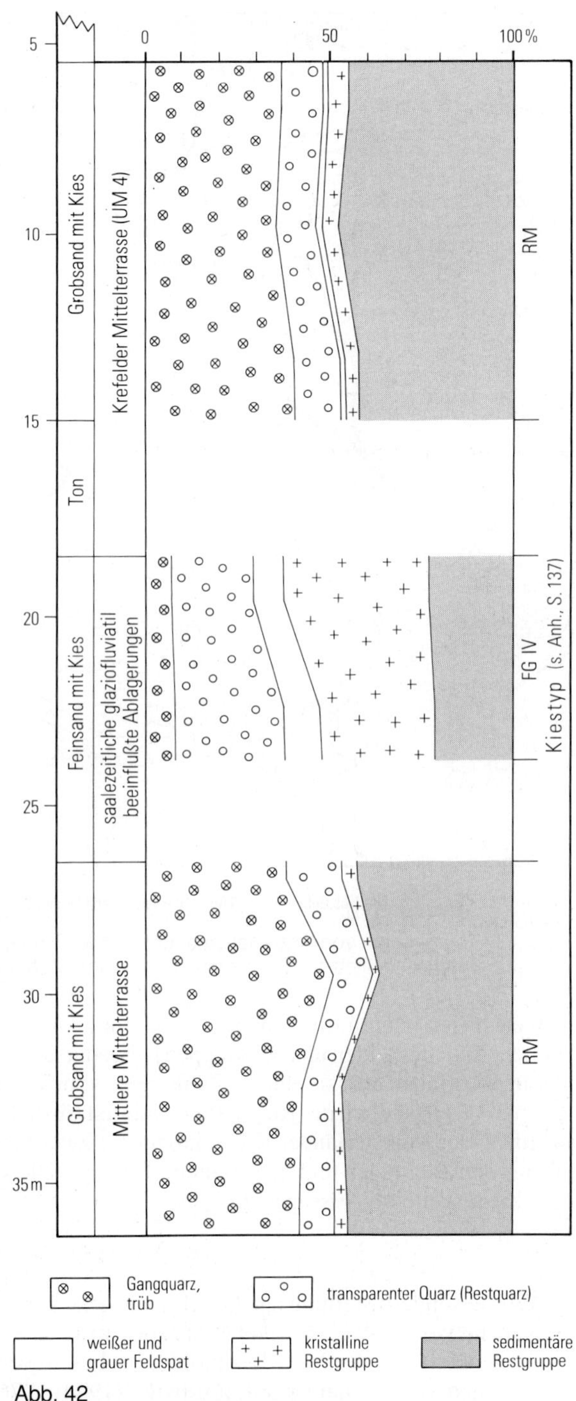

Abb. 42

Kieszusammensetzung in einer Bohrung in Krefeld, St. Töniser Straße (Fraktion 3 – 5 mm); Kalkstein fehlt

Analyse: J. G. ZANDSTRA

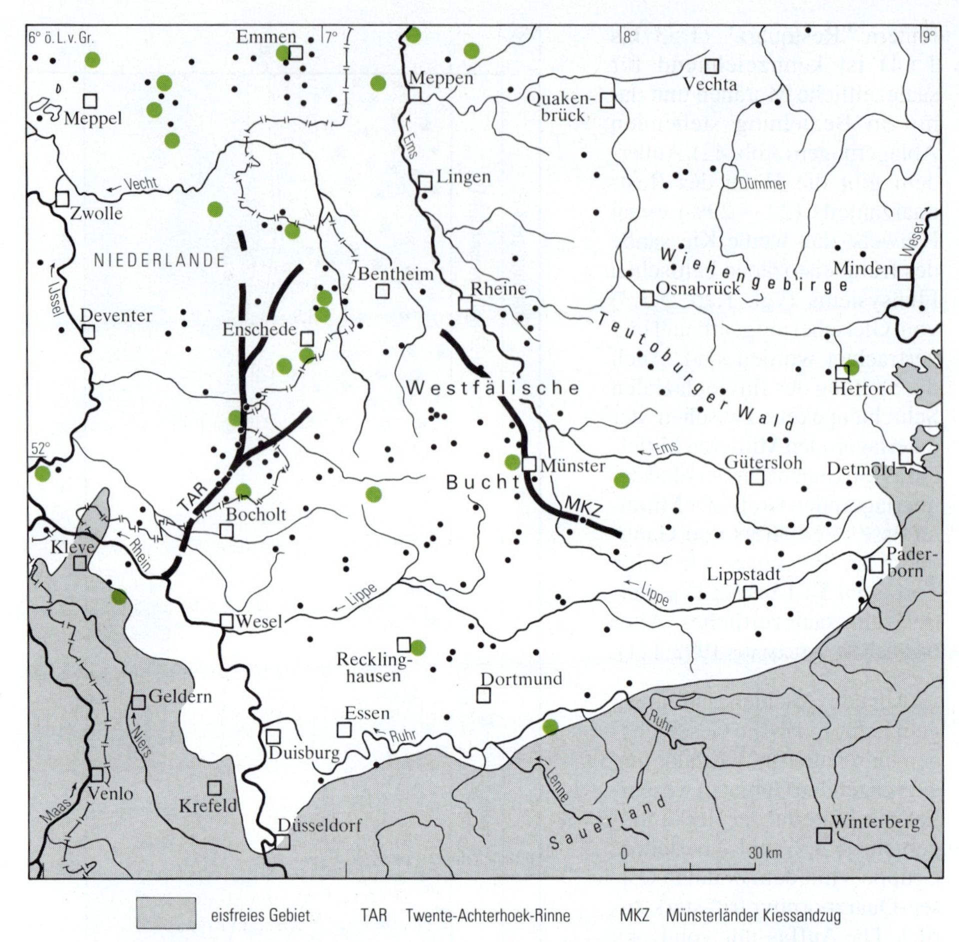

Abb. 43 Vorkommen von Material aus dem Oslo-Graben in Leitgeschiebezählungen (Anteil durchschnittlich 1 – 2%); schwarze Punkte: Zählungen ohne Oslo-Geschiebe

gebiet) haben quantitativ keinerlei Bedeutung (Abb. 43 u. Anh., S. 138 – 143). In den östlichen Niederlanden und bei Meppen in Niedersachsen sind sie etwas häufiger vertreten als in Westfalen, wo sie nur in Zählungen von Moyland bei Kleve, Recklinghausen, Drüpplingsen (südlich der Ruhr), Freckenhorst (östlich Münster) und Herford beobachtet wurden. Der Münsterländer Kiessandzug hat zwar vereinzelt Oslo-Geschiebe geliefert, aber in den Zählungen fehlt jede Spur (s. Tab. 20). Die Verbreitung dieser Gesteinsgruppe läßt keine weiteren Aussagen zu.

5.3.7.2.5 Die Voorst-Moränengruppe

Eine besondere Stellung hat die sehr tonreiche karminrote Moräne, die zum ersten Mal eingehend von de Waard (1944, 1949) beschrieben wurde. Sie umfaßt den sogenannten "schollenkeileem" der Noordoostpolder im Ijsselmeergebiet und tritt auch in den nördlichen Niederlanden häufig auf. Zandstra (1974, 1976, 1978) rechnet diese Moräne zur Voorst-Gruppe. Als besondere Merkmale gelten die Farbe sowie der hohe Anteil an Ton, Kalk und sekundären Kalkkonkretionen. Weiterhin ist diese Moräne gekennzeichnet durch einen Gehalt an Kalkstein von ca. 50 – 75% in unverwittertem Geschiebemergel, durch einen Hämatitreichtum in der Grundmasse, durch silurische (und devonische) Dolomite und durch einen Anteil von > 50% grüner Hornblende in der Schwermineralfraktion. Weitere Merkmale sind der geringe Gehalt an Quarz (4 – 9%) und Feuerstein (0 – 2%) in der Feinkiesfraktion sowie das Fehlen von Kreide-Kalkstein.

Dieser kalkreiche Voorst-Typ hat mit einem entkalkten Assen-Typ nur die Farbe und den ostfennoskandischen Geschiebeinhalt gemein; dasselbe gilt für den entkalkten "schollenkeileem". Die bis mehr als 100 m langen Schollen der Voorst-Moränengruppe "schwimmen" in der Heerenveen-Gruppe. Nach Rappol & Kluiving & van der Wateren (1991) kommen kleinere Schollen dieser Moräne, eingebettet in normalem Geschiebelehm, auch in De Lutte nahe der niederländisch-niedersächsischen Grenze westlich von Bentheim vor. In Westfalen und im Achterhoek (Gelderland) sind Schollen der Voorst-Gruppe bisher nicht bekanntgeworden. Im angrenzenden Niedersachsen wurde in der Grube Staelberg bei Emsbüren eine entkalkte Linse nachgewiesen (K.-D. Meyer 1988 a, 1988 b); nach der niederländischen Moräneneinteilung handelt es sich dort um den Oudemirdum-Typ (s. Zandstra 1974, 1976 u. Tab. 19). Nach K.-D. Meyer ist Emsbüren die einzige Stelle, wo im Emsland derzeit diese ton- und schluffreiche rote Moräne aufgeschlossen ist. In unserem Untersuchungsgebiet tritt diese sehr fette Moräne stets schollenartig im Zusammenhang mit süd- bis mittelschwedisch geprägtem Geschiebelehm und Geschiebemergel auf.

5.3.7.2.6 Lokale Mischgemeinschaften

Unter bestimmten Umständen können Geschiebe aus dem Substrat durch die nächste Eismasse aufgearbeitet werden; in solchen Fällen ist eine Verunreinigung der nördlichen Zufuhrgemeinschaft die Folge – wie zum Beispiel bei den Ablagerungen des Münsterländer Kiessandzugs (Tab. 20) und den Ackerbestreuungen von Buldern und Herzfeld (Abb. 37). Auch Vorgänge nach einer Vereisung oder im Umfeld der Eismassen (periglaziärer Bereich) wie Solifluktion, Steinsohlebildung und Kryoturbationen können lokale Mischungen verschiedener Geschiebebestände verursacht haben. Ein einwandfreier Beweis für den Einfluß solcher Prozesse ist selten zu liefern. Es ist allerdings auffällig, daß solche Mischprodukte eine von Stelle zu Stelle wechselnde Zusammensetzung aufweisen. Abbildung 44 zeigt, wie und wo solche Mischungen sich gebildet haben können.

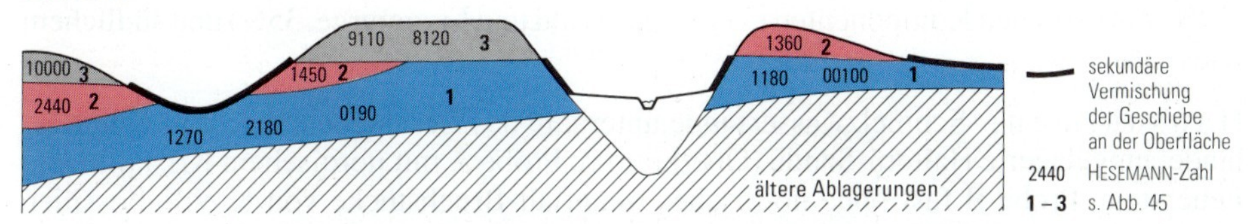

Abb. 44 Schematischer Schnitt durch einen Komplex verschiedener Moränen mit primären Geschiebegemeinschaften (stark überhöht)

Um die Fehlermöglichkeiten bei der Probennahme einzuschränken, sollte die Größe der Sammelstelle möglichst klein gehalten und auf einen Hektar beschränkt werden. "Es braucht nicht besonders hervorgehoben zu werden, daß Absammlungen von Geschieben von der Oberfläche größerer Gebietsteile ohne genügende Berücksichtigung des Liegenden zu erheblichen Irrtümern führen können. Man wird überhaupt zu Geschiebebestimmungen auf Ackerflächen nur greifen, wenn keine ausreichenden Aufschlüsse vorhanden sind" (Dewers 1941). Diese Aussage hat natürlich immer noch Gültigkeit; allerdings sind heute fast nur noch Ackerabsammlungen möglich, da Aufschlüsse kaum mehr bestehen.

5.3.7.2.7 Kiesanalysen aus Moränen

Kiesanalysen stellen eine einfache Methode zur Ermittlung der Höhe des nordischen Anteils dar. Eine Gliederung von Moränen läßt sich darauf aber selten begründen – abgesehen von Unterschieden im Feuersteingehalt. Allerdings versagt auch dieses Kriterium häufig – wie zum Beispiel bei der Heerenveen- und der Assen-Moränengruppe, die beide gewöhnlich viel Feuerstein enthalten. Dennoch gibt es kleine und größere, an bestimmte Moränen gebundene Differenzen des Feuersteingehalts (ZANDSTRA 1978, 1983 c; Tab. 19). Ein solcher Unterschied ist allerdings nur dann maßgebend, wenn die Geschiebegemeinschaft rein fennoskandischer Herkunft ist. In Tabelle 21 sind einige Kiesanalysen von Probenpunkten dargestellt, von denen zugleich eine Zählung der kristallinen Leitgeschiebe vorliegt. Hier einige Erläuterungen zu den Probenpunkten:

Langendreerholz: kiesige Sandlinse, eingeschaltet in Schluff, im Hangenden von Schottern mit nordischen Geschieben; südlicher Kies mit nordischem Kristallin und Feuerstein

Haren III: Geschiebesohle; Material der Assen-Moränengruppe

Driland bei Gronau: dunkelgrauer, stark sandiger Geschiebemergel mit wenig Quarz und Feuerstein; Assen-Moränengruppe, Noordhorn-Typ

Ossenbeck bei Damme: Sand mit Kies, gestaucht, mit Anteilen von Restquarz und Feuerstein; ähnlich der Heerenveen-Moränengruppe, Deventer-Typ

Lingen/Ems: rotbrauner, stark sandiger Geschiebemergel ("rote Moräne") mit Restquarz und geringem Feuersteingehalt; Assen-Moränengruppe, Noordhorn-Typ

Drüpplingsen: Ackerbestreuung; fennoskandischer Kies (89%) mit südlichen Komponenten (11%)

Kettwig, Am Steinberg: kiesiger Grobsand mit Deltaschüttung; Ruhrkies mit sehr geringen Anteilen nördlicher Gesteine; Tiefe 4 m

Stukenbrock, Eselsheide: Geschiebelehm und glaziofluviatiler Sand mit Restquarz und Feuerstein; Mischung aus Heerenveen- und Assen-Moränengruppe

Ahlintel: glaziofluviatiler Kiessand, 3 m unter Gelände; fennoskandischer Kies (60%) mit östlichen Komponenten (Thüringer Wald und Erzgebirge, 35%) und südlichem Kies (5%)

Hausdülmen: Schmelzwassersande unterhalb des Geschiebelehms, 7 m unter Gelände, umgelagerte Haltern-Sande (Oberkreide); Probe A mit nordischem Kristallin und Feuerstein, Probe B fast ohne nordisches Material; Bruchstücke von Kreide-Fossilien nicht berücksichtigt

Enningerloh-Hoest: aufgebaggerter glaziofluviatiler Kiessand unterhalb der Grundmoräne; fennoskandischer Kies (55%) mit einheimischen Komponenten (45%, hauptsächlich Kalkstein, außerdem Tonschiefer und Braunkohle)

Ochtrup: dunkelgrauer, stark sandiger Geschiebemergel (verwandt mit Assen-Moränengruppe); 41% nördliches und 59% lokales Material (3 – 5 mm) beziehungsweise 29 und 71% (5 – 20 mm); lokale Komponenten nicht berücksichtigt

De Lutte bei Oldenzaal: dunkelgrauer, sandiger Geschiebemergel (Losser-Typ der Heerenveen-Moränengruppe), Bohrung 29 C/100; Tiefe 8 – 14 m

Coesfeld-Flamschen, Abgrabung Tecklenborg: Probe A: Geschiebelehm (Untere Moräne); 78% fennoskandisches und 22% lokales, überwiegend mesozoisches Material, voraussichtlich verwandt mit Heerenveen-Moränengruppe; lokales Material nicht berücksichtigt; Probe B: Geschiebelehm (Obere Moräne); 27% fennoskandisches, 3% einheimisches paläozoisches und, nicht berücksichtigt, 70% lokales mesozoisches Material (Kreide-Sandstein und grauer Tonschiefer), verwandt mit Assen-Moränengruppe

5.3.7.3 Einflüsse der Verwitterung

Der hohe Anteil eines Geschiebetyps kann zumindest primär die Folge günstiger Aufnahmeverhältnisse im Herkunftsgebiet oder aber auf die Zerlegung während des Transports zurückzuführen sein. Eine dritte Ursache kann in Bodenbildungs- und Verwitterungsvorgängen begründet sein, die einen grusigen Zerfall bestimmter Geschiebe hervorrufen. Es ist nicht auszuschließen, daß diese Vorgänge zum Teil nacheinander abliefen und zur Anreicherung und "Vervielfältigung" eines bestimmten Geschiebetyps geführt haben.

Über den Einfluß der Verwitterung auf die Geschiebeführung ist wenig bekannt, und ihre Auswirkung auf die kristallinen Leitgeschiebe ist zudem schwer abzuschätzen. In pleistozänen Ablagerungen sind manchmal alle Stadien der Verwitterung an Geschieben zu beobachten (Hesemann 1933). Die Verwitterung kann einerseits eine starke Verringerung der Größe der kristallinen Geschiebe hervorrufen, andererseits durch die Zerlegung von Geschieben auch eine zahlenmäßige Zunahme bewirken. In extremen Fällen können Geschiebe völlig ausgemerzt werden. Die Auswirkungen dieser Verwitterungsvorgänge sind aber nicht so gravierend, daß sie den Charakter einer Geschiebegemeinschaft grundsätzlich verändern.

Eskola (1934) erläutert einen besonderen Verwitterungsvorgang: "Wo Findlingsblöcke eines bestimmten Leitgeschiebes nahe beieinander gefunden werden, könnte man vielleicht annehmen, daß sie von ein und demselben Geschiebe herstammen, das entweder an Ort und Stelle zersprungen ist oder auch schon während des Transports im Inlandeis, unweit des Ablagerungsorts, sich in mehrere Blöcke geteilt hat. Diese Entstehungsweise ist mir bei meinen Geschiebestudien in Finnland gelegentlich als wahrscheinlich vorgekommen, wenn nämlich mehrere kleinere Blöcke ein und desselben seltenen, in der unmittelbaren Nachbarschaft nicht anstehenden Gesteins scharenweise vorkommen; in meinen Tagebuchberichten habe ich solche Findlinge als 'Schrapnellgeschiebe' bezeichnet."

Die Zählungen D 181 Estern und D 182 Nordvelen enthalten 25 beziehungsweise 40% roten Ostsee-Quarzporphyr (s. Abb. 40). Um zu prüfen, ob es sich an diesen Stellen um eine durch Zerfall hervorgerufene Anreicherung handeln könnte, wurden alle 123 Stücke untersucht und Abrundungsgrad (Tab. 22), Farbe und Textur sowie Art, Anteil und Größe der Einsprenglinge bestimmt. Die Übersicht in Tabelle 23 zeigt, daß ungefähr die Hälfte der Stücke an den beiden Fundpunkten dem massigen homogenen Haupttyp entspricht (s. auch Taf. 1). Daneben gibt es mindestens zwölf mehr oder weniger stark abweichende Formen. Eine Anzahl der Geschiebe ist deutlich splitterförmig: 13 Stück (36,1%) in Estern und 29 Stück (33,3%) in Nordvelen; die übrigen Stücke haben normale kantengerundete Formen. Aus diesen Untersuchungen ist zu folgern, daß schon die Zufuhrgemeinschaft an beiden Stellen sehr viel Exemplare dieses Leitgeschiebes mit etlichen Varietäten enthalten haben muß; wahrscheinlich sind nur die splitterförmigen Stücke als Fragmente lokal

Tabelle 22

Abrundungsgrad von Geschieben des roten Ostsee-Quarzporphyrs in den Zählungen D 181 Estern und D 182 Nordvelen

Form	Zählung	
	D 181 Estern	D 182 Nordvelen
sehr eckig	11	48
eckig	10	33
leicht kantengerundet	13	6
stark kantengerundet	2	
abgerundet		
stark abgerundet		
Leitgeschiebe (Anzahl)	36	87

zerfallener Geschiebe zu betrachten. Übrigens ist bemerkenswert, daß intensiv mit Rissen durchzogene Geschiebe häufiger auftreten und nicht nur auf den roten Ostsee-Quarzporphyr beschränkt sind (Taf. 2). Ein weiterer Hinweis, daß der lokale Zerfall von Geschieben nicht überschätzt werden sollte, geht aus dem Vergleich der regionalen und lokalen Verteilung des roten Ostsee-Quarzporphyrs hervor. In Gebieten mit nur geringem Anteil an der Geschiebezusammensetzung wurden keine Stellen mit überhöhtem Gehalt festgestellt. Für weniger feste Geschiebe, wie die in Utrecht und in der Veluwe massenhaft auftretenden grobkörnigen und konglomeratischen, violettroten Dala-Sandsteine, ist ein syn- und postsedimentärer Zerfall zu Grus äußerst häufig und unumstritten.

Tabelle 23

Varietäten des roten Ostsee-Quarzporphyrs in den Zählungen D 181 Estern und D 182 Nordvelen

Kennzeichnung	Zählung	
	D 181 Estern	D 182 Nordvelen
roter, homogener Haupttyp (s. Taf. 1, Fig. 1)	16	49
grauviolett, homogen	4	
dunkelbraunrot, homogen, mit relativ viel Einsprenglingen	1	
rot, mit netzartig angeordneten, mit Feldspat verwachsenen, dunklen Quarzkörnern in der Grundmasse	1	
rot, mit stark fluidaler Grundmasse und viel oder wenig stark assimilierten und daneben bisweilen auch schwach absorbierten Schlieren (s. Taf. 1, Fig. 2)	2	7
rot, mit extrem wenig Einsprenglingen und homogener Grundmasse	1	1
rot, mit relativ viel Einsprenglingen und homogener Grundmasse (s. Taf. 1, Fig. 3)	3	11
rot, mit relativ viel Einsprenglingen und homogener Grundmasse; viel Feldspat, weiß, mit einigen rötlichen Streifen und sehr schmalem, rotem Saum	1	
rot, mit viel zerstreuten winzigen, schwarzen Mineralaggregaten als Bestandteil der Grundmasse (s. Taf. 1, Fig. 4)	5	14
rot, mit viel zerstreuten winzigen, schwarzen Mineralaggregaten und mit quarzerfüllten, millimeterbreiten Rissen	1	1
rot, mit relativ wenig Einsprenglingen und mit quarzerfüllten, millimeterbreiten Rissen	1	
rot, homogen; mit quarzerfüllten, millimeterbreiten Rissen		2
rot, homogen; mit gröberer, schwach körniger Grundmasse		2
Leitgeschiebe (Anzahl)	36	87

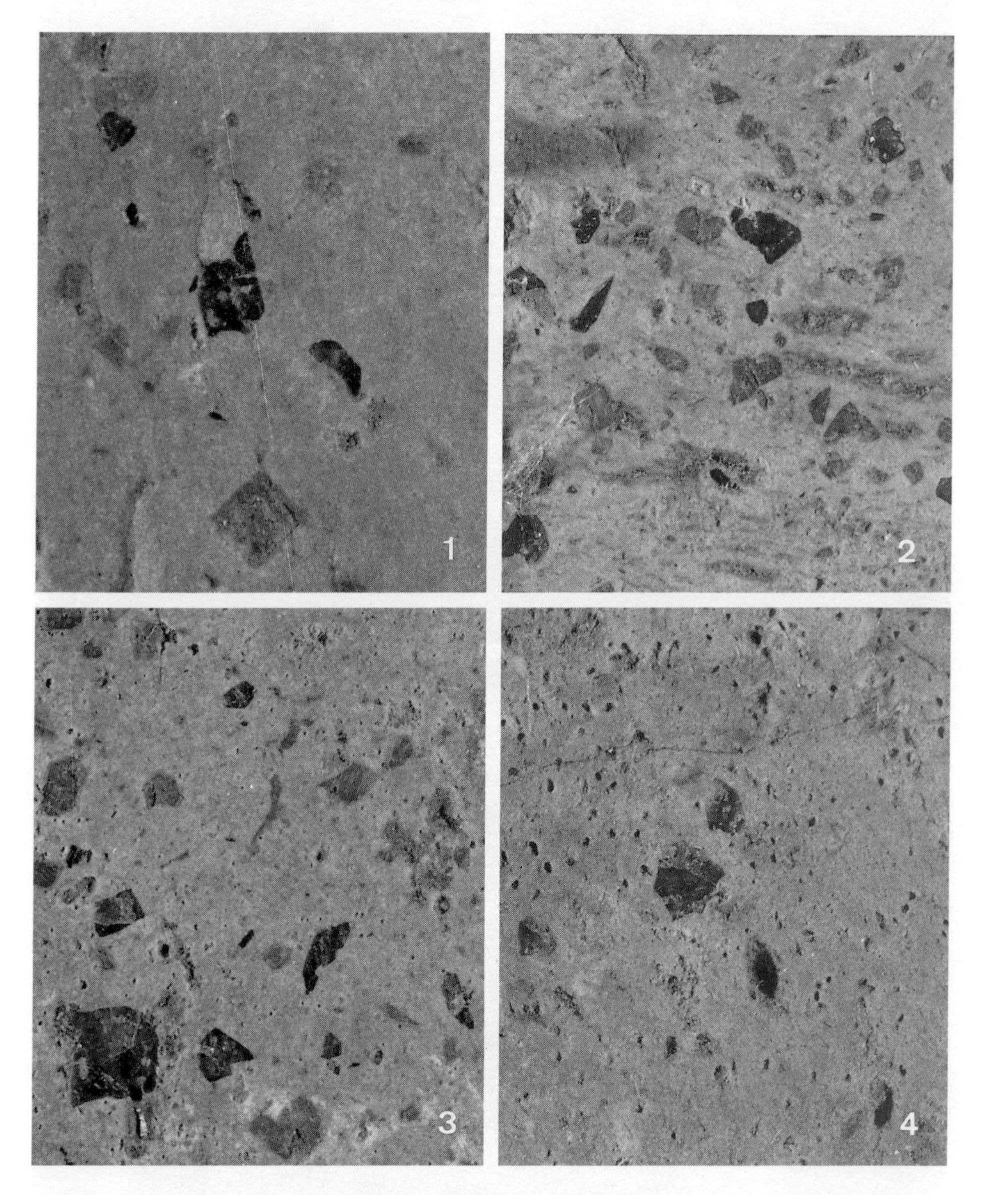

T a f e l 1 Roter Ostsee-Quarzporphyr (vgl.Tab. 23); Vergrößerung 5 x

Fig. 1 roter homogener Haupttyp

Fig. 2 roter Typ, mit stark fluidaler Grundmasse und assimilierten Schlieren

Fig. 3 roter Typ, mit relativ viel Einsprenglingen und homogener Grundmasse

Fig. 4 roter Typ, mit viel zerstreuten, winzigen schwarzen Mineralaggregaten

Tafel 2 Geschiebe mit Rissen (polierte Sägefläche); natürliche Größe

Fig. 1 roter Ostsee-Quarzporphyr

Fig. 2 Åland-Granitporphyr

5.3.7.4 Geschiebekombinationsklassen

Die Ergebnisse älterer, zum Teil umgerechneter Zählungen und neuer, bisher unveröffentlichter Zählungen in Nordrhein-Westfalen und im südwestlichen Niedersachsen sind in komprimierter Form im Anhang (S. 138 – 143) wiedergegeben. Diese Werte stellen die Basis für den deutschen Bereich der Karte 2 (in der Anl.) der Geschiebeverteilung dar. Auf dieser Karte sind Herkunftsgebiete beziehungsweise Geschiebezufuhrgemeinschaften mit derselben Zusammensetzung angegeben. Niedrige Beteiligungen bestimmter Geschiebegruppen wurden nicht berücksichtigt. Damit bleiben nur drei kombinierte Gruppen übrig: Ostfennoskandien (1 + 2), westliches Mittelschweden (6) sowie Südschweden und Bornholm (7 + 8 + 9). Diese Einschränkung der Wiedergabe wird ausschließlich in Karte 2 angewendet, die an eine bereits veröffentlichte der Niederlande (Zandstra 1987 b, 1988) anschließt.

Ergänzend zu dieser Karte wurden Karten mit der Verbreitung einzelner Geschiebegruppen erstellt (Abb. 31, 33 u. 36). Signifikante Unterschiede in diesen Gruppen geben sich auch auf Karte 2 zu erkennen; das trifft namentlich für den großen Einfluß ostfennoskandischen Materials auf die Geschiebezusammensetzung im Gebiet südwestlich des Münsterländer Kiessandzugs und allgemein für das gesamte Gebiet zwischen Südostdrenthe und dem Ruhrgebiet zu. Auch die Gebiete mit überwiegend südschwedischen Geschieben – wie die Mittelgebirge, Teile der östlichen Westfälischen Bucht und ein breiter Streifen zwischen Coesfeld und Dortmund – sind auffällig. Die Gebiete mit relativ viel Dalarna-Material finden sich in Westfalen fast ausnahmsweise östlich des Münsterländer Kiessandzugs, vorzugsweise zwischen Hörstel im Norden und Lippstadt – Paderborn im Süden. Außerhalb Westfalens kommen bei Winterswijk und in der Umgebung von Meppel und Vechta viel in Dalarna beheimatete Geschiebe vor. Das östliche Mittelschweden (Herkunftsgebiete 3 + 4 + 5) und das Oslogebiet (10) haben in Westfalen und angrenzenden Gebieten keinen wesentlichen Einfluß auf die Zusammensetzung der Geschiebegemeinschaften.

Die Probenentnahme von Äckern hat natürlich zur Folge, daß die jüngste beziehungsweise höchste Moräne auf der Karte überrepräsentiert erscheint. Das Gebiet mit der ostfennoskandischen Assen-Moränengruppe bildet in dieser Hinsicht ein gutes Beispiel; einige Proben aus Aufschlüssen zeigen an, daß auch in diesem Gebiet sicherlich ältere Moränen vorkommen (vgl. Kap. 5.3.7.1). Weiter ist damit zu rechnen, daß syn- und postglaziale Vorgänge gerade an der Oberfläche intensive Mischungen von Material aus zwei bis vier Moränengliedern verursacht haben können, die eine eindeutige Zuordnung des Geschiebespektrums unmöglich machen (vgl. Kap. 5.3.7.2.6).

5.3.7.5 Bewegungsrichtung der Eismassen

Seit langem schon wird in den Niederlanden und in Norddeutschland der Fließrichtung des Inlandeises eine besondere Aufmerksamkeit geschenkt. In den letzten 20 Jahren ist das Interesse für dieses Phänomen stark gestiegen; der Schwerpunkt liegt in diesem Zeitraum auf Geschiebe-Einregelungsmessungen und Feinkiesanalysen. Aufgrund dieser Untersuchungen wurden neue Auffassungen über den Verlauf der Eisströme und über gegliederte Moränen entwickelt. Als Arbeiten überregionaler Bedeutung sind in dieser Hinsicht zu nennen: Ehlers (1983, 1990 a, 1990 b); Ehlers & Stephan (1983), Ehlers & Meyer & Stephan (1984); Rappol (1985, 1987) und Rappol et al. (1989). Leider beziehen sich diese Arbeiten nur auf Gebiete außerhalb Westfalens und sind deswegen für diese Region von geringer Bedeutung. Außerdem sind die Theorien in bezug auf Bewegungsrichtung des Inlandeises und Gliederung der Moränen keineswegs eindeutig. Weiter ist damit zu rechnen, daß die Westfälische Bucht durch den Einfluß des Mittelgebirges hinsichtlich der Eisbewegung und der Moränenabfolge eine Sonderstellung einnimmt. Auch die südliche Lage des Gebiets und die damit einhergehende Abnahme der Eismächtigkeit und der Fließgeschwindigkeit haben mindestens im südlichen Teil der Bucht kleine und größere Abweichungen der Fließrichtung und Oszillationen verursacht. Solche lokalen Vorgänge wurden bereits mehr oder weniger eingehend beschrieben von HESEMANN (1975 a), KLOSTERMANN (1985), SERAPHIM (1979 b, 1980), SIEBERTZ (1983, 1984) und besonders THOME (1958, 1959, 1980 a, 1983, 1989, 1990, 1991).

Wie bereits angemerkt, gibt es über das genaue Alter und die Bewegungsrichtung der Eismassen in Westfalen keine Einigkeit. Es wird darauf verzichtet, alle Vor- und Nachteile der auf verschiedenen Annahmen basierenden Theorien zu diskutieren. Die hier angeführten Bemerkungen über die Hauptbewegungsrichtung des Eises und über die Ausdehnung der verschiedenen Moränen beruhen auf Ergebnissen überwiegend neuer Zählungen der kristallinen nördlichen Leitgeschiebe und der begleitenden Untersuchungen zur Ausbildung der Grundmoränen, der glazitektonischen Erscheinungen und der Großgeschiebeführung (s. Kap. 2, 3 u. 4).

Die erste saalezeitliche Inlandeismasse – mit einer ausgesprochenen Vormacht südschwedischer Geschiebe – floß in südliche bis südwestliche Richtung, überfuhr das gesamte Wiehengebirge zwischen Minden und Bramsche und rückte bis zum Teutoburger Wald vor. Ungefähr gleichzeitig, wahrscheinlich noch etwas eher, stieß das Eis in der Emsniederung nach Süden vor; diese Eismasse könnte man deshalb als "ersten Emsland-Gletscher" bezeichnen. Die Frage, ob Wiehengebirge und Teutoburger Wald das saalezeitliche Eis so stark gebremst haben, daß der erste Emsland-Gletscher viel schneller nach Süden in die Westfälische Bucht eindringen konnte (SERAPHIM 1979 b, LIEDTKE 1981), läßt sich mit Zählungen nordischer Leitgeschiebe alleine nicht beantworten, weil es sich ja um Verzweigungen derselben Eismasse handelt. Zur Lösung dieses Problems ist es sinnvoll, auf lokale glazialmorphologische Phänomene – wie Kames, Oser und Sander – und auf die Verbreitung einheimischer Geschiebe zurückzugreifen. Im Mittelgebirge gibt sich der südwärts gerichtete Vorstoß überzeugend aus den Streukegeln einheimischer Geschiebe (SERAPHIM 1972: Abb. 8 u. 9.), aus der Lage einer Mittelmoräne zwischen Teutoburger Wald und Wiehengebirge (SERAPHIM 1973 c) und aus der Richtung von Gletscherschrammen auf karbonzeitlichem Sandstein des Piesbergs bei Osnabrück (HARMS & BRÜNING 1980) zu erkennen.

Es ist anzunehmen, daß fast die gesamte Westfälische Bucht und ihre Umgebung mit einem mächtigen Eispaket bedeckt waren; es handelte sich hierbei sicherlich um den weitaus mächtigsten Teil der drenthestadialen Eisdecke ("Drenthe-Hauptvereisung"). Höhenunterschiede des Untergrundes wurden durch diese Eismasse größtenteils ausgeglichen; in tiefen Senken erreichte das Eis die größte Mächtigkeit und hinterließ dort auch die mächtigsten Moränenablagerungen. Wahrscheinlich wurde das Ruhrtal erreicht, aber kaum überquert. Aufgrund der Geschiebemischgemeinschaft in der Zählung D 97 (HZ 6120; Tab. 24) in Drüpplingsen und besonders in der Zählung D 39 (HZ 4160) in Kupferdreh südlich der Ruhr ist anzunehmen, daß hier die erste Eismasse weit nach Süden vorstieß. Die Mischung mit ostbaltischem Material fand statt, als der dritte Vorstoß, die Eismasse der Assen-Moränengruppe, in diesen Raum vordrang. In Drüpplingsen lieferte die gleichnamige Probenstelle 10,5% lokale paläozoische Gerölltypen und 89,5% fennoskandische Geschiebe. Der hohe Anteil an nordischem Feuerstein von 13,2% in der Summe der nordischen Geschiebe zeigt an, daß die Fundstelle entweder innerhalb der ehemaligen Eisverbreitung oder außerhalb, aber in der Nähe dieser Grenze liegt. In anderen Gebieten (Ost- und Mitteldeutschland, Polen, Slowakei) wird die Anwesenheit des Feuersteins zur Ermittlung des Eisrandes verwendet ("Feuersteinlinie"; vgl. KAHLKE 1981, LIEDTKE 1981).

Die zweite Eismasse, gekennzeichnet durch zahlreiche Geschiebe aus Dalarna, stieß bis an den Nordrand des Weser- und Wiehengebirges vor. Einige wenige Gletscherzungen können südwärts bis in das Bergland und bis an den Südwestrand des Teutoburger Waldes vorgedrungen sein (z. B. Borgholzhausener Pforte, Geschiebezählung D 159 im Anh., S. 140/141). Ein Teil des Eises umging den Teutoburger Wald im Westen und stieß divergierend in die Westfälische Bucht vor ("zweiter Emsland-Gletscher"). Der Nordosten zwischen Ems und Teutoburger Wald wurde von dieser Eismasse nicht bedeckt; eine relativ geringe Mächtigkeit des Eises mag die Ursache für diese räumliche Beschränkung sein. Wahrscheinlich hat aber die Anwesenheit umfangreicher Toteiskörper der ersten Eismasse hierbei die Hauptrolle gespielt. Auch in den östlichen Niederlanden, im Gebiet Zwolle – Deventer – Doetinchem, und weiter nach Süden bis Kleve und Kalkar ist die zweite Eismasse nicht vorgestoßen; Karte 2 (in der Anl.) zeigt dort nur Kreise ohne Violett (Zählungen mit < 15% Dalarna-Material).

Tabelle 24

Geschiebezählung D 97 Drüpplingsen am Südrand der Westfälischen Bucht südlich der Ruhr

Einteilung				
I – IV nach HESEMANN (1930, 1939)			1 – 10 n. ZANDSTRA (1983 a)	
		(Anzahl)	Gruppe	(%)
I	Åland-Rapakivi	9	1	58
	Åland-Granit	19		
	Haga-Granit	2		
	Åland-Granitporphyr	3		
	Åland-Quarzporphyr	1		
	Prick-Granit	1		
	Ragunda-Porphyr	2		
	roter Ostsee-Quarzporphyr	1	2	2
	Summe	38		
	%	60,3		
II	brauner Ostsee-Quarzporphyr	2	3	3
	Uppsala-Granit	1	4	2
	Stockholm und Umgebung		5	
	Bredvad-Porphyr	1	6	9
	Älvdal-Porphyr	1		
	übrige Dala-Porphyre	3		
	Grönklitt-Porphyrit	1		
	Summe	9		
	%	14,3		
III	Småland-Granit	15	7	24
	Südschweden		8	
	Bornholm		9	
	Summe	15		
	%	23,8		
IV	Rhombenporphyr	1	10	2
	Summe	1		
	%	1,6		
	Gesamt	63		
	Verhältniszahl	6120		
	Geschiebekombinationsklasse			34

Die Drumlinfelder von Versmold und Friedrichsdorf (SERAPHIM 1973 b, LIEDTKE 1981; s. Abb. 18) entstanden während der ersten Eisbedeckung ("erster Emsland-Gletscher"); dieser mittlere Bereich in der östlichen Westfälischen Bucht wurde später nicht mehr von Eis überdeckt, wodurch die Drumlin-Morphologie erhalten blieb.

Der südöstliche Teil der Westfälischen Bucht, südlich der Drumlinfelder, wurde zuerst durch den ersten und später durch den zweiten Emsland-Gletscher überdeckt; die "dalarnareiche" Geschiebegemeinschaft dieser zweiten Eismasse ist am besten erhalten in einem Viereck, das an der Nordseite von den Eckpunkten Wiedenbrück und Verl und an der Südseite von Erwitte und Paderborn begrenzt wird (s. Abb. 33; u. a. Zählungen D 204, D 147, D 143, D 144, D 145 u. D 104 im Anh., S. 138 – 143, sowie auf Kt. 2 in der Anl.).

Die erste und zweite Eisbedeckung bildeten einen kontinuierlichen Vorgang, der zeitlich mit der Entstehung der Stauchwälle der Rehburger Phase in Verbindung steht.

Die dritte Eismasse erreichte den Fuß des Mittelgebirges nicht, wie aus der Verbreitung der Fundpunkte mit viel ostbaltischen Geschieben hervorgeht. Das Eis überquerte die zur Zeit der ersten Eisbedeckung gebildeten Fürstenauer Berge und stieß, wie die zweite Eismasse, über die Emstalniederung nach Süden vor ("dritter Emsland-Gletscher"). Die Stirn des Eises erreichte, zum ersten Mal in breiter Front, das Gebiet südlich der Ruhr. Auch bei diesem Eisvorstoß divergieren die Eisströme: sie sind im Süden nach Südosten (Lippstadt) und nach Südwesten (Niederrheingebiet) gerichtet. Die Bildung des Münsterländer Kiessandzugs, im Zusammenhang mit einer nur westlich dieses Zugs liegenden aktiven Eismasse, weist auf eine südöstliche bis südliche Hauptbewegungsrichtung des Eises hin (s. Kap. 5.3.7.6). Die vierte Eismasse beschränkte sich auf wenige schmale, vielleicht unterbrochene, nach der Bewegungsrichtung der dritten Eismasse ausgerichtete Züge und Linsen; sie bildete eine substantiell unbedeutende, späte Abart des dritten Eiskörpers.

Aus diesen Erläuterungen geht hervor, daß die Bezeichnung "Emsland-Gletscher" oder "Emsland-Eisstrom" (u. a. Seraphim 1979 b, Liedtke 1981; s. Abb. 18) für einen bestimmten Eisstrom nicht aufrechtzuerhalten ist; es gab im Emsland mindestens drei aufeinanderfolgende Eismassen auf dem Weg nach Süden. Die Bezeichnung "Osnabrücker Gletscher" scheint zuzutreffen für den ältesten saalezeitlichen Eisstrom, der das nordwestliche Mittelgebirge überquerte; er ist nur wenig jünger, annähernd gleichaltrig mit dem "ersten Emsland-Gletscher" und zeigt einen identischen nördlichen Geschiebeinhalt. Auch der "Aue-Hunte-Gletscher" nach Seraphim ist wahrscheinlich mit der ersten Eismasse in Zusammenhang zu bringen – er kann allerdings auch der zweiten zugehören. Geschiebezählungen zwischen Minden und Herford zeigen extrem viel Småland-Material (Kt. 2 in der Anl. u. Anh., S. 138/139: Zählungen D 110, D 111 u. D 113); der "Porta-Gletscher" ist demnach der ältesten Eismasse zuzuordnen.

Nach Rappol (1984) ist die letzte Eisbewegung im Hondsruggebiet in Drenthe nach Südsüdost gerichtet gewesen. Diese Annahme basiert hauptsächlich auf der Orientierung der Geschiebelängsachsen in Moränenablagerungen der Assen-Gruppe. Van den Berg & Beets (1987) sind derselben Meinung. Sie nehmen an, daß dieser "Hondsrug-Eisstrom" ("dritter Emsland-Gletscher") bis in das südliche Münsterland vorstieß – eine Auffassung, die sich mit den Ergebnissen der Geschiebezählungen deckt. Auch der vermutete Zusammenhang des Münsterländer Kiessandzugs mit diesem Eisstrom paßt in das hier entwickelte Bild, wenn auch die Theorie von Rappol und van den Berg & Beets über die Entstehung dieser Ablagerung nicht bis in Einzelheiten mit den Ergebnissen der geschiebekundlichen Untersuchungen übereinstimmt:

- Die Bewegungsrichtung des dritten Eisstroms war teilweise sicherlich nach Westsüdwest orientiert; das geht aus Geschiebezählungen in den nördlichen Niederlanden hervor (Zandstra in de Groot et al. 1987 u. unveröff. Daten). Die geomorphologischen Untersuchungen von Schröder (1978) haben nachgewiesen, daß auch im südlichen Hümmling in Niedersachsen eine südwestliche Hauptbewegungsrichtung des Eises ("Radde-Gletscher") zutrifft. Die Ergebnisse der Leitgeschiebezählungen stehen hiermit in guter Übereinstimmung; die Analysen D 153 Apeldorn, HZ 6130, D 57 Herzlake, HZ 6130 (s. Anh., S. 138 – 141), und Klein Berßen (Milthers 1913, 1934) deuten auf einen großen Einfluß der Assen-Geschiebegruppe hin. Eine zeitliche Korrelation mit dem nordniederländischen Pendant ist leider nicht bewiesen.

- Das Feld mit der "roten Moräne" zwischen Oldenburg und Lingen/Ems (s. Abb. 16) wird von van den Berg & Beets (1987) nicht angegeben; auch hier ist eine Bewegungsrichtung nach Südsüdost auszuschließen (s. auch K.-D. Meyer 1991).
- Der östliche Teil der Westfälischen Bucht soll durch den Hondsrug-Eisstrom völlig bedeckt gewesen sein. Die Ergebnisse der Geschiebezählungen haben dagegen erwiesen, daß die Ausdehnung sich hauptsächlich auf das Gebiet westlich des Münsterländer Kiessandzugs beschränkte.
- Ein Vorrücken nach Westen bis zur Veluwe erscheint für die dritte Eismasse nicht plausibel – der Geschiebeinhalt gibt dazu keine Hinweise. Eine Veränderung des Geschiebespektrums durch Mischung mit Geschieben aus älteren Eismassen wird als unwahrscheinlich erachtet, weil derartige Vorgänge im angrenzenden Niedersachsen und Westfalen keine große Rolle gespielt haben.

5.3.7.6 Die Rinnen und der Münsterländer Kiessandzug

Über die erste Phase der Rinnenentstehung im nördlichen und mittleren Teil der Westfälischen Bucht gibt es nur hypothetische Vorstellungen (z. B. Hilden 1991); die Bildungsverhältnisse sind noch weitgehend unklar, Datierungsmöglichkeiten fehlen oder sind äußerst beschränkt. Wahrscheinlich handelt es sich um Reste von Bach- und Flußtälern mit einer Entwässerung nach Norden oder um proglaziale Schmelzwasserläufe. Dieses Entwässerungsnetz ist wahrscheinlich durch subglaziäre Schmelzwasserkanäle mit südlicher Fließrichtung überprägt worden; die proglazialen und subglazialen Ströme können dabei – auch unter Umkehr der Fließrichtung – bestehenden Bach- und Flußtälern gefolgt sein.

Für die Bildung von normalen Bach- und Flußtälern mit durchgehender Abflußmöglichkeit nach Norden kommt hier besonders die früh- und mittelpleistozäne Zeit bis zum dritten Glazial des Cromer-Komplexes in Betracht, in der die Bildung der Jüngeren Hauptterrasse ihren Abschluß fand. Die Entwässerung nach Norden stieß in diesem Zeitraum auf keine Hindernisse (Thiermann 1974).

Während der Bildung der Oberen Mittelterrasse, das heißt in der dritten Kaltzeit des Cromer-Komplexes, transgredierte das skandinavische Inlandeis bis nach Westniedersachsen und Drenthe. Es reichte wahrscheinlich nach Süden bis an die Höhen zwischen Rheine und Bentheim heran und schickte seine Schmelzwässer durch die Pforte der Steinfurter Aa bei Haddorf nach Süden. Gröbere Sedimente wurden vermutlich auch durch einen Fluß zugeführt, der am Nordrand des Mittelgebirges entlang in westliche Richtung floß. Über das Alter und die Lage solcher Rinnen und Rinnenausfüllungen ist leider nichts Genaues bekannt.

Während der Elster-Kaltzeit lag das Inlandeis wiederum nahe der "Haddorfer Pforte", und es liefen vermutlich ähnliche Vorgänge wie im Glazial C des Cromer-Komplexes ab – allerdings gibt es keine entsprechenden Altersbestimmungen. Sedimente der cromer- und elsterzeitlichen Schmelzwasserabflüsse sind wahrscheinlich bis auf Reste von Rinnenfüllungen abgetragen.

In der Saale-Kaltzeit dürfte dann zum dritten Mal Eisschmelzwasser durch die Haddorfer Pforte nach Süden abgeflossen sein. Anschließend rückte das Eis bis in die Westfälische Bucht vor; mit einer gewissen zeitlichen Verzögerung drang es auch über das Mittelgebirge hinweg und breitete sich danach weiter aus. Die Rinne des Münsterländer

Kiessandzugs (Baecker 1963) existierte damals noch nicht; die Bildung dieser Rinne und die Ausfüllung mit teilweise kiesigen und Blöcke führenden Sanden sind als ein fortlaufender Vorgang im Zusammenhang mit der letzten Eisbedeckung des Drenthe-Stadiums anzusehen. Dieses Eis war durch eine ostfennoskandische Geschiebegemeinschaft gekennzeichnet; mit seinem Abschmelzen wurde die sogenannte Assen-Moränengruppe gebildet. Der Münsterländer Kiessandzug lag am Ostrand dieser Eismasse. Wann und wie sich diese Rinne und der Kiessandzug bildeten, ist bis heute nicht eindeutig geklärt. Dieser Frage ist bereits eine Reihe von Autoren nachgegangen (zusammengefaßt in Thiermann 1979, 1985; Bauer 1979; Baecker-Baumeister 1983).

Aus den Untersuchungen der kristallinen Leitgeschiebe ergibt sich eine von den bisherigen Thesen abweichende Erklärungsmöglichkeit. Während der Transgression des "ostfennoskandischen" Eises über das Emsland hinweg bis an die Ruhr war der Weg in den östlichen Teil der Westfälischen Bucht versperrt, da sich dort bereits ein mächtiges Toteisfeld mit einer südschwedischen Geschiebevormacht befand. Dieses Toteisfeld umfaßte das Gebiet südlich des Teutoburger Waldes bis an die Linie Rheine – Greven – Glandorf – Dissen. Die große Mächtigkeit des Toteises war die Folge der ersten saalezeitlichen Eisbedeckung vom Emsland her, der kurz darauf das über den Teutoburger Wald vorrückende Eis folgte. Die Rinne des Münsterländer Kiessandzugs entstand in dem Raum zwischen dem fließenden Eis der "Assen-Phase" im Westen und dem Toteis der ältesten "Heerenveen-Phase" im Nordosten. Die laterale Ausweitung des mobilen Eises zum Toteisfeld hin verengte den Raum des Schmelzwasserlaufs und führte in zunehmendem Maße zu einer Kanalisation der Wasserabfuhr nach Süden. Die Folge war eine starke Zunahme der Stromgeschwindigkeit und damit ein tieferes Einschneiden der Rinne. Mit der weiteren Ausdehnung des aktiven Eises wurde die offene Abflußrinne geschlossen, und es bildete sich wahrscheinlich von Haddorf aus ein subglaziärer Schmelzwasserabfluß. Aufgrund des hohen hydrostatischen Drucks unter dem Eis kam es zu lokalen Übertiefungen und Auskolkungen der Rinnensohle. Die Ausfüllung der Rinne (die Os-Bildung) fand hauptsächlich vor dem endgültigen Abschmelzen des Eises statt. Dafür spricht die örtlich zu beobachtende Verzahnung der Grundmoräne mit der glaziofluviatilen Rinnenausfüllung (Lotze 1954, Baecker 1963); lokal bildet der Geschiebelehm auch die Deckschicht über den Kiessanden – wie zum Beispiel in Ennigerloh-Hoest. In Teilbereichen dürfte sich die Aufschüttung in dem bereits zerfallenden Toteis fortgesetzt haben, als die ehemals subglaziär entstandene Rinnenfüllung zwischen den Eisfeldern offen zutage trat.

Die Zusammensetzung der Leitgeschiebe ist über die gesamte Längserstreckung der Rinnenfüllung gleich; es gibt auch keine Unterschiede zwischen den aus größerer Tiefe ausgebaggerten Geschieben und dem unmittelbar unter der Oberfläche liegenden Material (s. Tab. 20: Proben Haddorf u. Ahlintel). Diese Tatsache spricht für eine Einphasigkeit der Bildung. Die Feinkiesfraktion einer aus 3 m Tiefe bei Ahlintel entnommenen Probe umfaßt 65% eckigen, feuersteinführenden Moränengrus, 30% abgerundete östliche Gerölle mit viel Restquarz und 5% südliche Sedimentärgeschiebe; demnach bleibt der Emskiesanteil gering (s. Tab. 21). Rinne und Sedimentfüllung zeigen genetisch keine Verbindung mit der Ems; dagegen wird der Lauf der späteren Ems nach dem Rückschmelzen des Eises durch den Kiessandzug beeinflußt.

Am Westrand der dritten Eismasse lag das "Twente-Achterhoek-Rinnensystem" (s. Abb. 36, 39, 41 u. 43; vgl. van den Berg & Beets 1987, Hilden 1991, van de Meene 1991). Die Bildungsweise dieser Rinne und die Füllung mit Schmelzwasserablagerungen lassen sich in groben Umrissen mit der Bildung des Münsterländer Kiessandzugs vergleichen.

5.4 Diskussion der Ergebnisse

Mit der Ablagerung weißer, sehr quarzreicher Sande in der Waal-Warmzeit setzte der fluviatile, fennoskandische Einfluß auf die Zusammensetzung der Sedimente in den westlichen Regionen von Nordrhein-Westfalen ein. In der Menap-Kaltzeit schalteten sich in diese Sande Horizonte mit zum Teil stark verwitterten nördlichen Leitgeschieben ein. Die Vereisung während der dritten Kaltzeit des Cromer-Komplexes, die vielleicht sogar bis in das nördliche Münsterland reichte, beeinflußte die Abflußverhältnisse dieses Raumes und bewirkte vermutlich einen Stau und Übertritt von Emswasser in das Flußgebiet der Lippe und damit in den Rhein.

Eine elsterzeitliche Vereisung ist nicht nachweisbar; die Stirn des Eises lag sehr wahrscheinlich nördlich der Westfälischen Bucht; vielleicht sind Reste glaziofluviatiler Ablagerungen im nordwestlichen Münsterland vorhanden. Die Abflußverhältnisse lassen sich in groben Umrissen mit der vorangehenden Cromer-Kaltzeit vergleichen.

Die Identifizierung und stratigraphische Einstufung unter- und mittelpleistozäner grobsandiger Ablagerungen des "baltischen Flußsystems" und davon abzuleitender jüngerer Ablagerungen stecken in Westfalen noch in den Anfängen. Feinkiesanalysen könnten weitere Erkenntnisse bringen, wenn man Gangquarz und transparenten "Restquarz" getrennt zählen würde.

Die saalezeitliche Vereisung in Westfalen war ein fast ununterbrochenes Ereignis, wie sich aus dem Vorkommen gegliederter Moränen ableiten läßt (Abb. 45). Der untere Teil dieser Ablagerungen kann örtlich schwach gestaucht sein. Im linken Niederrheingebiet ist kein Moränenmaterial in den Schuppenbau miteinbezogen – ebensowenig in den Stauchmoränenzug der Rehburger Phase (K.-D. Meyer 1980), der erst nach seiner Ausbildung vom Eis überfahren wurde. Daraus läßt sich ableiten, daß diese Stauchwälle während einer Vorstoßphase des Eises gebildet wurden.

Das Vorkommen stark verwitterter nördlicher Geschiebe südlich der Ruhr (Kettwig, Am Steinberg) hat zur Annahme einer präelsterzeitlichen oder elsterzeitlichen Vereisung geführt (Thome 1990, 1991). Diese Vorstellung ist nicht aufrechtzuerhalten. Es handelt sich sehr wahrscheinlich um unter- bis mittelpleistozänes Material, das vom dritten saalezeitlichen Eisvorstoß von Norden (Niedersachsen) verschleppt worden ist; es ist nicht auszuschließen, daß auf diese Weise auch gefrorene Kiessandschollen nach Süden verfrachtet wurden. Eine zweite Möglichkeit wäre, daß die Stirn einer maximal ausgeströmten Eismasse verhältnismäßig viel verwitterte Gesteinsfragmente enthält, wobei dieses Material im Ursprungsgebiet des Eises gleich zu Anfang aufgenommen wurde (MacClintock 1940).

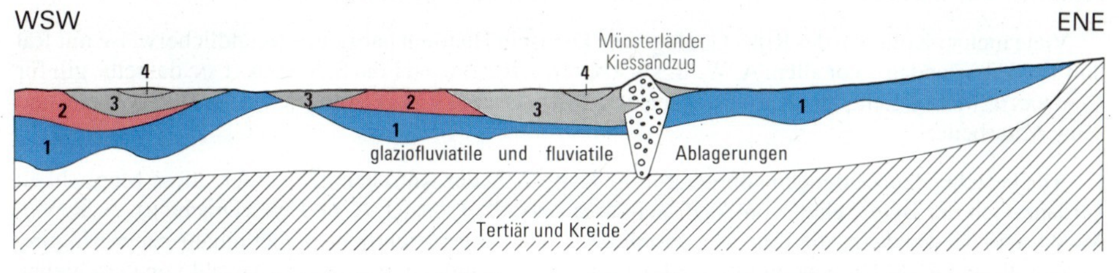

1 Heerenveen-Moränengruppe; sehr viel Geschiebe aus Småland; viel Feuerstein oder geringer Feuersteingehalt

2 Heerenveen-Moränengruppe; relativ viel Geschiebe aus Dalarna und (sehr) viel aus Småland; viel Feuerstein

3 Assen-Moränengruppe; ostfennoskandische kristalline Geschiebegemeinschaft; viel Feuerstein

4 Assen-Moränengruppe; ostfennoskandische kristalline Geschiebegemeinschaft; kein Feuerstein oder geringer Feuersteingehalt

Abb. 45 Schematischer Schnitt durch den saalezeitlichen Moränenkomplex in der Westfälischen Bucht (stark überhöht)

Die saalezeitliche Eisbedeckung fand in Phasen statt; jede Eismasse hinterließ eine charakteristische Geschiebegemeinschaft. In gegliederten Moränen liegen diese Vergesellschaftungen übereinander. Dabei drang das Eis drei- oder viermal über das Emstal und einmal, in einer frühen Phase, über den Teutoburger Wald vor. Die Mächtigkeit und das Areal der verschiedenen Eisströme differierten stark – dadurch und infolge postglazialer Abtragung kann die Zusammensetzung der Geschiebebestände auf Äckern und in flachen Abgrabungen erheblich wechseln.

Die Lage des Münsterländer Kiessandzugs wird von einem Toteisfeld im Nordosten und einer aktiven Eismasse im Westen der Westfälischen Bucht bestimmt; die Rinne folgt dem gemeinschaftlichen Grenzbereich beider Eisfelder und wurde hauptsächlich subglazial gebildet und ausgefüllt (vgl. Kap. 6.2.3 u. Abb. 45). Die Geschiebegemeinschaft der Rinnenfüllung deutet auf eine verhältnismäßig späte Bildung hin; das Fehlen deutlicher Stauchungserscheinungen in die wallartigen Erhebungen dieser Ablagerungen unterstützt diese Auffassung.

Bei den Untersuchungen hat sich herausgestellt, daß quantitative Zählungen der kristallinen Leitgeschiebe ein geeignetes Hilfsmittel zur Rekonstruktion der Grundzüge der Vereisungsgeschichte von Westfalen und angrenzenden Gebieten sind. Die Kenntnis der räumlichen Verbreitung der Geschiebezufuhrgemeinschaften, speziell in gegliederten Moränen, gibt deutliche Hinweise über die Hauptbewegungsrichtung und Reichweite verschiedener Eismassen. Die Auffassung von Rappol & Kluiving & van der Wateren (1991), daß Folgerungen über die Eisbewegung aufgrund der Herkunft der Geschiebe grundlegend unzutreffend seien, ist deshalb nicht haltbar (vgl. auch Schuddebeurs 1992). Die Aussagen derartiger Leitgeschiebeuntersuchungen müssen allerdings zur Absicherung mit Hilfe der Ergebnisse anderer Forschungsansätze überprüft werden. Durch die weitgehende Übereinstimmung der vorliegenden Untersuchungsergebnisse findet die Methode der quantitativen Zählung kristalliner Leitgeschiebe eine schöne Bestätigung (s. auch Kap. 6.3).

Dank

Für die Probennahmen und zahlreiche anregende Diskussionsstunden bin ich Dr. K. Skupin vom Geologischen Landesamt Nordrhein-Westfalen in Krefeld und Dr. E. Speetzen vom Geologisch-Paläontologischen Institut der Universität Münster zu großem Dank verpflichtet. Ich danke zugleich auch den zahlreichen Studentinnen und Studenten der Universität Münster, die bei den Geschiebesammlungen behilflich waren und die durchweg dreitägigen Geländebefahrungen begeistert mitmachten.

Viele meiner Kollegen des Rijks Geologische Dienst in Haarlem haben mir freundlicherweise mit Rat und Tat beigestanden – vor allem A. W. Burger, G. H. J. Ruegg und Frau S. Senduk-Tan; dasselbe gilt für E. A. van de Meene, Leiter des Kartierungsbezirks Mitte-Ost des Rijks Geologische Dienst in Lochem, und seine Mitarbeiter.

Alle bestehenden Zählungen konnten für die Karte 2 (in der Anl.) benutzt werden; diese Möglichkeit verdanke ich der Bereitschaft von A. P. Schuddebeurs, H. Jager, J. A. de Jong (Drachten), A. R. van Manen und W. Peletier, die ihre Aufsammlungen oder unveröffentlichten Zählungen zur Verfügung stellten. E. und R. A. Hanning in Ottmarsbocholt haben freundlicherweise eine Anzahl von Geschieben gesammelt und zum Zählen zur Verfügung gestellt. J. van Delft und W. Kessels produzierten die Geschiebefotos.

Allen sei für ihre Unterstützung freundlichst gedankt.

6 Ergebnis und Ausblick

(K. Skupin, E. Speetzen und J. G. Zandstra)

6.1 Die vorsaalezeitlichen Kaltzeiten

Sämtliche Bearbeitungen des Quartärs in der Westfälischen Bucht haben bisher keine wirklichen Beweise für präsaalezeitliche Inlandvereisungen dieses Raumes erbracht. Auch aus den vorliegenden Untersuchungen ergaben sich dafür keine Anzeichen (vgl. Kap. 1.3). Hinweise auf ältere Vereisungen gibt es erst aus dem Raum nördlich der Westfälischen Bucht im niedersächsisch-niederländischen Grenzgebiet.

Vom Jungtertiär bis in das Altpleistozän ist in Nordwestdeutschland eine Zufuhr weißer, quarzreicher Sande aus Osten zu erkennen, die durch das baltische Flußsystem bis in das nördliche Rheinland verfrachtet wurden (vgl. Kap. 5.3.3). Erste Hinweise auf eine von Skandinavien ausgehende Vereisung geben glaziofluviatile Lagen mit Steinen und Blöcken nordischer Herkunft (Hattem-Schichten), die in die jüngsten Ablagerungen der weißen "östlichen" Sande eingelagert sind. Diese Gerölle sind teilweise fennoskandische Leitgesteine und finden sich vom westlichen Niedersachsen über das Emsland und die östlichen Niederlande bis zum Niederrhein. Es handelt sich dabei vermutlich um ehemalige Geschiebe aus Moränen einer frühpleistozänen Vereisung (Menap?), die nur eine beschränkte Ausdehnung nach Südwesten hatte. Über Schmelzwasserabflüsse wurden die Blöcke sehr wahrscheinlich in Eisschollen weiter nach Westen transportiert (vgl. Kap. 5.3.4).

Während des Glazials C des Cromer-Komplexes lagerten sich im niedersächsischen Emsland und in Ostdrenthe glaziofluviatile Sande ab, die als Sanderbildung einer unmittelbar östlich anschließenden Inlandeismasse aufzufassen sind. Das fennoskandische Eis dürfte damit erstmalig unmittelbar nördlich der Westfälischen Bucht gelegen haben. Dadurch wurden die nach Norden und Nordwesten gerichteten Flüsse der Westfälischen Bucht (vgl. Speetzen 1990) gestaut und ihre Wassermassen zusammen mit den Eisschmelzwässern über das Lippe-System nach Westen abgeleitet (vgl. Kap. 5.3.5). Ähnliche Verhältnisse stellten sich während des Elster-Glazials ein. Im nordwestlichen Niedersachsen und in den östlichen Niederlanden wurden zu dieser Zeit glazigene Ablagerungen, im wesentlichen Schmelzwassersande und Beckentone, abgelagert. Sie deuten einen nahen Eisrand an, der vermutlich auf der Linie Texel – Emmen – Nordhorn – Rheine – Osnabrück gelegen hat. In der Westfälischen Bucht, die mit großer Wahrscheinlichkeit eisfrei blieb, kam es erneut zu einem Aufstau und zur Ablenkung der Wassermassen in westliche Richtung (vgl. Kap. 5.3.6).

6.2 Die Saale-Vereisung

6.2.1 Anzahl der Eisvorstöße

Während des Saale-Glazials drang sehr wahrscheinlich erstmals im Pleistozän Inlandeis in die Westfälische Bucht ein und füllte sie zeitweilig ganz aus. Die Eismassen überschritten im Süden stellenweise die Ruhr und stießen im Westen bis an den

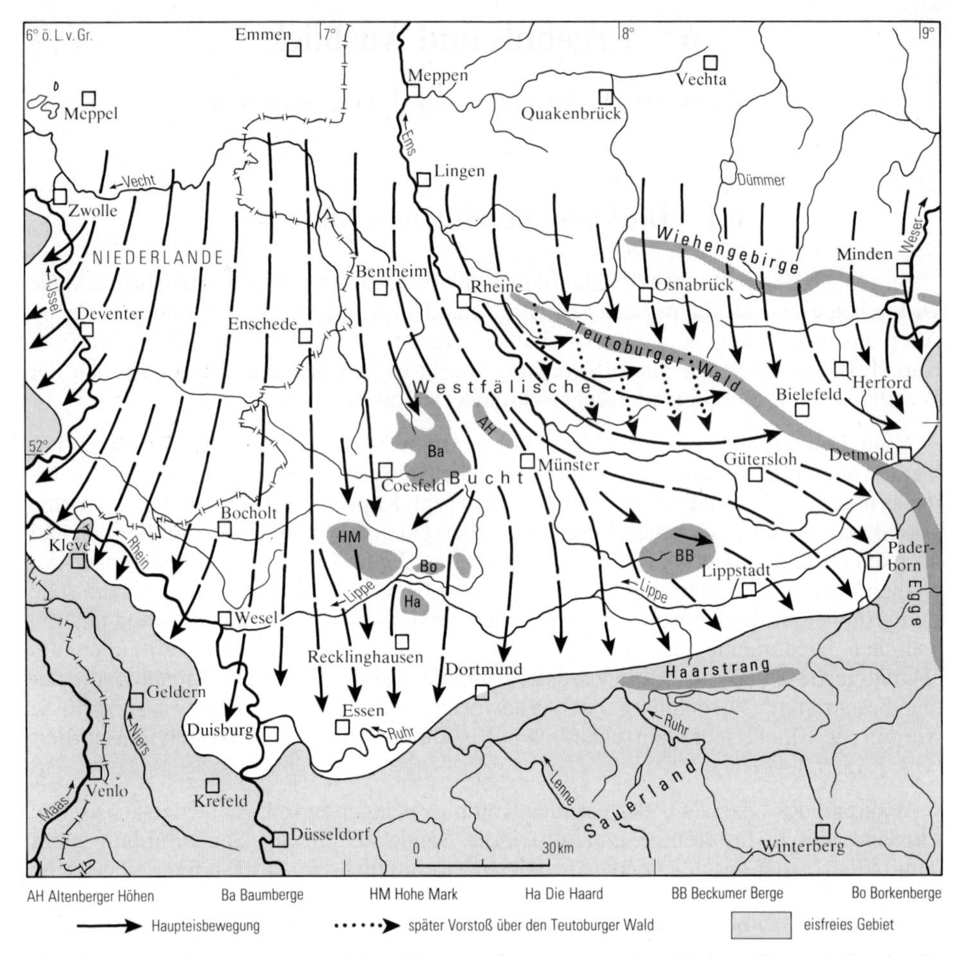

Abb. 46 Bewegungsrichtung und Ausdehnung des ersten saalezeitlichen Eisvorstoßes in die Westfälische Bucht und angrenzende Gebiete ("Drenthe-Hauptvereisung")

Niederrhein vor. Der Vorstoß des Eises in die Westfälische Bucht war allerdings kein einmaliger Vorgang, sondern vollzog sich in mehreren, deutlich zu unterscheidenden Phasen.

Die unterschiedliche Leitgeschiebeführung der westfälischen Moränen (vgl. Kap. 5.3.7.1) läßt drei Haupteisvorstöße erkennen, die nacheinander und teilweise aus verschiedenen Richtungen in die Westfälische Bucht eindrangen. Auch die regional wechselnden Mächtigkeiten des Geschiebemergels (vgl. Kap. 2.3), die unterschiedlichen Richtungen der Bewegungsspuren des Eises in Teilbereichen der Westfälischen Bucht (vgl. Kap. 3.3) und die sich teilweise überkreuzenden Transportrichtungen von einheimischen Großgeschieben (vgl. Kap. 4.3) weisen auf mehrere Eisvorstöße hin.

Aufgrund der gegliederten Moränenabfolgen, wie zum Beispiel bei Paderborn im Südosten und bei Coesfeld im Westen der Westfälischen Bucht (vgl. Kap. 5.3.7.1), lassen sich die einzelnen, durch ihre Leitgeschiebeführung zu unterscheidenden Eisvorstöße in eine zeitliche Reihenfolge bringen. Der erste Eisvorstoß – beziehungsweise die älteste Moräne in Westfalen – ist durch eine starke Beteiligung von Geschieben aus Südschweden,

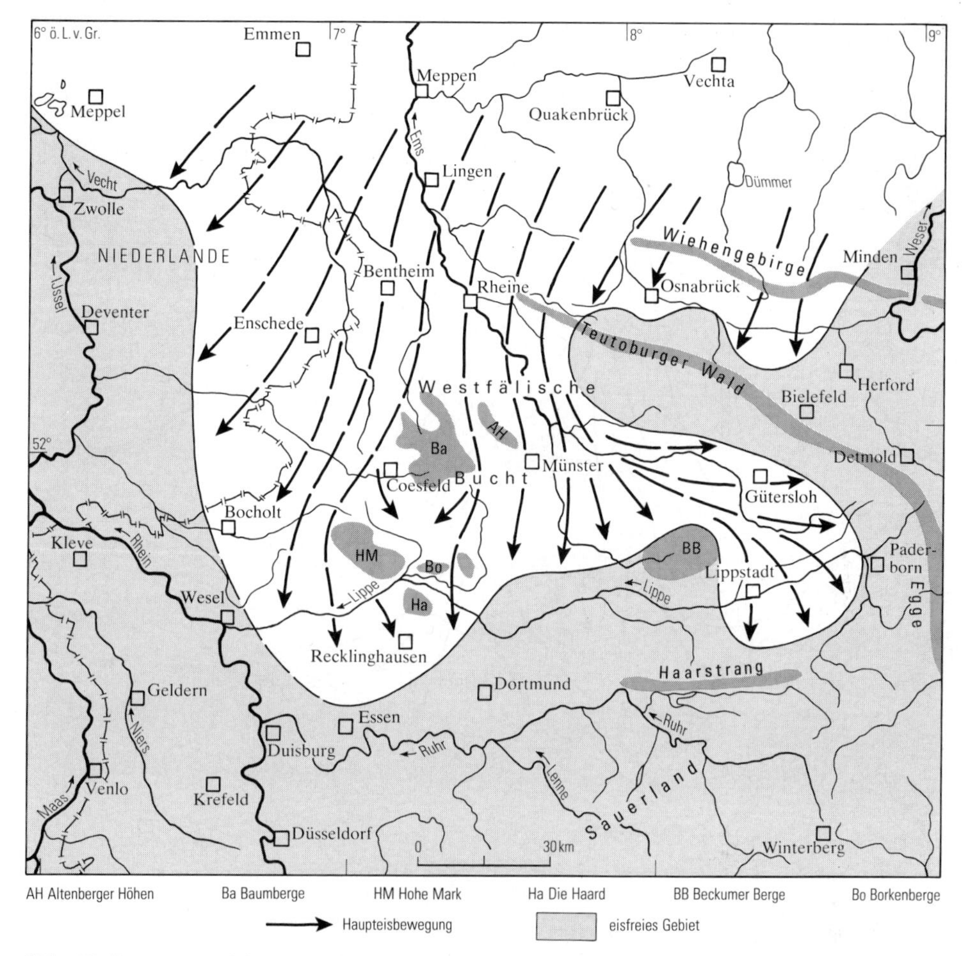

Abb. 47 Bewegungsrichtung und Ausdehnung des zweiten saalezeitlichen Eisvorstoßes in die Westfälische Bucht und angrenzende Gebiete

besonders aus Småland, gekennzeichnet. Die zweite Moräne zeigt neben südschwedischen Geschieben einen deutlichen Anteil an mittelschwedischem Dalarna-Material. Der dritte Eisvorstoß hinterließ eine Moräne, die einen hohen Anteil von Geschieben aus dem ostfennoskandischen Raum, besonders aus Åland, aufweist. Eine vierte Eismasse – die jüngste Moräne – ist ebenfalls durch ein Vorherrschen ostfennoskandischer Geschiebe gekennzeichnet. Diese Moräne weist keinen oder nur sehr wenig Feuerstein auf und ist dadurch von der dritten Moräne zu unterscheiden; sie ist als Ablagerung einer Nachphase des dritten Hauptvorstoßes aufzufassen.

6.2.2 *Richtung und Ausdehnung der Eisvorstöße*

Die unterschiedliche Leitgeschiebeführung der Moränen weist einerseits auf die verschiedenen Entstehungs- beziehungsweise Herkunftsgebiete der Eismassen hin, läßt andererseits aber auch gewisse Unterschiede in den Vorstoßrichtungen im Bereich des norddeutschen Tieflandes erkennen. Die erste, südschwedisch geprägte Eismasse kam aus

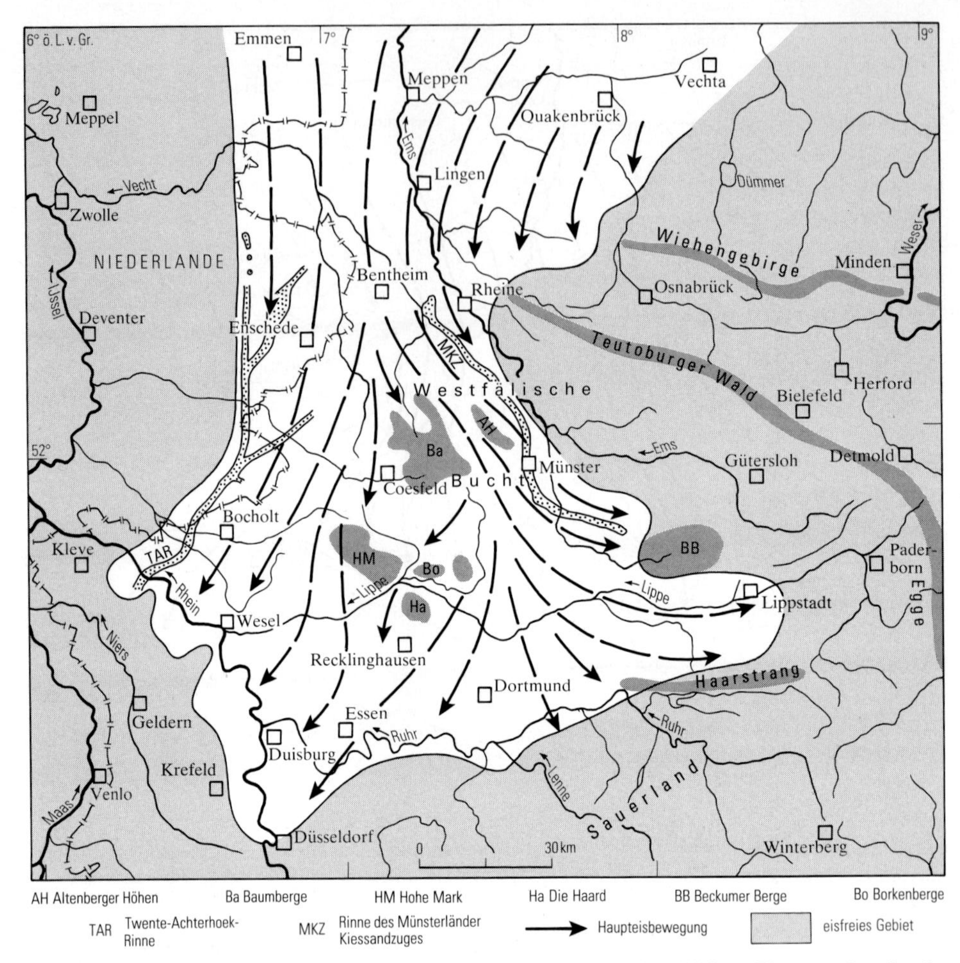

Abb. 48 Bewegungsrichtung und Ausdehnung des dritten saalezeitlichen Eisvorstoßes in die Westfälische Bucht und angrenzende Gebiete

Norden. Sie überfuhr den Nordrand des Mittelgebirges (das Wiehengebirge) und stieß bis zum Teutoburger Wald vor. Dort staute sich das Eis zunächst, bis es schließlich den nordwestlichen Abschnitt dieses Höhenzugs überwand und in die Westfälische Bucht übertrat. Ungefähr gleichzeitig, vermutlich etwas eher, drang der westlichere Teil der Eismasse über das Emstal in die Westfälische Bucht ein. Dieser Vorstoß reichte im Südosten bis über Paderborn, im Süden bis über die Ruhr und im Westen bis über den Niederrhein hinaus (vgl. Abb. 46). Bei diesem Vorstoß, der die gesamte Westfälische Bucht und ihre Umgebung einnahm, dürfte es sich um den mächtigsten Teil des drenthestadialen Eises gehandelt haben (Drenthe-Hauptvereisung).

Die zweite Eismasse kam aus nordöstlicher Richtung und wurde teilweise am Nordrand des Weser- und Wiehengebirges aufgehalten. Nur einzelne Zungen drangen in das südlich anschließende Bergland ein und mögen örtlich den Nordrand des Teutoburger Waldes erreicht haben. Ein anderer Teil dieser Eismasse umging den Mittelgebirgssporn und stieß auch in die Westfälische Bucht vor. Dieses Eis bewegte sich auf divergierenden, von den lokalen Höhen gesteuerten Bahnen nach Südosten, Süden und Westen (vgl. Abb. 47). Es scheint gegenüber dem ersten Eisvorstoß eine geringere Mächtigkeit oder auch eine geringere Fließgeschwindigkeit gehabt zu haben, da der Einfluß des lokalen Reliefs deutlich zu erkennen ist.

Die dritte Eismasse erreichte den Fuß des Mittelgebirges nicht mehr. Aus nördlicher und nordöstlicher Richtung stieß allerdings eine schmale Zunge vom Emsland her weit in die Westfälische Bucht vor und erreichte, nach Süden zunehmend divergierend, in breiter Front das Gebiet südlich der Ruhr (vgl. Abb. 48). Über den vierten und letzten Eisvorstoß gibt es zuwenig Daten, um daraus den Umfang und die Bewegungsrichtung der Eismasse abzuleiten.

Obwohl die Vereisung der Westfälischen Bucht in einzelnen Schüben erfolgte, ist sie als ein mehr oder weniger kontinuierlicher Vorgang aufzufassen. Im allgemeinen war dieser Raum seit dem ersten Eisvorstoß ständig von Inlandeis bedeckt, wobei sich stagnierendes und aktives Eis räumlich und zeitlich abwechselten. Nur nach dem zweiten Eisvorstoß, der besonders in die östlichen und westlichen Teilbereiche der Westfälischen Bucht gerichtet war und die zentralen Höhen weitgehend aussparte, dürfte es im zentralen Teil der Westfälischen Bucht zu einem Abschmelzen der primär relativ dünnen Eisdecke gekommem sein. Jedenfalls zeigt der letzte Eisstrom eine auffällige Kanalisierung, die auf einen freien "Korridor" zwischen mächtigeren Toteismassen im westlichen und östlichen Teil der Westfälischen Bucht hinweist (vgl. Kap. 6.2.3).

6.2.3 Der Münsterländer Kiessandzug und vergleichbare Rinnen im Rahmen des Vereisungsgeschehens

Eine auffällige Erscheinung innerhalb der glazigenen Ablagerungen der Westfälischen Bucht ist der Münsterländer Kiessandzug. Es handelt sich um einen schmalen, über ca. 80 km zu verfolgenden Körper aus Schmelzwassersanden und -kiesen, der im allgemeinen als Rinnenfüllung auftritt, teilweise auch als wallartige Erhebung vorkommt. Er verläuft in südöstliche Richtung von Rheine über Münster, biegt dann mehr in östliche Richtung um und endet bei Ennigerloh nördlich der Beckumer Berge. Aufgrund der wechselnden morphologischen Ausbildung ist die Entstehung nach wie vor umstritten – von den meisten Autoren wird er als osartiges Gebilde angesprochen (vgl. THIERMANN 1979, 1985). Aufgrund seiner ostfennoskandischen Leitgeschiebeführung und seiner besonderen Lage am östlichen Rand der jüngsten, ostfennoskandisch geprägten Moräne ergeben sich einige neue Aspekte hinsichtlich seiner Entstehung.

Die Bildung der Rinne begann vermutlich nach dem zweiten Eisvorstoß mit dem Abschmelzen der Eisdecke im zentralen Teil der Westfälischen Bucht. Dabei wurde die Rinne wahrscheinlich von Eisschmelzwässern angelegt, die zwischen einer großen Toteismasse im Osten und den zentralen Höhen im Westen zunächst in südliche Richtung abflossen. Ähnliche Verhältnisse gibt es auch am westlichen Rand der Westfälischen Bucht, wo im westfälisch-niederländischen Grenzgebiet ein vergleichbares, mit saalezeitlichen Schmelzwasserablagerungen gefülltes Rinnensystem (Twente-Achterhoek-Rinne) existiert. Es verläuft zunächst von Norden nach Süden und biegt dann nach Südwesten zum Niederrhein um (vgl. VAN DEN BERG & BEETS 1987 sowie Kt. 1 u. 2 in der Anl.). Bei diesem Rinnensystem dürfte es sich ebenfalls um Schmelzwasserabflüsse vor einer mächtigen Toteismasse im Westen gehandelt haben, die sich zur Niederrheinischen Senke zunehmend eintieften.

Aus der spiegelbildlichen Anordnung der Rinnen beiderseits der zentralen Höhen der Westfälischen Bucht ist für diesen Raum ein in Nord-Süd-Richtung verlaufender, zwischen großen Toteisfeldern gelegener eisfreier Bereich abzuleiten, der nach dem zweiten Eisvorstoß entstand. Durch diesen "Korridor" wurden die Schmelzwässer der stagnierenden Eismassen und des von Norden heranrückenden jüngsten Eises zunächst nach Süden abgeführt, bis sie direkt oder über die Lippetalung nach Westen zum Niederrhein abfließen konnten. Mit dem weiteren Vordringen der letzten, ostfennoskandisch geprägten Eismasse gerieten die Abflußrinnen zunehmend unter den Einfluß des aktiven Eises. Stellenweise mögen die Schmelzwässer zwischen dem stagnierenden und dem aktiven Eis abgeflossen sein und dabei einen Sedimentkörper ähnlich dem Ravensberger Kiessandzug (SERAPHIM 1973 c) aufgeschüttet haben. Schließlich überfuhr das Eis die mit glaziofluviatilen Ablagerungen gefüllten Rinnensysteme, wobei es von den Toteismassen in seiner seitlichen Ausdehnung begrenzt wurde (vgl. Abb. 49). Die Rinnenfüllungen wurden zum Teil von Grundmoräne überdeckt oder stellenweise auch durch die jetzt subglaziär abfließenden Schmelzwässer zu osartigen Körpern überformt. Für diese Deutung spricht, daß die östliche Verbreitungsgrenze der ostfennoskandisch geprägten Moräne weitgehend mit der Lage der Schmelzwasserrinnen des Münsterländer Kiessandzugs übereinstimmt. Im Westen ist die Verbreitungsgrenze der Moräne nur annähernd festzulegen und damit ein Zusammenhang mit der Twente-Achterhoek-Rinne nicht deutlich nachzuweisen (ZANDSTRA 1993).

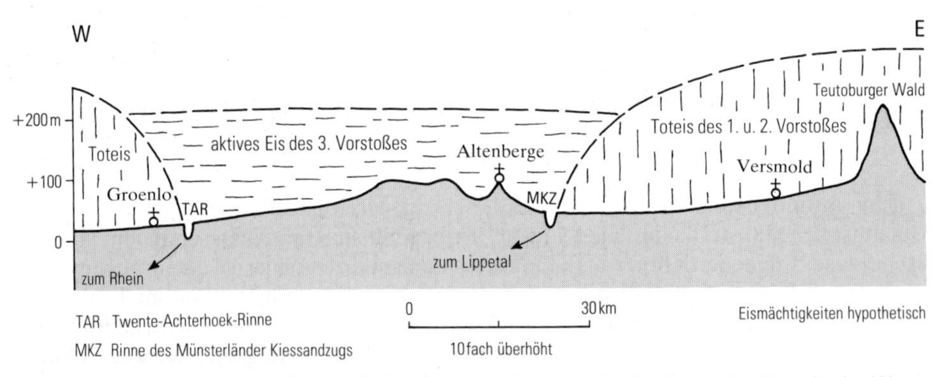

Abb. 49 Zusammenhang zwischen Schmelzwasserrinnen und Inlandeisverbreitung in der Westfälischen Bucht während des dritten saalezeitlichen Eisvorstoßes

Erst nach Passieren des Korridors verbreiterte sich der jüngste Eisstrom nach den Seiten. Er floß sowohl nach Osten als auch nach Südwesten aus und stieß zugleich mit großer Breite bis über den Südrand der Westfälischen Bucht vor. Die Schmelzwässer am Ostrand des Eisstroms konnten in diesem Stadium nicht mehr über das Lippetal nach Westen abfließen – sie wurden mit der sich ausdehnenden Eismasse nach Osten abgelenkt. Die ebenfalls nach Osten umbiegende Rinnenstruktur des Münsterländer Kiessandzugs und ihre Sedimentfüllung enden auf der Nordseite der Beckumer Berge. An diesen Höhen kam die nach Osten gerichtete Bewegung des Eises zum Erliegen. Die Schmelzwässer traten vermutlich in einen großen Eisstausee über, der sich zu diesem Zeitpunkt im Südosten der Westfälischen Bucht gebildet haben dürfte. Die endgültige Füllung der Rinnensysteme mit Schmelzwassersanden und -kiesen fällt sehr wahrscheinlich mit der maximalen Ausdehnung dieses Eisvorstoßes zusammen, als sich die Eismassen im Osten an den Beckumer Bergen, im Süden am Haarstrang und an den Randhöhen des Rheinischen Schiefergebirges stauten und sich im Westen in den aufgestauchten Terrassensanden des Rheins festliefen und damit endgültig zum Stillstand kamen. In der Abschmelzphase des Eises haben sich die subglaziären Tunnel stellenweise nach oben geöffnet, und es kam in diesen Bereichen zur Bildung kameartiger Schmelzwasserablagerungen.

6.3 Schlußbemerkungen

Die hier vorgelegten Ergebnisse geologischer Untersuchungen zur Vereisungsgeschichte der Westfälischen Bucht und angrenzender Gebiete beruhen auf unterschiedlichen Ansätzen und Methoden. Die aus der Auswertung der Einzeluntersuchungen gewonnenen Erkenntnisse ergeben eine grundsätzliche Übereinstimmung hinsichtlich einer mehrphasigen Vereisung der Westfälischen Bucht während der Saale-Kaltzeit. Darüber hinaus stimmen die Einzelergebnisse häufig auch in Teilbereichen überein – wie etwa die Grenzen von Leitgeschiebegemeinschaften mit auffälligen Mächtigkeitsunterschieden des Geschiebemergels oder die Richtungen der Eisbewegung, die aus Leitgeschiebeverteilungen sowie aus Messungen der Gefüge und der Geschiebeeinregelung abgeleitet wurden.

In der Synopsis ergeben die einzelnen Untersuchungen ein deutliches Bild der saalezeitlichen Vereisung und erlauben eine Auflösung des Geschehens in einzelne, nach Richtung, Reichweite und Abfolge unterscheidbare Eisvorstöße. Dabei kommt der Analyse des kristallinen Leitgeschiebebestands, regional und stratigraphisch gesehen, die größte Aussagekraft zu. Durch die gleichzeitige Anwendung unterschiedlicher Untersuchungsmethoden, die das Phänomen Vereisung unter jeweils anderen Blickwinkeln entschlüsseln, wurde die Wahrscheinlichkeit der Aussagen erhöht. Weitere Untersuchungen der vom Inlandeis hinterlassenen Spuren und Ablagerungen, insbesondere zum Stoffbestand, Aufbau, Gefüge und Geschiebeinhalt von Moränenabfolgen, können noch vorhandene Beobachtungslücken schließen und die bisherigen Ergebnisse absichern.

7 Literatur

ANDERSEN, S. T. (1965): Interglacialer og interstadialer i Danmarks kvartaer. – Medd. dansk geol. Foren., **15:** 486 – 506, 9 Abb.; København.

ARENS, H. (1964): Ein Geschiebelehm-Rest am Haarstrang südöstlich Unna/Westf. – N. Jb. Geol. Paläont., Mh., **1964:** 125 – 130, 3 Abb.; Stuttgart.

ARNOLD, H. (1952): Kartierbericht zur geologischen Übersichtskartierung 1 : 25 000 der Blätter Gütersloh (4016), Rietberg (4116) und Verl (4117). – 27 S., 32 Abb.; Krefeld (Geol. L.-Amt Nordrh.-Westf.). – [Unveröff.]

ARNOLD, H. (1953): Kartierbericht zur geologischen Übersichtskartierung 1 : 25 000 der Blätter Mastholte (4216), Delbrück (4217), Lippstadt (4316) und Geseke (4317). – 88 S., 47 Abb.; Krefeld (Geol. L.-Amt Nordrh.-Westf.). – [Unveröff.]

ARNOLD, H. (1966): Das Quartär im Landkreis Coesfeld. – In: Der Landkreis Coesfeld 1816 – 1966: 211 – 216, 1 Abb., 1 Tab., 1 Kt.; Coesfeld (Kr.-Verw.).

ARNOLD, H. (1977), mit Beitr. von HOYER, P., & VOGLER, H.: Erläuterungen zu Blatt C 4314 Gütersloh. – Geol. Kt. Nordrh.-Westf. 1 : 100 000, Erl., **C 4314:** 156 S., 31 Abb., 10 Tab., 1 Taf.; Krefeld.

BAECKER, P. (1963): Über altpleistozäne Flußrinnen und einige andere Probleme des Pleistozäns im Münsterland. – N. Jb. Geol. Paläont., Abh., **117:** 59 – 88, 10 Abb., 2 Taf.; Stuttgart.

BAECKER-BAUMEISTER, M. (1983): Beitrag zur Genese der Münsterländer Kiessandzone und sich daraus ergebende angewandt-geologische Aspekte. – Diss. Univ. Münster: 152 S., 37 Abb., 5 Tab., Anh.; Münster. – [Unveröff.]

BÄRTLING, R. (1911): Erläuterungen zu Blatt Unna. – Geol. Kt. Preußen u. benachb. B.-Staaten 1 : 25 000, Erl., **4412:** 144 S., 9 Abb., 9 Taf.; Berlin.

BÄRTLING, R. (1914): Die Endmoräne am Nordabfall des Rheinischen Schiefergebirges und ihre Beziehungen zur Talbildung. – Z. dt. geol. Ges., **65** (Mber.): 191 – 204, 7 Abb.; Berlin.

BÄRTLING, R. (1921): Die Endmoränen der Hauptvereisung zwischen Teutoburger Wald und Rheinischem Schiefergebirge. – Z. dt. geol. Ges., **72** (Mber.): 3 – 23, 2 Abb., 1 Kt.; Berlin.

BÄRTLING, R. (1925): Geologisches Wanderbuch für den niederrheinisch-westfälischen Industriebezirk, umfassend das Gebiet vom nördlichen Teil des Rheinischen Schiefergebirges bis zur holländischen Grenze, 2. Aufl. – VIII + 459 S., 123 Abb.; Stuttgart (Enke).

BÄRTLING, R., & BREDDIN, H. (1931): Erläuterungen zu Blatt Mülheim (Ruhr). – Geol. Kt. Preußen u. benachb. dt. Länder 1 : 25 000, Erl., **4507:** 111 S.; Berlin.

BAUER, H.-J. (1979): Der Münsterländer Kiessandzug. Geologie, Hydrogeologie, Hydrochemie und Wasserwirtschaft. – Berliner geowiss. Abh., (A) **10:** 136 S., 90 Abb., 25 Tab.; Berlin.

BERG, M. W. VAN DEN, & BEETS, D. J. (1987): Saalian glacial deposits and morphology in the Netherlands. – In: MEER, J. J. M. VAN DER [Hrsg.]: Tills and Glaciotectonics: 235 – 251, 9 Abb.; Rotterdam (Balkema).

BEYENBURG, E. (1934): Älteste Diluvialschotter, Endmoränen und Talsande im Preußisch-Holländischen Grenzgebiet. – Jb. preuß. geol. L.-Anst., **54:** 602 – 627, 1 Abb., 1 Taf.; Berlin.

BIJLSMA, S. (1981): Fluvial sedimentation from the Fennoscandian area into the North-West European Basin during the Late Cenozoic. – Geol. en Mijnb., **60:** 337 – 345, 3 Abb., 2 Tab.; 's-Gravenhage.

BOENIGK, W. (1983): Schwermineralanalyse. – 158 S., 77 Abb., 8 Tab., 4 Taf.; Stuttgart (Enke).

BOLSENKÖTTER, H., & HILDEN, H. D. (1969): Ein Beitrag zur Talgeschichte der Stever und der unteren Lippe. – Fortschr. Geol. Rheinld. u. Westf., **17:** 47 – 54, 3 Abb.; Krefeld.

BOSCH, J. H. A. (1990): Toelichting bij blad Assen West (12 W) en blad Assen Oost (12 O). – Geol. Kt. Nederland 1 : 25 000, Toelicht., **12 W, 12 O:** 188 S., 64 Abb., 19 Beil., 1 Anl.; Haarlem (Rijks Geol. Dienst).

BOSWINKEL, J. A. (1977): Enkele geologisch-geomorfologische onderzoekingen aan de stuwwal bij Nijmegen. – Dipl.-Arb. Landwirtsch.-Univ. Wageningen: 35 S., 11 Abb., 7 Tab.; Wageningen. – [Unveröff.]

BRANDT, K. (1961): Kames im Kreis Recklinghausen. – Vestisches Jb., **63:** 5 – 11, 4 Abb.; Recklinghausen.

BRAUN, F. J. (1953): Über Bild und Alter der Stauchmoräne bei Ladbergen im nördlichen Münsterland. – Z. dt. geol. Ges., **104:** 531 – 532; Hannover.

BRAUN, F. J. (1964): Endmoränen-Stauchwall und Eisrandbildungen bei Moyland/Ndrh., aufgeschlossen in der Kiesgrube Von-Steengracht. – Niederrhein, **31** (2): 58 – 63, 7 Abb., 1 Tab.; Krefeld.

BRAUN, F. J. (1968): Bericht über die Exkursion in das Gebiet westlich des Schafberges bei Ibbenbüren am 20. Juni 1965. – Mitt. geol. Ges. Essen, **6:** 42 – 50, 4 Abb., 1 Taf.; Essen.

BRAUN, F. J. (1975): Pleistozän. – Geol. Kt. Nordrh.-Westf. 1 : 100 000, Erl., **C 4306:** 94 – 113, 4 Abb., 2 Tab.; Krefeld.

BRAUN, F. J. (1978): Geschiebekundliche und mineralogisch-petrographische Besonderheiten im Endmoränen-Stauchwall von Moyland bei Kalkar/Ndrh. – Fortschr. Geol. Rheinld. u. Westf., **28:** 325 – 333, 2 Abb., 1 Tab., 1 Taf.; Krefeld.

BRAUN, F. J., & DAHM-ARENS, H., & BOLSENKÖTTER, H. (1968), mit Beitr. von ANDERSON, H.-J., & ARNOLD, H., & HINZ, H., & HOYER, P., & SCHNELL, K., & SIEBERT, G., & VOGLER, H., & WERNER, H.: Erläuterungen zu Blatt C 4302 Bocholt, A. Geologische Karte, B. Bodenkarte, C. Hydrogeologische Karte. – Übers.-Kt. Nordrh.-Westf. 1 : 100 000, Erl., **C 4302:** 180 S., 14 Abb., 8 Tab., 5 Taf.; Krefeld.

BREDDIN, H. (1938): Die Quartärablagerungen des Niederrheinisch-Westfälischen Industriegebietes. – In: KUKUK, P. [Hrsg.]: Geologie des Niederrheinisch-Westfälischen Steinkohlengebietes: 480 – 500, 26 Abb., 2 Tab.; Berlin (Springer).

BRELIE, G. VON DER (1952): Mikropaläontologische Untersuchung eines neuen Aufschlusses im Interglazial von Haren an der Ems. – Hannover (Amt Bodenforsch.). – [Unveröff.]

BRELIE, G. VON DER, & REIN, U., & KLUSEMANN, H., & TEICHMÜLLER, R., & WORTMANN, H. (1957): Pleistozän-Profile im Essener Raum. – N. Jb. Geol. Paläont., Mh., **1956:** 113 – 131, 8 Abb., 1 Tab.; Stuttgart.

BRÜNING, U. (1980): Die Saale-eiszeitlichen Sedimente am Piesberg bei Osnabrück. – Osnabrücker naturwiss. Mitt., **7:** 7 – 42, 18 Abb.; Osnabrück.

BURRE, O. (1924): Ein Endmoränenbogen bei Herford und Bünde i. Westf. – Jb. preuß. geol. L.-Anst., **44:** 306 – 311; Berlin.

CALKER, F. J. P. VAN (1912): Die kristallinischen Geschiebe der Moränenablagerungen in der Stadt und Umgebung von Groningen. – Mitt. miner.-geol. Inst. Univ. Groningen, **2** (3): 175 – 390; Leipzig, Groningen.

COHEN, E., & DEECKE, W. (1892): Über Geschiebe aus Neu-Vorpommern und Rügen. – Mitt. naturwiss. Ver. Neu-Vorpommern u. Rügen, **23:** 84 S.; Berlin.

COHEN, E., & DEECKE, W. (1897): Über Geschiebe aus Neu-Vorpommern und Rügen. – Mitt. naturwiss. Ver. Neu-Vorpommern u. Rügen (Erste Fortsetzung), **28:** 95 S.; Berlin.

DEECKE, W. (1904): Das Miocän von Neddemin (Tollensetal) und seine silurischen Gerölle. – Mitt. naturwiss. Ver. Neu-Vorpommern u. Rügen, **35:** 43 – 56; Berlin.

DEUTLOFF, O., mit Beitr. von DUBBER, H.-J., & JÄGER, B., & MICHEL, G., & VIETH-REDEMANN, A.: Erläuterungen zu Blatt 3818 Herford. – Geol. Kt. Nordrh.-Westf. 1 : 25 000, Erl., **3818**, 2. Aufl.; Krefeld. – [In Vorbereit.]

DEWERS, F. (1939): Die geologischen Lagerungsverhältnisse des interglazialen Torfes von Haren/Ems. – Abh. naturwiss. Ver. Bremen, **31** (2): 347 – 359, 3 Abb.; Bremen.

DEWERS, F. (1941): Das Diluvium. – Geol. u. Lagerst. Niedersachs., **3** (3): 53 – 267, 117 Abb., 5 Tab.; Oldenburg.

DÖLLING, M. (1991): Zur Geologie des Bocholter Aatales. – Dipl.-Arb. Univ. Münster, Tl. 1, Geologische Kartierung des Bocholter Aatales im Bereich Bocholt und Rhede: 80 S., 40 Abb., 4 Tab., Anh.; Tl. 2, Sedimentpetrographische ud quartärstratigraphische Untersuchungen der Kernbohrung 1 Groß Wege bei Bocholt: 112 S., 30 Abb., 3 Tab., 2 Taf., Anh.; Münster. – [Unveröff.]

DOPPERT, J. W. C., & RUEGG, G. H. J., & STAALDUINEN, C. J. VAN, & ZAGWIJN, W. H., & ZANDSTRA, J. G. (1975): Formaties van het Kwartair en Boven-Tertiair in Nederland. – Geol. Overz.-Kt. Nederland, Toelicht.: 11 – 56, 60 Abb.; Haarlem (Rijks Geol. Dienst).

DUPHORN, K., & GRUBE, F., & MEYER, K.-D., & STREIF, H., & VINKEN, R. (1973): Area of the Scandinavian Glaciation. 1. Pleistocene and Holocene. – Eiszeitalter u. Gegenwart, **23/24:** 222 – 250, 1 Abb.; Öhringen.

EBERS, E. (1926): Die bisherigen Ergebnisse der Drumlinforschung. Eine Monographie der Drumlins. – N. Jb. Mineral. Geol. Paläont., Beil.-Bd., (B) **53:** 153 – 270, 3 Abb., 1 Taf.; Stuttgart.

EBERS, E. (1937): Zur Entstehung der Drumlins als Stromlinienkörper. Zehn weitere Jahre Drumlinforschung (1926 – 1936). – N. Jb. Mineral. Geol. Paläont., Beil.-Bd., (B) **78:** 200 – 240, 3 Tab., 3 Taf.; Stuttgart.

EBERT, A. (1954), mit Beitr. von LEISSER, J.: Geologie der Ibbenbürener Karbonscholle. – Beih. geol. Jb., **14:** 113 S., 23 Abb., 2 Tab., 6 Taf.; Hannover.

EHLERS, J. (1975): Neue Untersuchungen zur Entstehung der Harburger Berge. – Harburger Jb., **14:** 7 – 49, 21 Abb., 1 Tab., 1 Taf.; Harburg.

EHLERS, J. (1978): Die quartäre Morphogenese der Harburger Berge und ihrer Umgebung. – Mitt. geogr. Ges. Hamburg, **68:** 181 S., 110 Abb., 1 Beil.; Hamburg.

EHLERS, J. (1983): Different till types in North Germany and their origin. – In: EVENSON, E. B., & SCHLÜTER, CH., & RABASSA, J. [Hrsg.]: Tills and Related Deposits: 61 – 80, 16 Abb.; Rotterdam (Balkema).

EHLERS, J. (1990 a): Reconstructing the dynamics of the North-West European Pleistocene ice sheets. – Quatern. Sci. Rev., **9:** 71 – 83, 6 Abb.; Oxford.

EHLERS, J. (1990 b): Untersuchungen zur Morphodynamik der Vereisungen Norddeutschlands unter Berücksichtigung benachbarter Gebiete. – Bremer Beitr. Geogr. u. Raumplan., **19:** 166 S., 84 Abb.; Bremen.

EHLERS, J., & MEYER, K.-D., & STEPHAN, H.-J. (1984): The Pre-Weichselian Glaciations of North-West Europe. – Quatern. Sci. Rev., **3** (1): 1 – 40, 11 Abb., 1 Tab., 3 Taf.; Oxford.

EHLERS, J., & STEPHAN, H.-J. (1979): Forms at the base of till strata as indicators of the ice movement. – J. Glaciol., **22** (87): 345 – 355, 14 Abb.; Cambridge.

EHLERS, J., & STEPHAN, H.-J. (1983): Till fabric and ice movement. – In: EHLERS, J. [Hrsg.]: Glacial deposits in North-West Europe: 267 – 274, 7 Abb.; Rotterdam (Balkema).

EISSMANN, L. [Hrsg.] (1990): Die Eemwarmzeit und die frühe Weichseleiszeit im Saale-Elbe-Gebiet: Geologie, Paläontologie, Paläoökologie. – Altenburger naturwiss. Forsch., **5:** 301 S., 66 Abb., 28 Tab., 54 Taf.; Altenburg/Thür.

ERD, K. (1970): Pollen-analytical classification of the Middle Pleistocene in the German Democratic Republic. – Palaeogeogr., Palaeoclimatol., Palaeoecol., **8:** 129 – 145, 7 Abb.; Amsterdam.

ESKOLA, P. (1934): Tausend Geschiebe aus Lettland. – Ann. Acad. Sci. fenn., **A 39:** 41 S., 9 Abb.; Helsinki.

FIEGE, K. (1925): Beitrag zur Kenntnis des Glazialdiluviums an der Ruhr. – Glückauf, **61** (34): 1 406 – 1 408, 1 Abb.; Essen.

FLIEGEL, G. (1914): Neue Beiträge zur Geologie des Niederrheinischen Tieflandes. – Jb. kgl. preuß. geol. L.-Anst., **33** (2): 418 – 452, 1 Taf.; Berlin.

FRICKE, K., & HESEMANN, J., & WÜLBECKE, J. VON DER (1949): Ein neuer Aufschluß mit elster- und saalezeitlichen Bildungen im Lippe-Diluvium bei Waltrop. – N. Jb. Mineral. Geol. Paläont., Mh., (B) **1949:** 328 – 332, 3 Abb.; Stuttgart.

GENIESER, K. (1970): Über Quarze, Amethyste und verkieselte Fossilien. – Grondb. en Ham., **2:** 35 – 64, 4 Abb., 3 Tab.; Enschede.

Geologisches Landesamt Nordrhein-Westfalen [Hrsg.] (1988): Geologie am Niederrhein, 4. Aufl. – 142 S., 39 Abb., 4 Tab.; Krefeld.

Geologisch-Paläontologisches Museum der Universität Münster [Hrsg.] (1986): Eiszeitliche Sedimentärgeschiebe. Fossilien aus dem Münsterländer Kiessandzug. – 52 S., zahlr. Abb.; Münster.

GIBBARD, P. L. (1988): The history of the great northwest European rivers during the past three million years. – Phil. Trans. roy. Soc. London, **B 318:** 559 – 602, 6 Abb.; London.

GRAHLE, H.-O. (1960): Pleistozän – Holozän. – Beih. geol. Jb., **37:** 171 – 208, 13 Abb.; Hannover.

GRIPP, K. (1975): 100 Jahre Untersuchungen über das Geschehen am Rande des nordeuropäischen Inlandeises. – Eiszeitalter u. Gegenwart, **26:** 31 – 73, 5 Abb., 8 Taf.; Öhringen.

GROOT, T. A. M. DE, & ADRICHEM BOOGAERT, H. A. VAN, & FISCHER, M. M., & KLIJNSTRA, B., & MONTFRANS, H. M. VAN, & WIL, H., & WEE, M. W. TER, & WEPEREN, M. J. VAN, & ZANDSTRA, J. G. (1987): Toelichting bij blad Heerenveen West (11 W) en blad Heerenveen Oost (11 O). – Geol. Kt. Nederland 1 : 50 000, Toelicht., **11 W, 11 O:** 251 S., 79 Abb., 20 Beil., 7 Anl.; Haarlem (Rijks Geol. Dienst).

GRUBE, F., & CHRISTENSEN, S., & VOLLMER, TH. (1986), mit Beitr. von DUPHORN, K., & KLOSTERMANN, J., & MENKE, B.: Glaciations in North-West Germany. – In: SIBRAVA, V., & BOWEN, D. Q., & RICHMOND, G. M. [Hrsg.]: Quaternary Glaciations in the Northern Hemisphere: 347 – 358, 3 Abb., 1 Tab.; Oxford (Pergamon).

GRÜNER, W. (1975): Die Stratigraphie der Stauchmoränen und Mittelterrassen bei Krefeld. – Dipl.-Arb. Univ. Köln: 175 S., 3 Beil.; Köln. – [Unveröff.]

GRUPE, O. (1930): Die Kamesbildungen des Weserberglandes. – Jb. preuß. geol. L.-Anst., **51:** 350 – 370, 1 Abb., 7 Taf.; Berlin.

GUNDLACH, J., & SPEETZEN, E. (1990): Untersuchungen zur Petrographie und Genese der drenthe-stadialen Grundmoräne im Westmünsterland (Westfälische Bucht, NW-Deutschland). – N. Jb. Geol. Paläont., Abh., **181** (1 – 3): 471 – 499, 13 Abb., 1 Tab.; Stuttgart.

HACHT, W. VON (1990): Gesteine aus den Grobkiesbändern von Sylt. – Fossilien von Sylt, **3:** 73 – 92, 6 Taf.; Hamburg.

HAMM, H. (1882): Beobachtungen im Diluvium der Umgegend von Osnabrück. – Z. dt. geol. Ges., **34:** 629 – 636; Berlin.

HARBORT, E., & KEILHACK, K. (1918): Erläuterungen zu Blatt Senne. – Geol. Kt. Preußen u. benachb. dt. B.-Staaten 1 : 25 000, Erl., **4118:** 28 S., 1 Abb.; Berlin.

HARMS, F.-J. (1980): »David & Goliath«: ein Findling bei Glandorf (Landkreis Osnabrück). – Osnabrücker naturwiss. Mitt., **7:** 220 – 222, 2 Abb.; Osnabrück.

HARMS, F.-J., & BRÜNING, U. (1980): Gletscherschrammen auf dem Piesberg bei Osnabrück. – Osnabrücker naturwiss. Mitt., **7:** 43 – 48, 6 Abb., 1 Tab.; Osnabrück.

HAUSMANN, J. F. L. (1831): Verhandeling ter beantwoording der Vrage: Welke is de oorsprong der Graniet-en andere primitive Rotsblokken, die in groote menigte over de vlakten der Nederlanden en van het Noordelijk Duitschland, en in de zandgronden verspreid liggen?. – Natuurkde. Verh. holl. Maatsch. Wetensch., **19:** 269 – 400; Haarlem.

HEMPEL, L. (1957): Saaleeiszeitliche Eisrandlagen und ihre Formen am Haarstrang. – N. Jb. Geol. Paläont., Mh., **1957:** 241 – 249, 4 Abb.; Stuttgart.

HEMPEL, L. (1962): Pleistozäne Pseudorumpfflächen am Haarstrang. – N. Jb. Geol. Paläont., Mh., **1962:** 83 – 89, 1 Abb.; Stuttgart.

HENDRICKS, A. (1979): Lithologische Untersuchungen in der marinen Unter-Kreide des Teutoburger Waldes zwischen Detmold und Bad Iburg (Westfalen) unter besonderer Berücksichtigung des Osning-Sandsteins. – Diss. Univ. Münster: 237 S., 42 Abb., 1 Tab., 9 Taf.; Münster. – [Unveröff.]

HESEMANN, J. (1930): Wie sammelt und verwertet man kristalline Geschiebe?. – Sitz.-Ber. geol. L.-Anst., **5:** 188 – 196; Berlin.

HESEMANN, J. (1931): Quantitative Geschiebebestimmungen im norddeutschen Diluvium. – Jb. preuß. geol. L.-Anst., **51:** 714 – 758, 1 Kt.; Berlin.

HESEMANN, J. (1933): Über die Bedeutung von Korngröße, Verwitterung und Art der Ablagerung für die Geschiebeführung. – Z. Geschiebeforsch., **9:** 1 – 6, 5 Tab.; Leipzig.

HESEMANN, J. (1934): Ergebnisse und Aussichten einiger Methoden zur Feststellung der Verteilung kristalliner Leitgeschiebe. – Jb. preuß. geol. L.-Anst., **55:** 1 – 27; Berlin.

HESEMANN, J. (1935): Neue Ergebnisse der Geschiebeforschung im norddeutschen Diluvium (kristalline Geschiebe). – Geol. Rdsch., **26:** 186 – 198; Stuttgart.

HESEMANN, J. (1939): Diluvialstratigraphische Geschiebeuntersuchungen zwischen Elbe und Rhein. – Abh. naturwiss. Ver. Bremen, **31** (2): 247 – 285, 3 Abb.; Bremen.

HESEMANN, J. (1949): Über die Geschiebeverteilung im Jungdiluvium und geschiebekundliche Hinweise auf eine zweimalige Vereisung Nordwestdeutschlands. – Z. dt. geol. Ges., **101:** 79 – 85, 3 Abb.; Hannover.

HESEMANN, J. (1957): Elster- und Saale-Eiszeit in Westfalen und anschließendem Rheinland nach ihrer Geschiebeführung. – N. Jb. Geol. Paläont., Mh., **1956:** 49 – 54, 1 Abb.; Stuttgart.

HESEMANN, J. (1961): Geschiebeforschung in Rück- und Ausblick. – Ber. geol. Ges. DDR, **5** (3): 191 – 205; Berlin.

HESEMANN, J. (1971): Über einen eiszeitlichen Sand- und Kieszug im Raum Bielefeld – Halle (Westf.). – Ber. naturwiss. Ver. Bielefeld, **20:** 61 – 65, 4 Abb.; Bielefeld.

HESEMANN, J. (1975 a): Geologie Nordrhein-Westfalens. – 416 S., 255 Abb., 122 Tab., 11 Taf.; Paderborn (Schöningh). – [Bochumer geogr. Arb., Sonderr., **2**]

HESEMANN, J. (1975 b): Kristalline Geschiebe der nordischen Vereisungen. – 267 S., 44 Abb., 29 Tab., 8 Taf., 1 Anl.; Krefeld (Geol. L.-Amt Nordrh.-Westf.).

HILDEN, H. D. (1991): Als vom Norden die Gletscher kamen. Eiszeitliches rund um Gronau. – Bürgerbuch Gronau u. Epe, **1991/1992:** 130 – 135, 4 Abb.; Gronau/Westf. (H. Dickel).

HINZE, C. (1982): mit Beitr. von BÜCHNER, K.-H., & FAUTH, H., & GRAMANN, F., & JORDAN, R., & LEBKÜCHNER, H., & MENGELING, H., & OELKERS, K.-H., & SCHLÜTER, W., & STEFFENS, P., & UFFENORDE, H.: Erläuterungen zu Blatt 3615 Bohmte. – Geol. Kt. Niedersachsen 1 : 25 000, Erl., **3615:** 128 S., 20 Abb., 4 Tab., 7 Kt.; Hannover.

HINZE, C. (1988), mit Beitr. von FRÖHLICH, S., & GEISSLER, H., & GRAMANN, F., & IMAMOGLU, A. E., & KOCKEL, F., & LEBKÜCHNER, H., & OTTER, C. DEN, & STANCU-KRISTOFF, G., & STEFFENS, P., & TÜXEN, J.: Erläuterungen zu Blatt 3608 Bad Bentheim. – Geol. Kt. Niedersachsen 1 : 25 000, Erl., **3608:** 120 S., 16 Abb., 4 Tab., 8 Kt.; Hannover.

HIRZEBRUCH, F. (1911): Über kristallinische Geschiebe aus dem Diluvium des Münsterlandes. – Verh. naturhist. Ver. Rheinld. u. Westf., **68:** 347 – 381; Münster.

HISS, M., & SKUPIN, K., & ZANDSTRA, J. G. (1992): Abgrabung Tecklenborg südwestlich von Coesfeld-Flamschen. – Tag. Arb.-Gem. nordwestdt. Geol., 59., 1992, Essen, Kurzfass. u. Exk.-Führer: 109 – 114, 3 Abb.; Essen.

HÖFLE, H. C. (1983): Strukturmessungen und Geschiebeanalysen an eiszeitlichen Ablagerungen auf der Osterholz-Scharmbecker Geest. – Abh. naturwiss. Ver. Bremen, **40:** 39 – 53, 11 Abb., 3 Tab.; Bremen.

HOSIUS, A., & MÜGGE, O. (1893): Über geschrammte Geschiebe der oberen Kreideformationen im Diluvium bei Münster in Westf. – Verh. naturhist. Ver. preuß. Rheinld. u. Westf., **30:** 524 – 531, 2 Taf.; Bonn.

HOUMARK-NIELSEN, M. (1987): Pleistocene stratigraphy and glacial history of the central part of Denmark. – Bull. geol. Soc. Denm., **36:** 189 S., 138 Abb.; København.

HUCKE, K. (1925): Die Geschiebeforschung. Rückblick und Ausblick. – Z. Geschiebeforsch., **1:** 1 – 8; Berlin.

HUCKE, K. (1926): Über horizontale und vertikale Geschiebeverbreitung. Historisches und Kritisches zur Entwicklung der Frage der Bewegungsrichtung des diluvialen Inlandeises und der Gliederung des Diluviums vom Standpunkte der Geschiebeforschung. – Z. Geschiebeforsch., **2:** 27 – 44; Berlin.

HUCKE, K. (1928): Zur Verbreitung des Pliocäns in Norddeutschland. – Jb. preuß. geol. L.-Anst., **49:** 413 – 426, 1 Abb.; Berlin.

HÜSER, H. (1941): Annette von Drostes geologische Studien. – Heimatbl., Organ heimatl. Belange Lippstadt u. Umgeb., **23** (4): 10 – 11; Lippstadt.

Hydrologische Karte von Nordrhein-Westfalen 1 : 25 000 (Grundriß- u. Profil-Kt.). – Hrsg. L.-Amt Wasser u. Abfall Nordrh.-Westf., Blatt 4105 Bocholt (1965), Bearb. VÖLTZ, H.; Blatt 4106 Rhede (1980), Bearb. STORK, W.; Düsseldorf.

JANSEN, F. (1980), mit Beitr. von ERKWOH, F.-D., & KAMP, H. VON, & RABITZ, A., & REHAGEN, H.-W., & WEBER, P., & WOLF, M.: Erläuterungen zu Blatt 4510 Witten. – Geol. Kt. Nordrh.-Westf. 1 : 25 000, Erl., **4510,** 2. Aufl.: 176 S., 22 Abb., 20 Tab., 5 Taf.; Krefeld.

JESSEN, K., & MILTHERS, V. (1928): Stratigraphical and palaeontological studies of interglacial freshwater deposits in Jütland and Northwest-Germany. – Danm. geol. Unders., **48:** 1 – 379; København.

JONG, J. D. DE (1956): Sedimentpetrographische Untersuchungen in Terrassen-Schottern im Gebiet zwischen Krefeld und Kleve. – Geol. en Mijnb., N. S., **18:** 389 – 394, 5 Abb.; 's-Gravenhage.

KAERLEIN, F. (1969): Bibliographie der Geschiebe des pleistozänen Vereisungsgebietes Nordeuropas. – Mitt. geol.-paläont. Inst. Univ. Hamburg, **38:** 7 – 117; Hamburg.

KAERLEIN, F. (1985): Bibliographie der Geschiebe des pleistozänen Vereisungsgebietes Nordeuropas, Tl. 2. – Mitt. geol.-paläont. Inst. Univ. Hamburg, **59:** 164 S.; Hamburg.

KAERLEIN, F. (1989): Bibliographie der Geschiebe des pleistozänen Vereisungsgebietes Nordeuropas, Tl. 3. – Arch. Geschiebekde., **1** (1): 49 – 64; Hamburg.

KAHLKE, H. D. (1981): Das Eiszeitalter. – 192 S., zahlr. Abb.; Köln (Deubner).

KAHRS, E. (1928): Das Diluvium des Emscher-Gebietes und seine paläolithischen Kulturreste. – Tag. dt. archäol. Ges., Köln, 1927, Tag.-Ber.: 61 – 68, 3 Abb.; Leipzig.

KAISER, K. (1957): Die Höhenterrassen der Bergischen Randhöhen und die Eisrandbildungen an der Ruhr. – Sonderveröff. geol. Inst. Univ. Köln, **2:** 39 S., 8 Abb., 5 Tab., 1 Kt.; Köln.

KAISER, K. (1975): Die Inlandeis-Theorie, seit 100 Jahren fester Bestand der Deutschen Quartärforschung. – Eiszeitalter u. Gegenwart, **26:** 1 – 30, 4 Abb., 4 Taf.; Öhringen.

KALTWANG, J. (1991): Die Vereisungsgrenze im südlichen Niedersachsen und im östlichen Westfalen. – Diss. Univ. Hannover: 164 S., 7 Abb., 38 Tab., 49 Kt.; Hannover.

KELLER, G. (1938): Gefügeuntersuchungen in Ablagerungen der Endmoräne bei Essen-Kupferdreh. – Decheniana, **98 A:** 31 – 37, 7 Abb., 1 Taf.; Bonn.

KELLER, G. (1951 a): Kames am Fuße des Schafberges bei Ibbenbüren. – N. Jb. Geol. Paläont., Mh., **1951:** 1 – 9, 8 Abb.; Stuttgart.

KELLER, G. (1951 b): Die Deutung des Kiessandrückens in Laer-Heide und Laer-Höhe (Bez. Osnabrück) als Kame. – N. Jb. Geol. Paläont., Mh., **1951:** 353 – 362, 6 Abb.; Stuttgart.

KELLER, G. (1952 a): Zur Frage der Osning-Endmoräne bei Iburg. – N. Jb. Geol. Paläont., Mh., **1952:** 71 – 79, 3 Abb.; Stuttgart.

KELLER, G. (1952 b): Sand- und Kieshügel vor dem Teutoburger Wald bei Lengerich (Westf.) und Lienen. – N. Jb. Geol. Paläont., Mh., **1952:** 433 – 441, 4 Abb.; Stuttgart.

KELLER, G. (1952 c): Die Kames im Becken von Hagen (Bez. Osnabrück). – N. Jb. Geol. Paläont., Mh., **1952:** 356 – 364, 5 Abb.; Stuttgart.

KELLER, G. (1954 a): Fluviatile Sand- und Kieshügel des Saale-Weichsel-Interglazials am Teutoburger Wald und die Bildung des Brochterbecker Durchbruchtales. – N. Jb. Geol. Paläont., Mh., **1953:** 8 – 15, 2 Abb.; Stuttgart.

KELLER, G. (1954 b): Das Fluvioglazial am Teutoburger Wald zwischen Hilter und Borgholzhausen. – N. Jb. Geol. Paläont., Mh., **1953:** 193 – 198, 1 Abb.; Stuttgart.

KELLER, G. (1954 c): Fluviatile Feinsande des Saale-Weichsel-Interglazials an der Münsterlandseite des nordwestlichen Teutoburger Waldes. – N. Jb. Geol. Paläont., Mh., **1953:** 350 – 357, 4 Abb., 1 Tab.; Stuttgart.

KLOSTERMANN, J. (1985): Versuch einer Neugliederung des späten Elster- und des Saale-Glazials der Niederrheinischen Bucht. – Geol. Jb., **A 83:** 3 – 42, 22 Abb., 1 Tab.; Hannover.

KLOSTERMANN, J. (1988): Quartär. – In: Geologisches Landesamt Nordrhein-Westfalen [Hrsg.]: Geologie am Niederrhein, 4. Aufl.: 40 – 63, 11 Abb., 2 Tab.; Krefeld.

KLOSTERMANN, J. (1992): Das Quartär der Niederrheinischen Bucht. Ablagerungen der letzten Eiszeit am Niederrhein. – 200 S., 30 Abb., 8 Tab., 2 Taf.; Krefeld (Geol. L.-Amt Nordrh.-Westf.). – [Zugl. Habil.-Schr. Univ. Münster 1991]

KLOSTERMANN, J., & PAAS, W. (1990): Saale-Kaltzeit, Weichsel-Kaltzeit und Holozän im Niederrheinischen Tiefland. – deuqua-Führer, **1:** 191 – 213, 12 Abb., 2 Tab.; Hannover (Dt. Quart.-Vereinig.).

KLUIVING, S. J., & RAPPOL, M., & WATEREN, F. M. VAN DER (1991): Till stratigraphy and ice movements in eastern Overijssel, The Netherlands. – Boreas, **20:** 193 – 205, 15 Abb.; Oslo.

KORN, J. (1927): Die wichtigsten Leitgeschiebe der nordischen kristallinen Gesteine im norddeutschen Flachlande. – 64 S., 14 Taf.; Berlin (Preuß. Geol. L.-Anst.).

KRUEGER, H.-H. (1990): Fossilinhalt der nordischen Geröllgemeinschaft aus der Lausitz (Miozän) und deren Vergleich mit Sylt. – Fossilien von Sylt, **3:** 179 – 210, 1 Abb., 1 Taf.; Hamburg.

KUSTER, H., & MEYER, K.-D. (1979): Glaziäre Rinnen im mittleren und nordöstlichen Niedersachsen. – Eiszeitalter u. Gegenwart, **29:** 135 – 156, 5 Abb., 3 Tab., 1 Kt.; Hannover.

LÄDIGE, R. (1935): Die kristallinen Geschiebe im Gebiet des Meßtischblattes Herford-Ost. – Z. Geschiebeforsch., **11** (1): 42 – 49; Leipzig.

LANG, H. O. (1879): Erratische Gesteine aus dem Herzogtum Bremen. – Abh. naturwiss. Ver. Bremen, **6** (1): 109 – 306; Bremen.

LANSER, K.-P. (1983): Die Krefelder Terrasse und ihr Liegendes im Bereich Krefeld. – Diss. Univ. Köln: 241 S., 21 Abb., 20 Tab., 2 Taf.; Köln. – [Unveröff.]

LIEDTKE, H. (1981): Die nordischen Vereisungen in Mitteleuropa. – Forsch. dt. Landeskde., **204,** 2. Aufl.: 307 S., 49 Abb., 17 Tab., 1 Kt.; Trier.

LÖSCHER, W. (1925): Die geologischen Verhältnisse des Stadt- und Landkreises Essen. – In: WEFELSCHEID, H., & LÜSTNER, D. [Hrsg.]: Essener Heimatbuch: 151 – 200; Essen.

LOTZE, F. (1954): Der Münsterländer Hauptkiessandzug und seine Entstehung. – Natur u. Heimat, **14:** 3 – 12, 4 Abb.; Münster.

LUNDQVIST, J. (1983): The glacial history of Sweden. – In: EHLERS, J. [Hrsg.]: Glacial deposits in North-West Europe: 77 – 82, 7 Abb.; Rotterdam (Balkema).

LÜTTIG, G. (1957): Geschiebezählungen als Hilfsmittel für die Erforschung des Eiszeitalters und seiner wirtschaftlich wichtigen Lagerstätten. – Umschau, **13:** 403 – 405; Frankfurt/Main.

LÜTTIG, G. (1958 a): Methodische Fragen der Geschiebeforschung. – Geol. Jb., **75:** 361 – 418, 17 Abb., 1 Tab., 3 Taf.; Hannover.

LÜTTIG, G. (1958 b): Heisterbergphase und Vollgliederung des Drenthe-Stadiums. – Geol. Jb., **75:** 419 – 430, 6 Abb., 1 Tab.; Hannover.

LÜTTIG, G. (1964): Die Aufgaben des Geschiebeforschers und des Geschiebesammlers. – Lauenburger Heimat, N. F., **45:** 6 – 26, 3 Abb.; Lauenburg.

LÜTTIG, G. (1974): Geological history of the river Weser (Northwest Germany). – In: L'évolution quaternaire des bassins fluviaux de la mer du Nord méridionale. – Centenaire Soc. géol. Belg.: 21 – 34, 1 Abb., 1 Tab.; Liège (Soc. géol. Belg.).

LÜTTIG, G. W., & MAARLEVELD, G. C. (1961): Nordische Geschiebe in den Niederlanden (Komplex von Hattem). – Geol. en Mijnb., **40:** 163 – 174, 6 Abb.; 's-Gravenhage.

LÜTTIG, G. W., & MAARLEVELD, G. C. (1962): Über altpleistozäne Kiese in der Veluwe. – Eiszeitalter u. Gegenwart, **13:** 231 – 237, 3 Abb.; Öhringen.

MAARLEVELD, G. C. (1954): Über fluviatile Kiese in Nordwestdeutschland. – Eiszeitalter u. Gegenwart, **4/5:** 10 – 17, 2 Abb.; Öhringen.

MAARLEVELD, G. C. (1956 a): Ergebnisse von Kies-Analysen im Niederrheingebiet. – Geol. en Mijnb., N. S., **18:** 411 – 415; 's-Gravenhage.

MAARLEVELD, G. C. (1956 b): Grindhoudende middenpleistocene sedimenten. Het onderzoek van deze afzettingen in Nederland en aangrenzende gebieden. – Diss. Univ. Utrecht: 105 S., 48 Abb.; Maastricht (van Aelst).

MACCLINTOCK, P. (1940): Weathering of the Jerseyan Till. – Bull. geol. Soc. Amer., **51:** 103 – 116; New York.

MARCZINSKI, R. (1968): Zur Geschiebekunde und Stratigraphie des Saaleglazials (Pleistozän) im nördlichen Niedersachsen zwischen Unterweser und Unterelbe. – Rotenburger Schr., Sonderh., **11:** 132 S., 22 Abb., zahlr. Tab.; Rotenburg, Hannover.

MATZ, O. (1903): Krystallinische Leitgeschiebe aus dem mecklenburgischen Diluvium. – Arch. Ver. Freunde Naturgesch. Mecklenburg, **57:** 44 S.; Güstrow.

MEENE, E. A. VAN DE (1991): Saale-eiszeitliche subglaziale Rinnen im niederländisch-westfälischen Grenzbereich. – Tag. Arb.-Gem. nordwestdt. Geol., 58., 1991, Bad Bentheim, Kurzfass. Vortr.: 6; Hannover (Nieders. L.-Amt Bodenforsch.).

MEIER, D., & KRONBERG, P. (1989): Klüftung in Sedimentgesteinen. – X + 118 S., 75 Abb.; Stuttgart (Enke).

MENDE, F. (1925): Typengesteine kristalliner Diluvialgeschiebe aus Südfinnland und Åland, Tl. 1. – Z. Geschiebeforsch., **1:** 117 – 139, 6 Abb.; Berlin.

MENDE, F. (1926): Typengesteine kristalliner Diluvialgeschiebe aus Südfinnland und Åland, Tl. 2, Außerhalb der Rapakiwi- und Uralitporphyritgebiete anstehende Typengesteine. – Z. Geschiebeforsch., **2:** 1 – 22, 2 Kt.; Berlin.

MEYER, H.-H. (1983): Untersuchungen zur Landschaftsentwicklung des Stauchendmoränenzuges Kellenberg – Hoher Sühn (Landkreis Diepholz, Rehburger Eisrandlage). – Jb. geogr. Ges. Hannover, **1983:** 271 S.; Hannover.

MEYER, K.-D. (1970): Zur Geschiebeführung des Ostfriesisch-Oldenburgischen Geestrückens. – Abh. naturwiss. Ver. Bremen, **37**: 227 – 246, 4 Abb., 1 Tab.; Bremen.

MEYER, K.-D. (1980): Zur Geologie der Dammer und Fürstenauer Stauchendmoränen (Rehburger Phase des Drenthe-Stadiums). – In: Festschrift G. KELLER: 83 – 104, 3 Abb., 1 Tab., 1 Taf.; Osnabrück (Wenner).

MEYER, K.-D. (1982): On the stratigraphy of the Saale glaciation in northern Lower Saxony and adjacent areas. – In: EASTERBROOK, D. J., & HAVLICEK, P., & MEYER, K.-D., & JÄGER, K.-D., & SHOTTON, F. W. [Hrsg.]: IUGS-Unesco International Correlation Program, Project 73-1-24 "Quaternary glaciations in the Northern Hemisphere", Report 7 on the session in Kiel, September 18 – 23, **1980:** 155 – 165, 1 Tab.; Praha (Geol. Surv.).

MEYER, K.-D. (1987 a): Kristallin-Geschiebe im Sylter Kaolinsand. – Fossilien von Sylt, **2:** 317 – 320, 2 Abb., 2 Tab.; Hamburg.

MEYER, K.-D. (1987 b): Geschiebe- und Geröllforschung in Niedersachsen. – Geschiebekde. aktuell, **3** (3): 64; Hamburg. – [Vortr.-Kurzfass.]

MEYER, K.-D. (1988 a): Zur geologischen Entwicklung des Emsbürener Rückens. – H. Archäol. Emsland, **1:** 12 S., 4 Abb., 2 Tab.; Meppen.

MEYER, K.-D. (1988 b), mit Beitr. von BOHNENSTEIN, V., & FRÖHLICH, S., & IMAMOGLU, A. E., & KEMPER, E., & KOCKEL, F., & SCHWERDTFEGER, B., & STANCU-KRISTOFF, G., & STEFFENS, P., & TÜXEN, J.: Erläuterungen zu Blatt 3609 Schüttorf. – Geol. Kt. Niedersachsen 1 : 25 000, Erl., **3609:** 111 S., 13 Abb., 6 Tab., 8 Kt.; Hannover.

MEYER, K.-D. (1991): Zur Entstehung der westlichen Ostsee. – Geol. Jb., **A 127:** 429 – 446, 8 Abb., 1 Tab.; Hannover.

MEYER, K.-D., & SCHMID, F., & WOLBURG, J. (1977), mit Beitr. von HEDEMANN, H.-A., & KOSMAHL, W., & LEBKÜCHNER, H., & PETERS, H.-G., & ROESCHMANN, G., & SCHÖNEICH, H., & SCHÜTTE, H., unter Mitarb. von BERTRAM, H., & GRAMANN, F., & REUTER, G., & SCHLENKER, B.: Erläuterungen zu Blatt 3610 Salzbergen. – Geol. Kt. Niedersachsen 1 : 25 000, Erl., **3610:** 111 S., 5 Tab., 1 Taf., 3 Kt.; Hannover.

MEYER, W. (1907): Die Porphyre des westfälischen Diluviums. – Cbl. Mineral. Geol. Paläont., **1907:** 143 – 153 u. 168 – 181; Stuttgart.

MILTHERS, V. (1909): Scandinavian Indicator-Boulders in the Quaternary Deposits. – Danm. geol. Unders., (2) **23:** 159 S., 4 Taf.; Kjøbenhavn.

MILTHERS, V. (1913): Ledeblokke i de skandinaviske Nedisningers sydvestlige Graenseegne. – Medd. dansk geol. Foren., **4:** 115 – 182, 3 Taf.; Kjøbenhavn.

MILTHERS, V. (1933): Leitgeschiebe auf Gotland und Gotska Sandön sowie die Heimat der Ostseeporphyre. – Geol. Fören. Stockholm Förh., **55** (1): 19 – 28; Stockholm.

MILTHERS, V. (1934): Die Verteilung skandinavischer Leitgeschiebe im Quartär von Westdeutschland. – Abh. preuß. geol. L.-Anst., N. F., **156:** 74 S., 1 Abb., 6 Tab., 2 Taf.; Berlin.

MILTHERS, V. (1936): Eine Geschiebegrenze in Ostdeutschland und Polen und ihre Beziehung zu den Vereisungen. – Jb. preuß. geol. L.-Anst., **56:** 248 – 263, 1 Tab., 1 Taf.; Berlin.

MÖBUS, G. (1984): Strukturtektonische Arbeitsmethoden in der Glazialtektonik. – Z. geol. Wiss., **12** (3): 335 – 347, 6 Abb., 1 Tab.; Berlin.

MÜLLER, F. (1951): Neue Funde glazialen Diluviums an der Ruhr in der näheren und weiteren Umgebung von Schwerte. – Z. dt. geol. Ges., **103:** 132 – 133, Hannover.

NEEF, M. (1882): Über seltenere krystallinische Diluvialgeschiebe der Mark. – Z. dt. geol. Ges., **34** (3): 461 – 499; Berlin.

NILLSON, T. (1983): The Pleistocene. Geology and Life in the Quaternary Ice Age. – 651 S., 292 Abb., 23 Tab.; Stuttgart (Enke).

OTTO, R. (1990): Der saalezeitliche Geschiebemergel am westlichen Stadtrand von Münster/ Westfalen: Lithologie und seine Eigenschaften als Baugrund. – Geol. Paläont. Westf., **16:** 27 – 33, 4 Abb., 1 Tab.; Münster.

PETERSEN, J. (1899): Geschiebestudien. Beiträge zur Kenntnis der Bewegungsrichtungen des diluvialen Inlandeises, Tl. 1. – Mitt. geogr. Ges. Hamburg, **15:** 67 – 130, 6 Abb., 1 Taf.; Hamburg.

PETERSEN, J. (1900): Geschiebestudien. Beiträge zur Kenntnis der Bewegungsrichtungen des diluvialen Inlandeises, Tl. 2. – Mitt. geogr. Ges. Hamburg, **16:** 139 – 230, 1 Taf.; Hamburg.

PETERSS, K. (1986): Erfahrungen bei der tektonischen Bearbeitung von Lockergesteinen. – In: KOTOWSKI, J. [Hrsg.]: Symp. Glacitect., 5., 1986, Zielona Góra: 143 – 155, 9 Abb.; Zielona Góra.

PETERSS, K. (1989 a): Schlußfolgerungen aus tektonischen Analysen von Lockergesteinen im Norden der DDR. – Z. geol. Wiss., **17** (12): 1 099 – 1 107, 5 Abb.; Berlin.

PETERSS, K. (1989 b): Zur Ermittlung der Eisbewegungsrichtungen im Nordteil der DDR. – Wiss. Z. Ernst-Moritz-Arndt-Univ. Greifswald, math.-naturwiss. R., **38** (1 – 2): 42 – 53, 14 Abb.; Greifswald.

PICARD, K. (1951): Beobachtungen im Diluvium des Stadtgebietes Essen. – Geol. Jb., **65:** 573 – 587, 11 Abb.; Hannover.

PILLENWIZER, W. (1969): Die Bewegung der Gletscher und ihre Wirkung auf den Untergrund. – Z. Geomorph., **8:** 1 – 10, 6 Abb., 1 Taf.; Stuttgart.

PRANGE, W. (1975): Gefügekundliche Untersuchungen zur Entstehung weichselzeitlicher Ablagerungen an Steilufern der Ostseeküste, Schleswig-Holstein. – Meyniana, **27:** 41 – 54, 6 Abb.; Kiel.

PRANGE, W. (1978): Der letzte weichselzeitliche Gletschervorstoß in Schleswig-Holstein – das Gefüge überfahrener Schmelzwassersande und die Entstehung der Morphologie. – Meyniana, **30:** 61 – 75, 8 Abb.; Kiel.

RABITZ, A., & HEWIG, R. (1987), mit Beitr. von ERKWOH, F.-D., & KALTERHERBERG, J., & KAMP, H. VON, & REHAGEN, H.-W., & VIETH-REDEMANN, A.: Erläuterungen zu Blatt 4410 Dortmund. – Geol. Kt. Nordrh.-Westf. 1 : 25 000, Erl., **4410,** 2. Aufl.: 159 S., 16 Abb., 16 Tab., 5 Taf.; Krefeld.

RAPPOL, M. (1984): Till in Southeast Drenthe and the Origin of the Hondsrug Complex, The Netherlands. – Eiszeitalter u. Gegenwart, **34:** 7 – 27, 12 Abb.; Hannover.

RAPPOL, M. (1985): Enkele nieuwe resultaten en een overzicht van het onderzoek naar de aard van steenorientatie in keileem. – Grondb. en Ham., **1985** (3/4): 88 – 97, 8 Abb.; Maastricht.

RAPPOL, M. (1987): Saalian till in the Netherlands: A review. – In: MEER, J. J. M. VAN DER [Hrsg.]: Tills and Glaciotectonics: 1 – 21, 18 Abb., 2 Tab.; Rotterdam (Balkema).

RAPPOL, M., & HALDORSEN, S., & JÖRGENSEN, P., & MEER, J. J. M. VAN DER, & STOLTENBERG, H. M. P. (1989): Composition and origin of petrographically stratified thick till in the northern Netherlands and a Saalian glaciation model for the North Sea Basin. – Meded. Werkgr. Tert. en Kwart. Geol., **26** (2): 31 – 64, 24 Abb., 2 Tab.; Leiden.

RAPPOL, M., & KLUIVING, S., & WATEREN, D. VAN DER (1991): Over keileemstratigrafie en ijsbewegingsrichtingen in oostelijk Overijssel. – Grondb. en Ham., **1991** (3): 55 – 62, 10 Abb.; Valkenswaard.

RICHTER, K. (1929): Studien über fossile Gletscherstruktur. – Z. Gletscherkde., **17:** 33 – 47, 13 Abb.; Leipzig.

RICHTER, K. (1932): Die Bewegungsrichtung des Inlandeises, rekonstruiert aus den Kritzen und Längsachsen der Geschiebe. – Z. Geschiebeforsch., **8:** 62 – 66, 2 Abb.; Leipzig.

RICHTER, K. (1933): Gefüge und Zusammensetzung des norddeutschen Jungmoränengebietes. – Abh. geol.-paläont. Inst. Univ. Greifswald, **11:** 1 – 63; Greifswald.

RICHTER, K. (1953): Erdgeschichte des Emmelner Berges bei Haren-Ems. – Jb. emsländ. Heimatver., **1953:** 69 – 82, 3 Abb., 1 Tab.; Meppen.

RICHTER, K. (1958): Geschiebegrenzen und Eisrandlagen in Niedersachsen. – Geol. Jb., **76:** 223 – 234, 1 Taf.; Hannover.

RICHTER, K. (1962): Geschiebekundliche Gliederung der Elster-Eiszeit in Niedersachsen. – Mitt. geol. Staatsinst. Hamburg, **31:** 309 – 343, 4 Abb., 2 Tab.; Hamburg.

RICHTER, W., & SCHNEIDER, H., & WAGER, R. (1950): Die saaleeiszeitliche Stauchzone von Itterbeck-Uelsen (Grafschaft Bentheim). – Z. dt. geol. Ges., **104:** 60 – 75, 5 Abb., 2 Taf.; Hannover.

RUEGG, G. H. J. (1975): Sedimentary structures and depositional environments of Middle- and Upper-Pleistocene glacial time deposits from an excavation at Peelo, near Assen, The Netherlands.- Meded. Rijks geol. Dienst, N. S., **26** (1): 17 – 37, 2 Abb., 7 Taf., 2 Beil.; Maastricht.

RUEGG, G. H. J. (1980): Sedimentologische gegevens van een gestuwde afzetting bij Getelo (Dld.) nabij Vasse. – Ber. Nr. 19 sed.-petr. Abt.: 2 S., 3 Beil.; Haarlem (Rijks Geol. Dienst). – [Unveröff.]

RUEGG, G. H. J., & ZANDSTRA, J. G. (1977): Pliozäne und pleistozäne gestauchte Ablagerungen bei Emmerschans (Drenthe, Niederlande). – Meded. Rijks geol. Dienst, N. S., **28** (4): 66 – 99, 13 Abb., 4 Tab., 7 Taf.; Haarlem.

SCHÄFER, R. (1987): Erfahrungen beim Geschiebesammeln im Münsterländer Hauptkiessandzug. – Geol. Paläont. Westf., **7:** 75 – 89, 2 Abb., 3 Taf.; Münster.

SCHALLREUTER, R. (1987): Geschiebekunde in Westfalen. – Geol. Paläont. Westf., **7:** 5 – 13, 1 Abb., 1 Taf.; Münster.

SCHARFF, W. (1932): Das norddeutsche Diluvium in eistektonischer Betrachtung vom Standpunkte der Gefügekunde. – Jb. preuß. geol. L.-Anst., **53:** 828 – 850, 3 Abb.; Berlin.

SCHIRMER, W. (1990): Der känozoische Werdegang des Exkursionsgebietes. – deuqua-Führer, **1:** 9 – 33, 10 Abb.; Hannover (Dt. Quart.-Vereinig.).

SCHMIERER, T. (1932): Über eine interglaziale Ablagerung nahe Wiedenbrück und ihre Fauna. – Jb. preuß. geol. L.-Anst., **53:** 695 – 700; Berlin.

SCHÖNING, H. (1977): Zur Geschiebeführung des Kies-Sand-Rückens westlich von Bad Laer a. T. W. – Beitr. Naturkde. Niedersachs., **30** (4): 88 – 93; Peine, Hannover.

SCHÖNING, H. (1991): Neue Beobachtungen zur Genese des Kies-Sand-Rückens "Laer-Heide" (Landkreis Osnabrück). – Osnabrücker naturwiss. Mitt., **17:** 41 – 52, 10 Abb.; Osnabrück.

SCHRÖDER, E. (1978): Geomorphologische Beobachtungen im Hümmling. – Göttinger geogr. Abh., **70:** 112 S., 18 Abb., 3 Tab., 7 Beil.; Göttingen (Goltze).

SCHROEDER VAN DER KOLK, J. L. C. (1891): Bijdrage tot de kennis der verspreiding onzer kristallijne zwerfstenen. – Diss. Univ. Leiden: 101 S., 1 Taf.; Leiden (Brill).

SCHUDDEBEURS, A. P. (1949): Vier gesteentetellingen van Utrecht en de Veluwe. – Ned. geol. Ver., **6:** 153 – 157, 3 Tab.; Maastricht.

SCHUDDEBEURS, A. P. (1955): Mededelingen over drie gesteentetellingen en enige opmerkingen betreffende de Oostzeeporfieren en hun verspreiding, Tl. 1. – Grondb. en Ham., **9:** 60 – 62, 3 Tab.; Maastricht.

SCHUDDEBEURS, A. P. (1956): Drie gesteentetellingen, Oostzeeporfieren en hun verspreiding, Tl. 2. – Grondb. en Ham., **10:** 76 – 83, 1 Abb., 2 Tab.; Maastricht.

SCHUDDEBEURS, A. P. (1959): De verspreiding van de zwerfstenen uit het Oslogebied. – Grondb. en Ham., **13:** 316 – 333, 11 Abb., 1 Tab.; Maastricht.

SCHUDDEBEURS, A. P. (1980/1981): Die Geschiebe im Pleistozän der Niederlande. – Geschiebesammler, **13** (3/4): 163 – 178; **14** (1): 33 – 40; **14** (2/3): 91 – 104; **14** (4): 147 – 198; **15** (1/2): 73 – 90; **15** (3): 131 – 158; zahlr. Abb. u. Taf.; Hamburg.

SCHUDDEBEURS, A. P. (1985): Zijn de Nederlandse en Duitse stuwwallen met elkaar te correleren met behulp van zwerfsteentellingen?. – Grondb. en Ham., **39:** 25 – 32, 3 Abb.; Maastricht.

SCHUDDEBEURS, A. P. (1992): De zwerfsteengezelschappen van de stuwwal bij De Lutte en omgeving en de bewegingsrichting van het landijs over Nederland. – Grondb. en Ham., **46:** 50 – 56, 3 Abb., 1 Tab.; Valkenswaard.

SCHUILING, R. (1915): Nederland. Handboek der aardrijkskunde, 5. Aufl. – 763 S., zahlr. Abb. u. Tab.; Zwolle (Tijl).

SCHULZ, W. (1964): Die Findlinge Mecklenburgs als Naturdenkmäler. – Arch. Natursch. u. Landschaftsforsch., **4** (3): 99 – 229, 11 Abb., 3 Tab.; Berlin.

SCHULZ, W. (1968): Die Verbreitung großer Geschiebe im Bereich der DDR. – Arch. Natursch. u. Landschaftsforsch., **8** (3): 211 – 229, 5 Abb., 1 Kt.; Berlin.

SCHULZ, W. (1969): Schützt die großen Findlinge. – Geschiebesammler, **4** (2): 47 – 57, 1 Taf.; Hamburg. – [Anon. Veröff.]

SEDGWICK, A., & MURCHISON, R. J. (1844): Über die älteren oder Paläozoischen Gebilde im Norden von Deutschland und Belgien, verglichen mit Formationen desselben Alters in Großbritannien. – 248 S., 4 Taf., 1 Kt.; Stuttgart (Schweizerbart).

SERAPHIM, E. TH. (1966): Grobgeschiebestatistik als Hilfsmittel bei der Kartierung eiszeitlicher Halte. – Eiszeitalter u. Gegenwart, **17:** 125 – 130, 1 Abb.; Öhringen.

SERAPHIM, E. TH. (1972): Wege und Halte des saalezeitlichen Inlandeises zwischen Osning und Weser. – Geol. Jb., **A 3:** 85 S., 14 Abb., 6 Tab.; Hannover.

SERAPHIM, E. TH. (1973 a): Das Pleistozänprofil der Kiesgrube Kater in Hiddesen bei Detmold (Ein prämoränales Schotterkonglomerat mit Gletscherschliff). – Ber. naturwiss. Ver. Bielefeld, **21:** 249 – 263, 6 Abb., 1 Tab.; Bielefeld.

SERAPHIM, E. TH. (1973 b): Drumlins des Drenthe-Stadiums am Nordostrand der Westfälischen Bucht. – Osnabrücker naturwiss. Mitt., **2:** 41 – 67, 10 Abb., 2 Tab.; Osnabrück.

SERAPHIM, E. TH. (1973 c): Eine saaleeiszeitliche Mittelmoräne zwischen Teutoburger Wald und Wiehengebirge. – Eiszeitalter u. Gegenwart, **23/24:** 116 – 129, 5 Abb., 1 Tab.; Öhringen.

SERAPHIM, E. TH. (1973 d): Kames in der Salzetalung. – Mitt. lippische Gesch. u. Landeskde., **42:** 145 – 156, 3 Abb., 2 Tab.; Detmold.

SERAPHIM, E. TH. (1979 a): Erdgeschichte, Landschaftsformen und geomorphologische Gliederung der Senne. – Ber. naturwiss. Ver. Bielefeld, **24:** 319 – 344, 8 Abb.; Bielefeld.

SERAPHIM, E. TH. (1979 b): Zur Inlandvereisung der Westfälischen Bucht im Saale-(Riß-)Glazial. – Münstersche Forsch. Geol. Paläont., **47:** 1 – 31, 1 Abb., 2 Tab.; Münster.

SERAPHIM, E. TH. (1980): Über einige neuere Ergebnisse zur Vereisungsgeschichte der Westfälischen Bucht und des Unteren Weserberglandes. – Westf. geogr. Stud., **36:** 11 – 20, 1 Abb., 1 Tab.; Münster.

SIEBERTZ, H. (1983): Sedimentologische Zuordnung saalezeitlicher Gletscherablagerungen zu mehreren Vorstößen am unteren Niederrhein. – Eiszeitalter u. Gegenwart, **33:** 119 – 132, 6 Abb., 2 Tab.; Hannover.

SIEBERTZ, H. (1984): Die Stellung der Stauchwälle von Kleve-Kranenburg im Rahmen der saalezeitlichen Gletschervorstöße am Niederrhein. – Eiszeitalter u. Gegenwart, **34:** 163 – 178, 8 Abb., 1 Tab.; Hannover.

SKUPIN, K. (1982), mit Beitr. von MERTENS, H., & MICHEL, G., & SEIBERTZ, E., & WEBER, P.: Erläuterungen zu Blatt 4218 Paderborn. – Geol. Kt. Nordrh.-Westf. 1 : 25 000, Erl., **4218:** 140 S., 19 Abb., 15 Tab., 2 Taf.; Krefeld.

SKUPIN, K. (1983), mit Beitr. von DAHM-ARENS, H., & MICHEL, G., & REHAGEN, H.-W., & VOGLER, H.: Erläuterungen zu Blatt 4217 Delbrück. – Geol. Kt. Nordrh.-Westf. 1 : 25 000, Erl., **4217:** 120 S., 20 Abb., 6 Tab., 2 Taf.; Krefeld.

SKUPIN, K. (1985), mit Beitr. von DAHM-ARENS, H., & MICHEL, G., & WEBER, P.: Erläuterungen zu Blatt 4317 Geseke. – Geol. Kt. Nordrh.-Westf. 1 : 25 000, Erl., **4317:** 155 S., 16 Abb., 12 Tab., 2 Taf.; Krefeld.

SKUPIN, K. (1987), mit Beitr. von DAHM-ARENS, H., & MICHEL, G., & VOGLER, H.: Erläuterungen zu Blatt 4117 Verl. – Geol. Kt. Nordrh.-Westf. 1 : 25 000, Erl., **4117:** 114 S., 15 Abb., 8 Tab., 2 Taf.; Krefeld.

SKUPIN, K., & SPEETZEN, E. (1988): Quartär im SE-Teil der Westfälischen Bucht. – Tag. Arb.-Gem. nordwestdt. Geol., 55., 1988, Bochum, Exk.-Führer, Exk. **B 2:** 25 S., 7 Abb., 1 Beil., 1 Taf.; Bochum.

SMED, P. (1988): Sten i det danske landskab. – 181 S., 246 Abb., 1 Tab., 1 Taf.; Brenderup (Geografforlaget).

SPEETZEN, E. (1970): Lithostratigraphische und sedimentologische Untersuchungen im Osning-Sandstein (Unter-Kreide) des Egge-Gebirges und des südöstlichen Teutoburger Waldes (Westfalen, Nordwestdeutschland). – Münstersche Forsch. Geol. Paläont., **18:** 149 S., 43 Abb., 8 Tab., 21 Taf.; Münster.

SPEETZEN, E. (1986): Das Eiszeitalter in Westfalen. – In: Alt- und mittelsteinzeitliche Fundplätze in Westfalen, Tl. 1. – Einführ. Vor- u. Frühgesch. Westf., **6:** 64 S., 19 Abb., 1 Tab., 1 Kt.; Münster (Westf. Mus. Archäol.).

SPEETZEN, E. (1990): Die Entwicklung der Flußsysteme in der Westfälischen Bucht (NW-Deutschland) während des Känozoikums. – Geol. Paläont. Westf., **16:** 7 – 25, 16 Abb., 1 Tab.; Münster.

STAUDE, H. (1982), mit Beitr. von KALTERHERBERG, J., & KOCH, M., & WILL, K.-H.: Erläuterungen zu Blatt 3812 Ladbergen. – Geol. Kt. Nordrh.-Westf. 1 : 25 000, Erl., **3812:** 84 S., 8 Abb., 6 Tab., 3 Taf.; Krefeld.

STAUDE, H. (1992), mit Beitr. von DUBBER, H.-J., & MICHEL, G., & VOGLER, H.: Erläuterungen zu Blatt 3914 Versmold. – Geol. Kt. Nordrh.-Westf. 1 : 25 000, Erl., **3914:** 124 S., 10 Abb., 7 Tab., 2 Taf.; Krefeld.

STEHN, O. (1988), mit Beitr. von HEWIG, R., & KAMP, H. VON, & NÖTTING, J., & SCHRAPS, W.-G., & VIETH-REDEMANN, A.: Erläuterungen zu Blatt 4509 Bochum. – Geol. Kt. Nordrh.-Westf. 1 : 25 000, Erl., **4509**, 2. Aufl.: 130 S., 15 Abb., 13 Tab., 5 Taf.; Krefeld.

SUGDEN, D. E., & JOHN, B. S. (1976): Glaciers and Landscape. – 376 S., 238 Abb., 21 Tab.; London (Arnold).

SULING, K.-H. (1983): Die Scharnhorster Bohrungen: Schichtenfolge und Gesteinszusammensetzung in einer eiszeitlichen Rinne. – Heimatkal. Landkr. Verden, **1982:** 156 – 165, 3 Abb.; Verden.

THIERMANN, A. (1968), mit Beitr. von REHAGEN, H.-W., & SCHRAPS, W.-G.: Erläuterungen zu den Blättern 3707 Glanerbrücke/3708 Gronau und 3709 Ochtrup. – Geol. Kt. Nordrh.-Westf. 1 : 25 000, Erl., **3707, 3708, 3709:** 177 S., 3 Abb., 12 Tab., 4 Taf.; Krefeld.

THIERMANN, A. (1970), mit Beitr. von DAHM-ARENS, H.: Erläuterungen zu Blatt 3712 Tecklenburg. – Geol. Kt. Nordrh.-Westf. 1 : 25 000, Erl., **3712:** 243 S., 22 Abb., 10 Tab., 7 Taf.; Krefeld.

THIERMANN, A. (1974): Zur Flußgeschichte der Ems/Nordwestdeutschland. – In: L'évolution quaternaire des bassins fluviaux de la mer du Nord méridionale. – Centenaire Soc. géol. Belg.: 35 – 51, 8 Abb.; Liège (Soc. géol. Belg.).

THIERMANN, A. (1975), mit Beitr. von BRAUN, F. J., & KALTERHERBERG, J., & REHAGEN, H.-W., & SUCHAN, K. H., & WILL, K.-H., & WOLBURG, J.: Erläuterungen zu Blatt 3611 Hopsten. – Geol. Kt. Nordrh.-Westf. 1 : 25 000, Erl., **3611:** 214 S., 21 Abb., 9 Tab., 5 Taf.; Krefeld.

THIERMANN, A. (1979): Münsterländer Kiessandzug bei Ahlintel. – Tag. nordwestdt. Geol., 46., 1979, Exk.-Führer, Exk. **A 1:** 1 – 6, 2 Abb.; Münster. – [Zugl. in: Westf. geogr. Stud., **36:** 161 – 164, 2 Abb.; Münster, 1980]

THIERMANN, A. (1980), mit Beitr. von DUBBER, H.-J., & KALTERHERBERG, J., & REHAGEN, H.-W., & SUCHAN, K. H.: Erläuterungen zu Blatt 3612 Mettingen. – Geol. Kt. Nordrh.-Westf. 1 : 25 000, Erl., **3612:** 200 S., 23 Abb., 12 Tab., 2 Taf.; Krefeld.

THIERMANN, A. (1983), mit Beitr. von DUBBER, H.-J., & KALTERHERBERG, J., & SUCHAN, K. H.: Erläuterungen zu Blatt 3613 Westerkappeln. – Geol. Kt. Nordrh.-Westf. 1 : 25 000, Erl., **3613:** 144 S., 16 Abb., 10 Tab., 2 Taf.; Krefeld.

THIERMANN, A. (1985), mit Beitr. von DUBBER, H.-J., & KOCH, M., & VOGLER, H.: Erläuterungen zu Blatt 3811 Emsdetten. – Geol. Kt. Nordrh.-Westf. 1 : 25 000, Erl., **3811:** 90 S., 3 Abb., 5 Tab., 2 Taf.; Krefeld.

THIERMANN, A. (1987), mit Beitr. von KOCH, M.: Erläuterungen zu Blatt C 3910 Rheine. – Geol. Kt. Nordrh.-Westf. 1 : 100 000, Erl., **C 3910:** 68 S., 14 Abb., 2 Tab.; Krefeld.

THOME, K. N. (1958): Die Begegnung des nordischen Inlandeises mit dem Rhein. – Geol. Jb., **76:** 261 – 308, 11 Abb.; Hannover.

THOME, K. N. (1959): Eisvorstoß und Flußregime an Niederrhein und Zuider See im Jungpleistozän. – Fortschr. Geol. Rheinld. u. Westf., **4:** 197 – 246, 19 Abb., 5 Tab., 1 Taf.; Krefeld.

THOME, K. N. (1980 a): Der Steinberg – Gletscherablagerungen aus zwei Kaltzeiten. – Geol. Kt. Nordrh.-Westf. 1 : 100 000, Erl., **C 4706:** 51 – 54, 2 Abb.; Krefeld.

THOME, K. N. (1980 b): Der Vorstoß des nordeuropäischen Inlandeises in das Münsterland in Elster- und Saale-Eiszeit (Strukturelle, mechanische und morphologische Zusammenhänge). – Westf. geogr. Stud., **36:** 21 – 40, 9 Abb.; Münster.

THOME, K. N. (1983): Gletschererosion und -akkumulation im Münsterland und angrenzenden Gebieten. – N. Jb. Geol. Paläont., Abh., **166** (1): 116 – 138, 2 Abb.; Stuttgart.

THOME, K. N. (1989): Neozoikum. – Geol. Kt. Nordrh.-Westf. 1 : 100 000, Erl., **C 4710,** 2. Aufl.: 16 – 18; Krefeld.

THOME, K. N. (1990): Inlandeisvorstöße in das Ruhrgebiet (nebst der Entwicklung einer spätglazialen Rheinrinne). – deuqua-Führer, **1:** 273 – 292, 19 Abb.; Hannover (Dt. Quart.-Vereinig.).

THOME, K. N. (1991): Die Basis der quartären Schichten am Niederrhein (zwischen Neuss, Rheinberg, Geldern) und ihre Entstehung durch Rhein- und Gletschererosion. – Niederrhein. Landeskde., **10:** 109 – 130, 9 Abb., 1 Tab.; Krefeld.

UDLUFT, H. (1934): Das Diluvium des Lippetales zwischen Lünen und Wesel und einiger angrenzender Gebiete. – Jb. preuß. geol. L.-Anst., **54:** 37 – 57, 1 Abb., 1 Taf.; Berlin.

URBAN, B., & LENHARD, R., & MANIA, D., & ALBRECHT, B. (1991): Mittelpleistozän im Tagebau Schöningen, Ldkr. Helmstedt. – Z. dt. geol. Ges., **142:** 351 – 372, 6 Abb., 2 Tab., 1 Taf.; Hannover.

WAARD, D. DE (1944): Twee keileemsoorten in Nederland. – Geol. en Mijnb., **23:** 63 – 64; 's-Gravenhage.

WAARD, D. DE (1949): Glacigeen Pleistoceen, een geologisch detailonderzoek in Urkerland (Noordoostpolder). – Verh. ned. geol. mijnb. Gen., geol. Ser., **15:** 70 – 246, 125 Abb., 4 Kt.; 's-Gravenhage.

WEGNER, TH. (1910): Über eine Stillstandslage der großen Vereisung im Münsterlande. – Z. dt. geol. Ges., Mber., **62:** 387 – 405, 6 Abb.; Berlin.

Wegner, Th. (1921): Die Findlinge Westfalens. – Heimatbl. rote Erde, **5/6:** 150 – 170, 9 Abb.; Münster.

Wegner, Th. (1926): Geologie Westfalens und der angrenzenden Gebiete, 2. Aufl. – 500 S., 244 Abb., 1 Taf.; Paderborn (Schöningh).

Wehrli, H. (1941): Interglaziale und vor-saaleeiszeitliche Ablagerungen in der Münsterschen Bucht. – Z. dt. geol. Ges., **93:** 114 – 127, 4 Abb.; Berlin.

Woldstedt, P. (1947): Einige offene Fragen der Geschiebeforschung in Norddeutschland. – Z. dt. geol. Ges., **97:** 95 – 103, 1 Abb.; Hannover.

Woldstedt, P. (1950): Norddeutschland und angrenzende Gebiete im Eiszeitalter, 1. Aufl. – 464 S., 97 Abb., 12 Tab.; Stuttgart (Enke).

Wortmann, H. (1971), mit Beitr. von Michel, G., & Rehagen, H.-W.: Erläuterungen zu Blatt 3617 Lübbecke und Blatt 3618 Hartum. – Geol. Kt. Nordrh.-Westf. 1 : 25 000, Erl., **3617, 3618:** 214 S., 24 Abb., 13 Tab., 3 Taf.; Krefeld.

Zagwijn, W. H. (1973): Pollenanalytic studies of Holsteinian and Saalian Beds in the Northern Netherlands. – Meded. Rijks geol. Dienst, N. S., **24:** 139 – 156, 12 Abb.; Haarlem.

Zagwijn, W. H. (1975): Indeling van het Kwartair op grond van veranderingen in vegetatie en klimaat. – Geol. Overz.-Kt. Nederland, Toelicht.: 109 – 114, 5 Abb.; Haarlem (Rijks Geol. Dienst).

Zagwijn, W. H. (1985): An outline of the Quaternary stratigraphy of the Netherlands. – Geol. en Mijnb., **64:** 17 – 24, 6 Abb.; Dordrecht.

Zagwijn, W. H. (1991): Buchbesprechung. – Geol. en Mijnb., **70:** 213 – 214; 's-Gravenhage.

Zandstra, J. G. (1959): Grindassociaties in het Pleistoceen von Noord-Nederland. – Geol. en Mijnb., N. S., **21:** 254 – 272, 5 Abb., 6 Tab.; 's-Gravenhage.

Zandstra, J. G. (1965): Grindonderzoek van een boring aan de St. Töniser Straße in Krefeld (Dld.). – Ber. Nr. 86 sed.-petr. Abt.: 1 S., 2 Beil.; Haarlem (Rijks Geol. Dienst). – [Unveröff.]

Zandstra, J. G. (1971 a): Onderzoek van Döshultzandsteen uit de Lias van Schonen (Zweden). – Ber. Nr. 271 sed.-petr. Abt.: 3 S.; Haarlem (Rijks Geol. Dienst). – [Unveröff.]

Zandstra, J. G. (1971 b): Geologisch onderzoek in de stuwwal van de oostelijke Veluwe bij Hattem en Wapenveld. – Meded. Rijks geol. Dienst, N. S., **22:** 215 – 260, 23 Abb., 4 Tab., 2 Beil.; Maastricht.

Zandstra, J. G. (1974): Over de uitkomsten van nieuwe zwerfsteentellingen en een keileemtypenindeling in Nederland. – Grondb. en Ham., **28:** 95 – 108, 6 Abb., 5 Tab.; Oldenzaal.

Zandstra, J. G. (1975 a): Zware mineralenonderzoek van gestuwde afzettingen in groeve Vakkert in de Loenermark (gem. Apeldoorn). – Ber. Nr. 480 sed.-petr. Abt.: 8 S.; Haarlem (Rijks Geol. Dienst). – [Unveröff.]

Zandstra, J. G. (1975 b): Sedimentpetrologisch onderzoek van groeve Wylerberg I (Dld.). – Ber. Nr. 499 sed.-petr. Abt.: 6 S.; Haarlem (Rijks Geol. Dienst). – [Unveröff.]

Zandstra, J. G. (1975 c): Sediment-petrological investigations of a boring and an excavation at Peelo (Northern Netherlands). – Meded. Rijks geol. Dienst, N. S., **26** (1): 1 – 15, 5 Abb., 2 Tab., 1 Taf.; Maastricht.

Zandstra, J. G. (1976): Sedimentpetrographische Untersuchungen des Geschiebelehms von Emmerschans (Drenthe, Niederlande) mit Bemerkungen über eine Typeneinteilung der Saale-Grundmoräne. – Eiszeitalter u. Gegenwart, **27:** 30 – 52, 7 Abb., 6 Tab.; Öhringen.

Zandstra, J. G. (1977): Geologische opbouw van het Pleistoceen. – In: Staalduinen, C. J. van [Hrsg.]: Geologisch onderzoek van het nederlandse Waddengebied: 37 – 58, 13 Abb., 5 Tab.; Haarlem (Rijks Geol. Dienst).

Zandstra, J. G. (1978): Einführung in die Feinkiesanalyse. – Geschiebesammler, **12** (2/3): 21 – 38, 6 Abb., 2 Tab., 2 Taf., 2 Beil.; Hamburg.

ZANDSTRA, J. G. (1980): Sedimentpetrologisch onderzoek van keileem in een ontsluiting NE van Gronau (Westfalen, Dld.). – Ber. Nr. 665 sed.-petr. Abt.: 8 S.; Haarlem (Rijks Geol. Dienst). – [Unveröff.]

ZANDSTRA, J. G. (1981 a): Sedimentpetrologisch onderzoek van een niveau met stenen en een onderliggende gestuwde afzetting in een ontsluiting bij Getelo (Nedersaksen, Dld.). – Ber. Nr. 710 sed.-petr. Abt.: 2 S., 9 Beil.; Haarlem (Rijks Geol. Dienst). – [Unveröff.]

ZANDSTRA, J. G. (1981 b): Petrology and lithostratigraphy of ice-pushed Lower and Middle Pleistocene deposits at Rhenen (Kwintelooijen). – Meded. Rijks geol. Dienst, **35** (3): 178 – 191, 14 Abb., 2 Beil.; Haarlem.

ZANDSTRA, J. G. (1982): Sedimentpetrologie van het bovenste fijne glauconiethoudende zandpakket onder de keileem van het Saalien in Midden-en Zuid-Drente, nabij de Ems, in de Hümmling en N van Uelsen (Nedersaksen). – Ber. Nr. 830 sed.-petr. Abt.: 11 S., 19 Beil.; Haarlem (Rijks Geol. Dienst). – [Unveröff.]

ZANDSTRA, J. G. (1983 a): A new subdivision of crystalline Fennoscandian erratic pebble assemblages (Saalian) in the Central Netherlands. – Geol. en Mijnb., **62:** 455 – 469, 6 Abb., 5 Tab.; 's-Gravenhage.

ZANDSTRA, J. G. (1983 b): Sedimentpetrologisch onderzoek van de Afzettingen van Lingsfort in een groeve NNO van Arcen (Limb.). – Ber. Nr. 776 sed.-petr. Abt.: 6 S., 7 Beil.; Haarlem (Rijks Geol. Dienst). – [Unveröff.]

ZANDSTRA, J. G. (1983 c): Fine gravel, heavy mineral and grain-size analyses of Pleistocene, mainly glacigenic deposits in the Netherlands. – In: EHLERS, J. [Hrsg.]: Glacial deposits in North-West Europe: 361 – 377, 16 Abb., 1 Tab., 6 Taf.; Rotterdam (Balkema).

ZANDSTRA, J. G. (1984): Sedimentpetrologisch onderzoek van een diepe luchtliftboring bij Hippolytushoef. – Ber. Nr. 793 sed.-petr. Abt.: 3 S., 3 Beil.; Haarlem (Rijks Geol. Dienst). – [Unveröff.]

ZANDSTRA, J. G. (1985): De Mineraalzone van Sleen en het sokkelzand. – Ber. Nr. 831 sed.-petr. Abt.: 4 S., 5 Beil.; Haarlem (Rijks Geol. Dienst). – [Unveröff.]

ZANDSTRA, J. G. (1986 a): Tellingen van noordelijke kristallijne gidsgesteenten in de Achterhoek en zuidelijk Overijssel en opmerkingen over de depositiegebieden van het landijs tijdens het Saalien in Nederland. – Grondb. en Ham., **40** (3/4): 76 – 96; Maastricht.

ZANDSTRA, J. G. (1986 b): Korrelgrootteonderzoek van glacigene zandige klei op Wieringen. – Ber. Nr. 865 sed.-petr. Abt.: 2 S., 2 Beil.; Haarlem (Rijks Geol. Dienst). – [Unveröff.]

ZANDSTRA, J. G. (1987 a): Sedimentpetrologisch onderzoek van enkele monsters uit een zandgroeve nabij Berge in de Fürstenauer Berge (Dld.). – Ber. Nr. 886 sed.-petr. Abt.: 7 S.; Haarlem (Rijks Geol. Dienst). – [Unveröff.]

ZANDSTRA, J. G. (1987 b): Explanation to the map "Fennoscandian crystalline erratics of Saalian age in The Netherlands". – In: MEER, J. J. VAN DER [Hrsg.]: Tills and Glaciotectonics: 127 – 132, 2 Abb., 3 Tab., 1 Beil.; Rotterdam (Balkema).

ZANDSTRA, J. G. (1988): Noordelijke kristallijne gidsgesteenten. Een beschrijving van ruim 200 gesteentetypen (zwerfstenen) uit Fennoscandinavie. – 469 S., 83 Abb., 43 Tab., 1 Taf.; Leiden (Brill).

ZANDSTRA, J. G. (1990): Keileemtypen en kristallijne zwerfsteengezelschappen. – Geol. Kt. Nederland 1 : 50 000, Toelicht., **12 W, 12 O:** 78 – 89, 5 Abb.; Haarlem (Rijks Geol. Dienst).

ZANDSTRA, J. G. (1993): Nieuwe telligen van noordelijke kristallijne gidsgesteenten in de Achterhoek en omgeving. – Grondb. en Ham., **1/2:** 41 – 49, 8 Abb.; Valkenswaard.

ZONNEVELD, J. I. S. (1956): Schwermineralgesellschaften in niederrheinischen Terrassensedimenten. – Geol. en Mijnb., N. S., **18:** 395 – 401, 2 Abb., 2 Tab.; 's-Gravenhage.

ZONNEVELD, J. I. S. (1959): Litho-stratigrafische eenheden in het Nederlandse Pleistoceen. – Meded. geol. Sticht., N. S., **12:** 31 – 64, 10 Abb., 1 Tab., 2 Anl.; Maastricht.

Anhang

Erklärung einiger Fachwörter

Ablationsmoräne, im allgemeinen unsortierter, von Ton über Sand bis zu Steinen und Blöcken reichender Gesteinsschutt, der aus abtauendem, stagnierendem Inlandeis abgelagert wurde (➜ Grundmoräne, ➜ Moräne)

Åland, Inselgruppe zwischen Schweden und Finnland im Ausgang des Bottnischen Meerbusens

baltisches Flußsystem, vom Jungtertiär bis in das Altpleistozän bestehendes Flußsystem, das vom ➜ fennoskandischen Raum nach Südwesten bis in das norddeutsche und niederländische Tiefland reichte

Basismoräne, an der Basis eines Gletschers oder einer aktiven Inlandeismasse mitgeschleppter und ausgeschiedener Gesteinsschutt aller Korngrößen (➜ Grundmoräne, ➜ Moräne)

Beckenschluff, Beckenton, feinkörnige Ablagerungen, die von Schmelzwässern der Gletscher oder Inlandeismassen in flachen Senken mit aufgestauten, stehenden Gewässern abgesetzt wurden

Chronostratigraphie, "Zeitstratigraphie"; Gliederung von Schichtenfolgen nach Zeitabschnitten

chronostratigraphisch, auf eine zeitliche Gliederung bezogen

Dalarna, Landschaft in Mittelschweden

Drumlins, stromlinienförmige, elliptische Hügel aus Moränenmaterial, die unter Eisbedeckung entstanden und in Richtung der Eisbewegung angeordnet sind

Endmoräne, ein vor der Stirn der Gletscher oder Inlandeismassen aufgehäufter Wall aus Gesteinsschutt (➜ Moräne)

Erosion, die ausfurchende und abtragende Tätigkeit des fließenden Wassers, im übertragenen Sinn auch die flächenhafte Abtragung durch Wind und Eis

Fazies, Merkmale der Gesteinsausbildung und des Fossilinhalts einer Ablagerung, die von den Bildungsbedingungen bestimmt werden und Rückschlüsse auf die zur Entstehungszeit herrschenden Umweltverhältnisse erlauben

faziell, auf die ➜ Fazies bezogen

Fennoskandien, nordeuropäische Landmasse mit der Ostsee im Zentrum, die aus den skandinavischen Ländern Norwegen, Schweden und Dänemark einerseits und Finnland und den baltischen Ländern andererseits gebildet wird

fennoskandisch, auf den Raum ➜ Fennoskandien bezogen

Findling, großer Gesteinsblock, der durch das Inlandeis vom Ursprungsort bis zum Fundort transportiert wurde; früher auch als erratischer ("verirrter") Block bezeichnet

Flugsand, **Flugdecksand**, dünne Decke aus angewehtem, gut sortiertem, fein- bis mittelkörnigem Sand, an der Basis häufig eine ➜ Steinsohle

Geschiebe, Steine oder Blöcke, die von Gletschern oder Inlandeis von ihrem Ursprungsort verfrachtet ("geschoben") und in ➜ Moränen abgelagert wurden; nach der Gesteinsart unterscheidet man Kristallin- und Sedimentgeschiebe, nach dem Herkunftsort nordische und einheimische Geschiebe

Geschiebelehm, tonig-sandige, mit Gesteinen (➜ Geschiebe) durchsetzte Ablagerung unterschiedlicher Färbung, die durch Entkalkung aus ➜ Geschiebemergel hervorgegangen ist

Geschiebemergel, kalkhaltige, tonig-sandige, mit Gesteinen (➜ Geschiebe) durchsetzte, meistens ungeschichtete Ablagerung von meist dunkelgrauer Färbung, die von Inlandeismassen oder Gletschern als ➜ Grundmoräne abgesetzt wurde

glaziär, Bezeichnung für die mittelbar vom Eis erzeugten Vorgänge und Ablagerungen

Glazial, Kaltzeit oder Eiszeit; längerer Zeitraum der Erdgeschichte (bis zu 100 000 Jahre), in dem es infolge absinkender Temperaturen in den Polarregionen zur Bildung zusätzlicher Schnee- und Eismassen kommt, die sich in Form von Gletschern oder Inlandeis in sonst eisfreie Regionen ausdehnen

glazial, auf Kaltzeiten bezogen

glaziofluviatil, von abfließendem Schmelzwasser der Gletscher oder des ➜ Inlandeises erzeugt oder abgelagert

glazigen, unmittelbar vom Eis hervorgerufene Vorgänge und Bildungen

Glazialtektonik, "Eistektonik"; Lagerungsstörungen in mehr oder weniger lockeren Sedimenten, die durch den Druck oder den Schub von Eismassen erzeugt wurden (➜ Stauchmoräne)

Grundmoräne, meist ungeschichteter und unsortierter, von Ton über Sand bis zu Steinen und Blöcken reichender Gesteinsschutt, der an der Basis von Gletschern oder Inlandeis abgelagert wurde (➜ Basismoräne, ➜ Ablationsmoräne, ➜ Moräne)

Holozän, jüngere Abteilung des ➜ Quartärs und damit jüngster Abschnitt der Erdgeschichte ("Jetztzeit"), beginnt vor ca. 10 000 Jahren (➜ Postglazial)

Inlandeis, geschlossene, bis zu mehrere tausend Meter mächtige Eisdecken, die ausgedehnte Bereiche polarer Gebiete überdecken und in Kaltzeiten (➜ Glazial) auch in niedere Breiten ausfließen können

Inlandeistheorie, eine im vorigen Jahrhundert entwickelte Theorie, nach der die ➜ Moränen und ➜ Findlinge des norddeutschen Raumes durch mächtige, aus Skandinavien nach Südwesten vorstoßende Eismassen abgelagert worden sein sollen; sie fand

1875 ihre Bestätigung durch den Nachweis von Gletscherschrammen in Rüdersdorf bei Berlin durch den schwedischen Geologen Otto Torell

Interglazial, Warmzeit; längerer Zeitabschnitt zwischen zwei ➜ Glazialen mit wärmerem, dem heutigen ähnlichen Klima

interglazial, warmzeitlich

Interstadial, kurzzeitige Phase geringer Erwärmung innerhalb eines ➜ Glazials

Kame, Hügel aus geschichteten ➜ glaziofluviatilen Sanden und Kiesen, die im Randbereich des zerfallenden ➜ Inlandeises zwischen Todeisblöcken aufgeschüttet wurden

Korngrößenanalyse, Ermittlung der Durchmesser der einzelnen Bestandteile (Körner) eines Gesteins, bei Lockergesteinen durch Sieb- oder Schlämmanalyse

kristalline Gesteine, Sammelbezeichnung für magmatische und metamorphe Gesteine (➜ Magmatite, ➜ Metamorphite)

Kryoturbation, im Bereich der Frostböden durch den Wechsel von Gefrieren und Wiederauftauen hervorgerufene Bewegungen, Verformungen und Materialsortierungen in den oberen Bodenschichten

Leitgeschiebe, ➜ Geschiebe aus einem Gestein mit gut bekanntem und eng begrenztem Herkunftsgebiet, das Rückschlüsse über die Strömungsrichtung des Gletschers oder des ➜ Inlandeises ermöglicht

Lithostratigraphie, lithostratigraphisch, Beschreibung und Gliederung von Schichtenfolgen aufgrund der Gesteinsausbildung der Schichten

Lokalgeschiebe, ➜ Geschiebe, das aus der näheren Umgebung des Ablagerungsortes stammt

Lokalmoräne, Ablagerung des ➜ Inlandeises, deren Material aus der engeren Umgebung oder dem örtlichen Untergrund stammt (➜ Moräne)

Mächtigkeit, (bergmännischer) Ausdruck für die Dicke von Gesteinsschichten

Magmatit, aus einer Schmelze ("Magma") durch Erstarrung ("Auskristallisation") entstandenes Gestein wie Granit, Pegmatit oder Porphyr

Metamorphit, bei veränderten Temperatur- und Druckbedingungen aus älteren Gesteinen durch Umwandlung ("Metamorphose") hervorgegangenes Gestein wie Gneis, Amphibolit oder Quarzit

Moräne, meist unsortierter Gesteinsschutt, der von Gletschern oder ➜ Inlandeis abgelagert wurde

Morphologie, Oberflächenform einer Landschaft

morphologisch, auf die ➜ Morphologie bezogen

Nachschüttsand, vom Schmelzwasser beim Eisrückzug abgelagerter Sand

Os (Plur. **Oser**), langgezogener, wallartiger Rücken aus geschichteten Kiesen und Sanden, die ursprünglich durch Schmelzwasser in Spalten in oder unter dem ➜ Inlandeis abgelagert wurden

periglazial, periglaziär, Bezeichnung für das Gebiet in der Umrandung von Eismassen mit starker Frosteinwirkung und für die in diesem Raum auftretenden bzw. ablaufenden Erscheinungen und Vorgänge

Pleistozän, ältere Abteilung des ➜ Quartärs, wird auch als "Eiszeitalter" bezeichnet und dauerte von ca. 2,4 Mio. bis 10 000 Jahre vor heute, gliedert sich in mehrere Kalt- und Warmzeiten

Pliozän, jüngste Abteilung des ➜ Tertiärs, dauerte von ca. 5 bis 2,4 Mio. Jahre vor heute

Postglazial, "Nacheiszeit"; Bezeichnung für den Zeitabschnitt vom Ende der letzten Kaltzeit bis heute, entspricht dem ➜ Holozän; es ist allerdings nicht klar, ob das Holozän wirklich eine Nacheiszeit ist oder ein ➜ Interglazial darstellt

postglazial, zeitlich nach einem ➜ Glazial

Quartär, jüngster Zeitabschnitt der Erdgeschichte, beginnt ca. 2,4 Mio. Jahre vor heute und umfaßt die Abteilungen ➜ Pleistozän und ➜ Holozän

Schmelzwassersand, durch Schmelzwasser von Gletschern oder Inlandeis abgelagerter (➜ glaziofluviatiler) Sand

Schollenkeileem (NL), Schollengeschiebemergel; Schollen aus älterem ➜ Geschiebemergel, die vom Inlandeis aufgenommen und in gefrorenem Zustand über kürzere oder längere Distanz transportiert und schließlich wieder abgelagert wurden

Schwerminerale, Minerale höherer Dichte (> 2,9 g/cm^3) wie z. B. Granat, Epidot und Hornblende, die besonders bei ➜ Sedimenten Hinweise über die Herkunft des Materials geben

Sedimente, Absätze aus Verwitterungsprodukten älterer Gesteine, die durch Wasser, Wind oder Eis transportiert und abgelagert werden oder sich aus wäßrigen Lösungen ausscheiden; es gibt unverfestigte ("lockere") und verfestigte Sedimente wie z. B. Sand und Sandstein

Småland, Landschaft in Südschweden

Sockelsand, flächenhaft verbreiteter, vom Schmelzwasser in abflußlosen Niederungen abgesetzter feinkörniger Sand

Solifluktion, "Bodenfließen"; hangabwärts gerichtete, gleitende und fließende Bewegung von Lockermaterial, insbesondere unter dem Einfluß periodischen Tauens und Gefrierens

Stadial, Stadium, kältere Periode innerhalb eines ➜ Glazials mit stärkerem Vorstoß des ➜ Inlandeises

Stauchmoräne, Stauchendmoräne, vor der Stirn des vorrückenden ➜ Inlandeises durch das Eigengewicht und die Bewegung des Eises aufgepreßte und gestauchte Ablagerungen (➜ Moräne)

Steinsohle, Steinlage, die auf einer Landoberfläche durch Ausblasung des Feinmaterials entstanden ist

subglazial, subglaziär, Bezeichnung für Vorgänge oder Ablagerungen, die unter dem Eis ablaufen oder gebildet werden

Terrasse, horizontale Fläche als Rest eines ehemaligen Talbodens; auch die während der Kaltzeiten des ➜ Quartärs von Fließgewässern ebenflächig aufgeschütteten Sand- und Schotterkörper werden als Terrassen bezeichnet, wobei dieser Begriff nicht nur die ebene Oberfläche, sondern auch den Sedimentkörper bezeichnet

Tertiär, Zeitabschnitt der Erdgeschichte von 65 bis 2,4 Mio. Jahre vor heute, bildet mit dem ➜ Quartär die Erdneuzeit

Textur, das interne Gefüge von Gesteinen

texturell, das Gefüge betreffend

theoretisches Geschiebezentrum (TGZ), theoretisches Herkunftsgebiet des Geschiebeinhalts einer ➜ Moräne, berechnet als Mittelwert aus den Einzelwerten der Längen- und Breitengrade der Ursprungsgebiete der kristallinen und sedimentären Leitgeschiebe

Toteis, beim Rückschmelzen der Gletscher oder Inlandeismassen entstandene isolierte Eiskörper, die nicht mehr mit dem aktiven Eis in Verbindung stehen

Värmland, Landschaft an der Grenze zwischen Süd- und Mittelschweden

Vorschüttsand, vom Schmelzwasser vor der Front des vorrückenden Eises abgelagerter Sand

Zungenbecken, zungenförmige Hohlform, die nach dem Abschmelzen eines Gletschers oder eines Inlandeislobus hinter der ➜ Endmoräne zurückbleibt

Die Klassifizierung von Feinkiesgemeinschaften im Bereich 3 – 5 mm

vereinfacht dargestellt (nach Zandstra 1959, 1978; s. Tab. 12)

FG Gruppe der glaziofluviatilen Kiese und davon abzuleitende Kiese

Kiesgruppe mit wechselndem Anteil fennoskandischer Komponenten; Glazialkiese gemischt mit Flußschottern
Zusammensetzung: Feuerstein und Kristallin (FG I), Kristallin (FG II), Kristallin und Kalkstein (FG III), Feuerstein, Kristallin und Kalkstein (FG IV)

DG Drenthe-Gruppe

Kiesgruppe fennoskandischer Herkunft in glaziären Ablagerungen (Grundmoräne, glaziofluviatile Kiese)
Zusammensetzung: Feuerstein und Kristallin (DG I), Kristallin (DG II), Kristallin und Kalkstein (DG III), Feuerstein, Kristallin und Kalkstein (DG IV)

RM Rhein-/Maas-Gruppe

Kiesgruppe südlicher Herkunft, primär in Rhein- und Maasablagerungen
Zusammensetzung: Gangquarz; außerdem Restquarz und paläozoische sedimentäre Bestandteile

NN Nord-Nederland-Gruppe

Kiesgruppe nordöstlicher, teilweise südlicher Herkunft
Zusammensetzung: Restquarz; außerdem Gangquarz und mitteleuropäischer Buntsandstein, Porphyr und Lydit

HO Hellendoorn-Gruppe
(Hellendoorn: Dorf in Overijssel, Niederlande)

Kiesgruppe nordöstlicher Herkunft

HO.kv quarz- und feldspatreicher Typ der Hellendoorn-Gruppe

Kiesgesellschaft nordöstlicher Herkunft
Zusammensetzung: Restquarz; außerdem weißer, grauer und blaugrauer Feldspat

HO.ek extrem quarzreicher Typ der Hellendoorn-Gruppe

Kiesgesellschaft nordöstlicher Herkunft
Zusammensetzung: fast ausschließlich Restquarz

Zählungen kristalliner Leitgeschiebe in Nordrhein-Westfalen

Zählung	Lokalität	Topographische Karte 1 : 25 000, Blatt	Lage	
			R	H
D 33	Enger	3817 Bünde	unbekannt	
D 34	Brackwede	4017 Brackwede	unbekannt	
D 35	Steinhagen	4016 Gütersloh	unbekannt	
D 36	westl. Bockum, Holsen	4312 Hamm	unbekannt	
D 39	Kupferdreh	4608 Velbert	unbekannt	
D 40	Recklinghausen	4309 Recklinghausen	unbekannt	
D 41	Levinghausen	4310 Datteln	unbekannt	
D 42	Waltrop I	4310 Datteln	unbekannt	
D 43	Waltrop II	4310 Datteln	unbekannt	
D 44	Langendreerholz	4510 Witten	unbekannt	
D 45	Münster	4011 Münster	unbekannt	
D 48	Haren I	3209 Haren (Ems)	unbekannt	
D 49	Haren II	3209 Haren (Ems)	unbekannt	
D 50	Haren III	3209 Haren (Ems)	unbekannt	
D 51	Waltrop III	4310 Datteln	unbekannt	
D 57	Herzlake, Himmlische Berge	3311 Herzlake	unbekannt	
D 58	Groß Berßen	3210 Klein Berßen	unbekannt	
D 59	Moyland I	4203 Kalkar	^{25}16 580	^{57}34 300
D 79	Borken	4107 Borken	unbekannt	
D 80 – 82	Moyland II	4203 Kalkar	^{25}16 580	^{57}34 300
D 83	Driland	3708 Gronau (Westf.)	^{25}73 700	^{57}90 300
D 84	Getelo	3507 Neuenhaus Süd	^{25}57 500	^{58}15 150
D 85	Ankum	3413 Bersenbrück	unbekannt	
D 86	Brickwedde	3413 Bersenbrück	^{34}25 700	^{58}20 800
D 87	Dümmerlohausen	3415 Damme	unbekannt	
D 88	Ossenbeck	3414 Holdorf	^{34}42 800	^{58}19 400
D 89	Severinghausen	3514 Vörden	unbekannt	
D 90	Üffeln	3513 Bramsche	unbekannt	
D 93	Bünde (Herford)	3817 Bünde	unbekannt	
D 94	Twistringen	3117 Twistringen	unbekannt	
D 96	Lingen (Ems) Süd	3509 Lingen (Ems) Süd	unbekannt	
D 97	Drüpplingsen	4512 Menden	^{34}07 800	^{57}03 450
D 98 a	Kellenberg, Drebber	3316 Diepholz	^{34}60 950	^{58}34 900
D 98 b	Kellenberg, Dickel	3316 Diepholz	^{34}65 650	^{58}34 425
D 99	Kettwig, Am Steinberg	4607 Heiligenhaus	unbekannt	
D 102	Haddorf	3810 Steinfurt	^{25}89 680	^{57}92 350
D 103	Eselsheide	4118 Senne	^{34}77 200	^{57}49 000
D 104	Gut Ringelsbruch	4218 Paderborn	^{34}77 160	^{57}29 680
D 105	Gut Ringelsbruch	4218 Paderborn	^{34}77 160	^{57}29 680
D 106	Verl	4117 Verl	^{34}68 900	^{57}49 200
D 107	Westerwiehe	4117 Verl	^{34}66 750	^{57}42 300
D 108	Ahlintel	3810 Steinfurt	^{26}01 760	^{57}80 200
D 110	Minden	3719 Minden	unbekannt	
D 111	Exter, Salzetal	3818 Herford	unbekannt	
D 112	Herford, Werretal	3817 Bünde	unbekannt	
D 113	Herford	3818 Herford	unbekannt	

und angrenzenden Gebieten Niedersachsens

Code[1]	Leitgeschiebe	Herkunftsgebiete (s. Tab. 11 u. Kt. 2 in der Anl.) I		II				III			IV	HZ[2]	KI[3]	Veröffentlichung/Autor
		1	2	3	4	5	6	7	8	9	10			
		%		%				%			%			
a;g,h	40	17					8	75				2180	19	Hesemann 1939
a;f	52	23					14	63				2160	18	Hesemann 1939
a;f	183	15		2	3		5	73		2		1180	19	Hesemann 1939
a;f	23	26		4				70				3070	27	Hesemann 1939
a;f,j	40	33	2	2			3	55		5		4160	33	Hesemann 1939
d;g	97	33	5	2			8	50		1	1	4150	32	Hesemann 1939
a;f	71	38	1	4			12	45				4250	32	Hesemann 1939
a;l	59	29					14	57				3160	26	Hesemann 1939
a;f	57	4		4			8	80	2	2		0180	19	Hesemann 1939
a;g	75	67	1	1			2	29				7030	35	Hesemann 1939
a;g	119	39	3				3	55				4060	32	Hesemann 1939
a;g	68	69	3	3		1	21	3				7300	35	Dewers 1939
a;j	83	80	4	4			6	5			1	8100	35	Dewers 1939
a;j	68	51	24	6			13	6				8210	35	Dewers 1939
a;g	23	61					13	26				6130	34	Fricke et al.1949
a;e	48	63	12				2	11		8		7120	35	Schuddebeurs 1959
a;h	59	58	3			2	22	6		2	7	6211	34	Schuddebeurs 1959
a;g	72	22	3	3	1		11	60				3260	27	Braun 1964
d;g	56	68					5	27				7130	35	Braun 1975
a;g	119	19	8	5	4		8	53				3250	26	Braun 1978
a;e,j	85	74	18				1	2		5		9010	35	Zandstra
a;j	86	43	23		3	5	13	8	2	3		7210	35	Zandstra
a;e	146	51	2			2	39	4	1	1		5410	34	Schuddebeurs 1985
a;e,j	75	67				3	22	8				7210	35	Schuddebeurs 1985
a;e,j	133	13		1		2	22	56	1	5		1260	16	Schuddebeurs 1985
a;e,j	117	11	1	1		1	10	70	1	5		1180	19	Schuddebeurs 1985
a;e	136	50	5			2	25	18				6320	34	Schuddebeurs 1985
a;j	87	31	7				10	52				4150	32	Schuddebeurs 1985
a;f	41	7	5	5			15	66	2			1270	18	Hesemann 1939
a;e	44	30			2		32	32	2	2		3340	22	Zandstra
b;e	80	83	9		3	1	1	3				9100	35	Zandstra
c;k	63	58	2	3			9	24			2	6120	34	Zandstra
a;e	33	15	3	3	3		9	52	12	3		2270	18	H.-H. Meyer 1983
a;e,j	43	16		5	5		32	37	5			2440	12	H.-H. Meyer 1983
a;g,h	41	Inventar unbekannt										9010	35	Hesemann 1975 a
a;g	109	52	4	3	3		10	25		3		6230	34	Zandstra
a;e,g	158	38	2	2	1	1	9	45	1	1		4150	32	Zandstra
a;e	98	7		2			26	63		2		1370	16	Zandstra
a;e	39	15		3			5	72	5			2180	19	Zandstra
a;e	66	16	2			2	18	57	3	2		2260	16	Zandstra
a;e	32	22		3			6	69				2170	18	Zandstra
a;g	94	54	5	1		1	10	27		2		6130	34	Zandstra
a;e,g	63	29					6	63		2		3170	27	Hesemann 1939
a;l	199	8	2	3			12	71		4		1180	18	Lädige 1935
a;l	169	8		4			10	73		5		1180	19	Lädige 1935
a;l	124	10		2			4	77	1	4	2	1180	19	Lädige 1935

[1 2 3] s. S. 142/143

Zählung	Lokalität	Topographische Karte 1 : 25 000, Blatt	Lage	
			R	H
D 125	Altenberge, Riesauer Berg	3910 Altenberge	unbekannt	
D 128	Neuenkirchen	3710 Rheine	unbekannt	
D 129	Hopsten	3611 Hopsten	unbekannt	
D 134	Delbrück	4217 Delbrück	unbekannt	
D 143	Erwitte	4316 Lippstadt	^{34}56 000	^{57}19 000
D 144	Geseke	4316 Lippstadt	^{34}64 600	^{57}22 350
D 145	Rixbeck	4316 Lippstadt	^{34}57 990	^{57}26 220
D 146	Ottenstein, Barler Berg	3907 Ottenstein	^{25}63 550	^{57}68 500
D 147	Ostenland-Haupt	4217 Delbrück	^{34}73 000	^{57}40 500
D 148	Neuenwalde	3414 Holdorf	^{34}42 200	^{58}19 300
D 149	Mastholte	4216 Mastholte	^{34}63 250	^{57}35 750
D 152	Versen/Meppen	3209 Haren (Ems)	^{25}85 600	^{58}43 200
D 153	Apeldorn	3210 Klein Berßen	^{25}94 200	^{58}47 200
D 154	Hausdülmen	4209 Haltern	^{25}85 000	^{57}43 400
D 155	Coesfeld, Grubensohle	4008 Gescher	^{25}79 500	^{57}61 350
D 157	Laer-Heide	3914 Versmold	^{34}34 450	^{57}74 200
D 158	Iburg, Ostenfelde	3814 Iburg	^{34}33 720	^{57}80 360
D 159	Borgholzhausen	3915 Bockhorst	^{34}50 780	^{57}73 660
D 160	Riesenbeck I	3711 Hörstel	^{34}05 440	^{57}92 180
D 161	Sprakel	3911 Greven	^{34}05 170	^{57}66 760
D 162	Achter de Welt	3814 Iburg	^{34}31 820	^{57}84 130
D 163	Sinninger Feld IV	3711 Hörstel	^{34}06 370	^{57}86 750
D 164	Riesenbeck II	3711 Hörstel	^{34}04 740	^{57}91 940
D 165	Piesberg	3613 Westerkappeln	^{34}31 700	^{57}98 680
D 166	Birgter Feld	3711 Hörstel	^{34}06 800	^{57}89 580
D 167	Brumley	3712 Ibbenbüren	^{34}09 370	^{57}91 650
D 168	Gertrudensee	3912 Westbevern	^{34}12 200	^{57}69 700
D 169	Enningerloh-Hoest	4114 Oelde	^{34}36 200	^{57}44 160
D 170	Ostenfelde/Oelde	4114 Oelde	^{34}37 970	^{57}48 750
D 171	Ahlen	4213 Ahlen	^{34}24 050	^{57}39 750
D 172	Freckenhorst	4013 Warendorf	^{34}27 000	^{57}53 600
D 173	Bockhorst	3915 Bockhorst	^{34}46 780	^{57}70 500
D 174	Sendenhorst	4112 Sendenhorst	^{34}17 000	^{57}46 000
D 175	Coesfeld (Obere Moräne)	4008 Gescher	^{25}79 500	^{57}61 350
D 176	Coesfeld (Untere Moräne)	4008 Gescher	^{25}79 500	^{57}61 350
D 177	Appelhülsen	4010 Nottuln	^{25}99 000	^{57}53 500
D 178	Piekenbrock	4211 Ascheberg	^{26}06 500	^{57}38 100
D 179	Averdung	4112 Sendenhorst	^{34}14 900	^{57}44 900
D 180	Alfen	4318 Borchen	^{34}77 760	^{57}24 580
D 181	Estern	4007 Stadtlohn	^{25}67 180	^{57}57 040
D 182	Nordvelen	4007 Stadtlohn	^{25}65 250	^{57}56 380
D 183	Rechede	4210 Lüdinghausen	^{25}97 120	^{57}33 080
D 184	Dernekamp I	4109 Dülmen	^{25}90 800	^{57}43 880
D 185	Dernekamp II	4109 Dülmen	^{25}91 680	^{57}44 620
D 186	Stromberg	4115 Rheda-Wiedenbrück	^{34}46 900	^{57}41 700
D 187	Herzfeld	4314 Lippetal	^{34}42 120	^{57}27 250
D 188	Grütlohn	4107 Borken	^{25}58 100	^{57}44 370
D 189	Wessendorf	4208 Wulfen	^{25}69 680	^{57}38 880
D 190	Nienberge/Dorfbauerschaft	3911 Greven	^{33}99 440	^{57}65 240

Code[1]	Leit-geschiebe	Herkunftsgebiete (s. Tab. 11 u. Kt. 2 in der Anl.)										HZ[2]	Kl[3]	Veröffent-lichung/Autor
		I		II				III			IV			
		1	2	3	4	5	6	7	8	9	10			
		%		%				%			%			
d;f		Inventar unbekannt										7210	35	HESEMANN 1975 a
d;g		Inventar unbekannt										7210	35	HESEMANN 1975 a
d;g		Inventar unbekannt										7120	35	HESEMANN 1975 a
f		Inventar unbekannt										1180	18	HESEMANN 1975 a
c;k	64	9	5	3			42	41				1540	12	ZANDSTRA
c;k	125	35	13	1			27	24				5320	34	ZANDSTRA
c;k	95	28	7	2	1		33	29				3430	22	ZANDSTRA
c;k	511	59	31		2		4	4				9100	35	ZANDSTRA
c;k	79	22	3			1	23	47		4		3250	24	ZANDSTRA
a;e	37	8					11	73	5	3		1180	19	ZANDSTRA
c;k	48	29	2		4		15	50				3250	24	ZANDSTRA
c;k	116	73	3	2		2	10	8		1	1	8110	35	SCHUDDEBEURS
c;k	111	56	5	2		1	11	23		2		6130	34	SCHUDDEBEURS
a;e,g	93	8	1	1			12	77		1		1180	19	ZANDSTRA
a;e	61	15					5	78		2		1080	19	ZANDSTRA
a;g	105	13		3	2	1	12	68		1		1270	18	ZANDSTRA
a;e,g	33	14		2		2	11	69		2		1270	18	ZANDSTRA
a;g	111	14	1	2	1		18	58		6		2260	16	ZANDSTRA
c;k	90	29	1				18	51	1			3250	24	ZANDSTRA
a;g	98	57	4		1		11	27				6130	34	ZANDSTRA
a;g	56	26	2	2	2		16	45		7		3250	24	ZANDSTRA
c;k	84	14		1			32	52	1			1350	13	ZANDSTRA
c;k	74	27	3	4	4		13	48		1		3250	26	ZANDSTRA
a;e	57	16		2	3		14	62	3			2260	18	ZANDSTRA
c;k	103	13		3	2		17	63	1	1		1270	16	ZANDSTRA
c;k	97	11		5		1	11	68	2	2		1270	18	ZANDSTRA
c;g	91	29	2			1	21	43	3	1		3250	24	ZANDSTRA
a;e.g	97	51	9			1	5	34				6130	34	ZANDSTRA
c;k	215	42	2	5	1		16	34				4230	30	ZANDSTRA
c;k	58	32	3	2			15	46		2		3250	24	ZANDSTRA
c;k	70	50	7			1	6	34			1	6130	34	ZANDSTRA
c;k	187	6		2			6	84	2			1190	19	ZANDSTRA
c;k	80	45	20	1			9	25				7130	34	ZANDSTRA
a;e	43	26		5		2	14	53				3250	26	ZANDSTRA
a;e	49	16					12	70	2			2170	18	ZANDSTRA
c;k	46	57	24				15	4				8200	35	ZANDSTRA
c;k	145	89	4				4	3				9000	35	ZANDSTRA
c;k	281	62	15	3			7	13				8110	35	ZANDSTRA
a;e,g	69	13		3	1		6	77				1180	19	ZANDSTRA
c;k	145	44	25	1			10	20				7120	35	ZANDSTRA
c;k	220	27	40		1		7	25				7130	35	ZANDSTRA
c;k	104	22	2	4			27	45				2350	15	ZANDSTRA
c;k	111	31	1	4			14	50				3250	26	ZANDSTRA
c;k	186	63	4	1	1		7	24				7120	35	ZANDSTRA
c;k	139	16	2	2		1	9	70				2170	18	ZANDSTRA
c;k	187	50	2	2	1		8	37				5140	34	ZANDSTRA
c;k	170	37	3	6		1	9	44				4240	31	ZANDSTRA
c;k	135	60	2	1	2		5	30				6130	34	ZANDSTRA
c;k	258	38	6	4			17	35				4240	30	ZANDSTRA

[1 2 3] s. S. 142/143

Zählung	Lokalität	Topographische Karte 1 : 25 000, Blatt	Lage	
			R	H
D 191	Beerlage	3910 Altenberge	2594 420	5765 300
D 192	Bockum-Hövel	4312 Hamm	3410 300	5730 200
D 193	Amelsbüren	4111 Ottmarsbocholt	3402 900	5752 000
D 194	Laer, nordwestl. Münster	3910 Altenberge	2592 700	5771 000
D 195	Ochtrup	3809 Metelen	2582 300	5785 700
D 196	Hartum, westl. Minden	3618 Hartum	3488 300	5797 960
D 197	Frotheim, nordöstl. Lübbecke	3617 Lübbecke	3477 600	5802 960
D 199	Schermbeck	4307 Dorsten	2558 430	5728 900
D 200	Buldern	4110 Senden	2592 850	5747 250
D 201	Vehrte	3614 Wallenhorst	3440 825	5800 350
D 202	Kamen	4411 Kamen	3405 800	5718 550
D 203	Rhynern, südöstl. Hamm	4313 Welver	3419 450	5721 900
D 204	Langenberg	4216 Mastholte	3454 550	5738 550
D 205	Coesfeld-Flamschen (Steinsohle)	4008 Gescher	2577 500	5752 375
D 206	Bausenhagen	4412 Unna	3416 750	5709 600
D 207	Wilhelmer, nordwestl. Münster	4011 Münster	3402 125	5763 425
D 208	Gievenbeck, südwestl. Münster	4011 Münster	3400 875	5759 875
D 209	Lembeck	4208 Wulfen	2569 800	5736 650
D 210	Ochtrup, Weiner Mark	3808 Heek	2579 150	5784 650
D 211	Raesfeld-Homer	4206 Brünen	2553 350	5739 800
D 212	Osterwick	3909 Horstmar	2584 500	5763 500
D 213	Horstmar	3909 Horstmar	2588 250	5771 250
D 214	Ruhne	4413 Werl	3426 000	5709 400
D 215	Ottmarsbocholt, Bracht	4111 Ottmarsbocholt	3401 875	5743 675
D 216	Coesfeld-Flamschen (Obere Moräne)	4008 Gescher	2577 500	5752 375
D 217	Ottmarsbocholt, Närmann	4111 Ottmarsbocholt	3401 650	5742 625
D 218	Castrop-Rauxel I	4410 Dortmund	2594 000	5714 600
D 219	Wissel	4203 Kalkar	2520 020	5738 900
D 220	südl. von Tinge	3909 Horstmar	2586 780	5770 960
D 221	nördl. von Tinge	3909 Horstmar	2586 650	5772 600
D 223	Kirchhellen, Stremmer	4307 Dorsten	2561 800	5719 450
D 225	Castrop-Rauxel II	4409 Herne	2590 985	5711 900
D 226	nordnordwestl. Benninghausen	4315 Benninghausen	3445 830	5727 750
D 227	Coesfeld-Flamschen (Untere Moräne)	4008 Gescher	2577 500	5752 375
D 228	Driehausen	3615 Bohmte	3444 200	5804 150

[1] Erläuterung der Codes:

a Ton-, Lehm-, Sand- oder Kiesgrube, Ziegeleigrube
b Baugrube
c Acker
d Fundstelle unbekannt
e Grundmoräne (Geschiebemergel, Geschiebelehm)
f Grundmoräne (allgemein)
g Vor- und Nachschüttsande, glaziäre Kiese und Sande, Kiese und Sande mit Geschieben (allgemein)

Code[1]	Leitgeschiebe	Herkunftsgebiete (s. Tab. 11 u. Kt. 2 in der Anl.)										HZ[2]	KI[3]	Veröffentlichung/Autor
		I		II				III			IV			
		1	2	3	4	5	6	7	8	9	10			
		%		%				%			%			
	308	65	7	1			10	17				7120	35	Zandstra
c;k	152	46	6	1			8	39				5140	34	Zandstra
c;k	147	35	4	1			10	48	1	1		4150	32	Zandstra
c;k	204	55	6	1			17	21				6220	34	Zandstra
a;e	44	86	14									10000	35	Zandstra
d;l	72	5	3	1			20	71				1270	16	Wortmann 1971
a;f	81	35	6			4	22	17	15	1		4330	30	Wortmann 1971
a,c;e,k	40	30		5			25	38		2		3340	23	Zandstra
a,c;e,k	56	45	7				9	39				5140	34	Zandstra
a;f	80	7		3	1		3	84	1	1		1190	19	Zandstra
c;k	121	15	2	1		1	13	63	5			2170	18	Zandstra
c;k	100	17		6	5		13	59				2260	17	Zandstra
c;k	90	20		1			20	59				2260	15	Zandstra
a;j	183	59	24				2	14				8010	35	Zandstra
c;k	84	84						14	1	1		8020	35	Zandstra
c;k	174	44	2	3			17	34				5230	34	Zandstra
c;k	154	53	6	3			20	17			1	6220	34	Zandstra
c;k	95	32	1	1	1	1	17	43	1	3		3250	24	Zandstra
a,c;e,j	183	74	7				2	16		1		8020	35	Zandstra
c;k	108	23	2	3			18	50	4			3250	24	Zandstra
e,j	120	43	7	2			4	43		1		5140	34	Zandstra
c	144	64	10	3			3	20				7120	35	Zandstra
c;k	59	52	2	2			7	37				5140	34	Zandstra
c;k	355	79	19				1	2				10000	35	Zandstra
a;e	39	64	5				5	20	3		3	7120	35	Zandstra
c;k	507	38	46				7	9				8110	35	Zandstra
c;k	89	41	2	4	1		11	39	2			4240	31	Zandstra
a;g	118	47			1		3	48		1		5050	34	Zandstra
c;k	93	62	12	2			8	16				7120	35	Zandstra
c;k	29	41					7	52				4150	32	Zandstra
a,c;e,k	132	52	1	4			9	34				5130	34	Zandstra
a;j	27	74						22		4		7030	35	Zandstra
c;k	119	22	1				11	66				2170	18	Zandstra
a;e	27	11					11	71	7			1180	19	Zandstra
a;e,g	47	9		2			15	72	2			1270	18	Zandstra

h Blockpackung

j Geschiebesteinsohle, Geschiebedecksand und grober Abtragungsrückstand der Moränen

k Lesesteine (Ackerauflese), an der Oberfläche (allgemein)

l Sedimenttyp unbekannt

[2] HZ= Verhältniszahl nach Hesemann (1930, 1939), mit Änderungen

[3] KI = Geschiebekombinationsklasse (s. Kt. 2 in der Anl.)